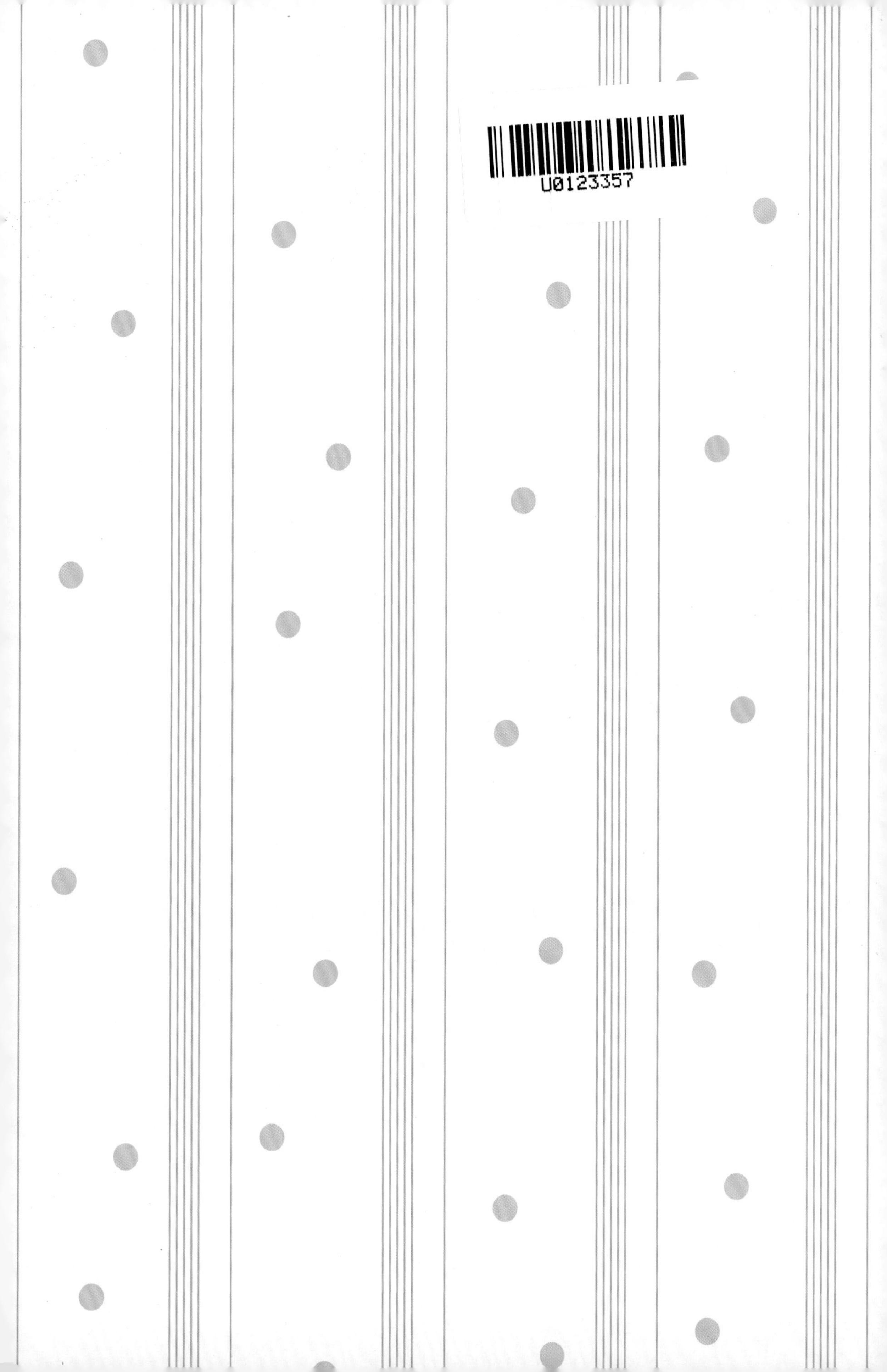

Casamami的收納技巧

每天收一點，毫無壓力慢慢改變的人生空間&變化

回顧過去，我小時候好像是個會認眞整理書桌的孩子。雖然不在乎房間亂還不亂，但卻會很認眞整理書桌抽屜。我曾經剪開牛奶盒用來收橡皮擦，如果抽屜大小和盒子大小不符，就會把盒子剪開再放進去，然後把鉛筆收在裡面，在全神貫注處理盒子時，時間一點一滴地流逝，甚至還因此感到慌張。當親手做出的盒子符合抽屜大小時，我因而感到非常充實。現在回想起來，眞是很有趣、很興奮、很神奇的經驗。就算是本來很難整理的東西，只要有一點雜亂，我就會把它們都放回原位，重現原本整齊的樣子，這些對我來說都是珍貴的回憶，當時放在床邊的那張書桌，現在就像幅畫一樣浮現在我腦海中。

但是媽媽說，在書桌前面搞得亂七八糟的我，看了眞的很討厭，很感謝她到現在才說出這件事。其實我小學四年級的女兒，如果房間因爲剪盒子而變得像戰場一樣，我也會下意識想碎碎唸，這要花很大的力氣忍耐呢。這麼看來，媽媽眞的忍了我很久，並一直相信我會做好，所以才會有現在寫出這些書的我吧。不知不覺時間飛逝，居然要向世人公開長久以來我自己一人整理的書桌抽屜，心情眞是五味雜陳。

年輕時的我希望成爲家具設計師，想要在形式簡單的西方家具裡，加上螺鈿等設計手法，讓它們變成傳統的家具。再說得了不起一點，就是想做出融合東西方元素的家具。最近推出的平床，就是過去我曾反覆畫出來、擦掉無數次的物件之一。但是我無法繼續我的夢想，小時候我就從事體育活動，後來自然主修體育，最後變成一個教小朋友體育的老師。結婚懷孕之後，就成爲一個平凡的家庭主婦，生了一對相差1歲的兄妹，把生活重心投注在做家事與教養小孩，反而沒有時間回顧自己。

大概是孩子們開始上幼稚園的時候，我才重新擁有自己的時間。老公去上班、孩子們在睡覺的上午時間，我開始沉迷於翻看外國的裝潢雜誌，從早上7點到11點，連早飯都不吃就一直看雜誌，有趣得都不知道過了多少時間。一本同樣的書，會重複看二十遍、三十遍。如果看上其中某個餐具，就會一直看那一頁，對窗戶有感覺的時候，就會翻雜誌找各種不同的窗戶。就這樣一邊看，一邊想像描繪我夢想中的家，眞的很幸福。不僅如此，我還會運用雜誌裡看來的想法，隨時打掃家具並更換擺設。把家中整理得一塵不染，開始成爲我生活的一部分。

這樣的日子大概持續了7～8年，日復一日一成不變的日常生活，奇蹟似地變成嶄新且令人感激期待的日子。有時候我甚至會把精神都花在整理上，反而討厭外出呢。

大概是從那時候開始，「收納」這件看起來不那麼好玩的事情，變得有趣起來。我想這不僅是我個人，對其他人來說或許也是人生的轉折點。一般講到收納，很多人都會想到整理得非常乾淨。我一開始也是這樣，但在這段漫長的時間裡，我開始思考收納這件事，並將其運用在生活中。同時體會到，整理並非是收納的最終目的。收納的最終目的，是只留下生活的必需品，讓空間變得更寬敞、減少人處理家務的時間，增加自我享受的時光。因爲只留下必需品，所以整理完這些東西之後剩下的時間與精力，就能用來規劃自己的人生，這就是我夢想中的收納目的。這本書，就是濃縮了這份心意與想法的成品。

在這本書中，有我親身經歷過、實驗錯誤後獲得的收納技巧。這樣說起來，怎麼感覺Casamami的收納，好像不是什麼了不起的東西。「整理」在這本書中，是讓只會弄亂環境，離整齊非常遙遠的人、事情太多根本不會想到整理的人、手藝不好的人等等，大家都能輕鬆跟著做的方法；最重要的是那些能夠直接運用在生活中的小技巧，可以讓我們不用花上幾天幾夜，好像施工一樣地整理房子。「只要一天整理一點點，家裡就會不知不覺變乾淨」，這句話就像我的口頭禪一樣，一直掛在嘴邊。我迫切地希望，這本小小的書，一定要成爲各位人生中悠閒生活的開端。除此之外如果還有好奇的地方，或是想和我分享故事的人，只要到「blog.naver.com/casamami」，就能和我一起玩了。

感謝在書出版之前一直費心等待我的帥氣老公、幫忙忙碌的媽媽一起工作的女兒好珍與兒子好均、一年來全心全力支持女兒的娘家爸媽，關係有點疏遠、但還是默默守候並等待媳婦的公婆、給我祈禱與安慰的慧貞姐姐和靜珠姐姐，因爲要幫橫衝直撞失誤連連的新手作家出書，而非常辛苦的宋基慈與劉恩惠，還有這本書的設計團隊，我想對以上所有人致上最深的謝意。

還有最後，讓我能重新想起過往珍貴的回憶與經驗，是我所有的根源、我所愛的主，我想把這份喜悅與感謝獻給祂。

2011年3月　沈賢珠

contents

part 03 廚房

part 04 衣服與時尚配件

part 05 小孩的衣服

吊掛衣櫥

抽屜

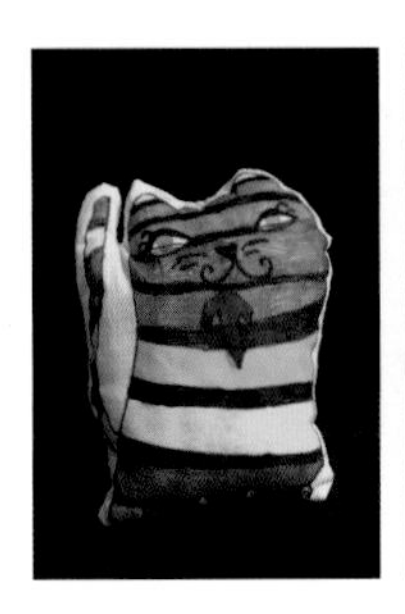
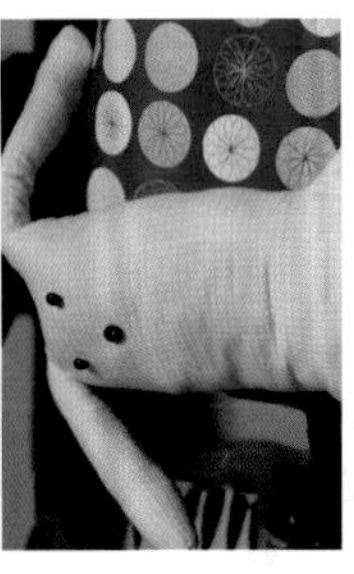
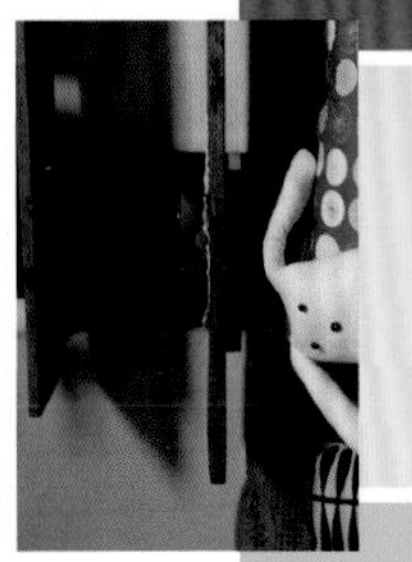

Casamami的收納筆記 5

part 06 書房

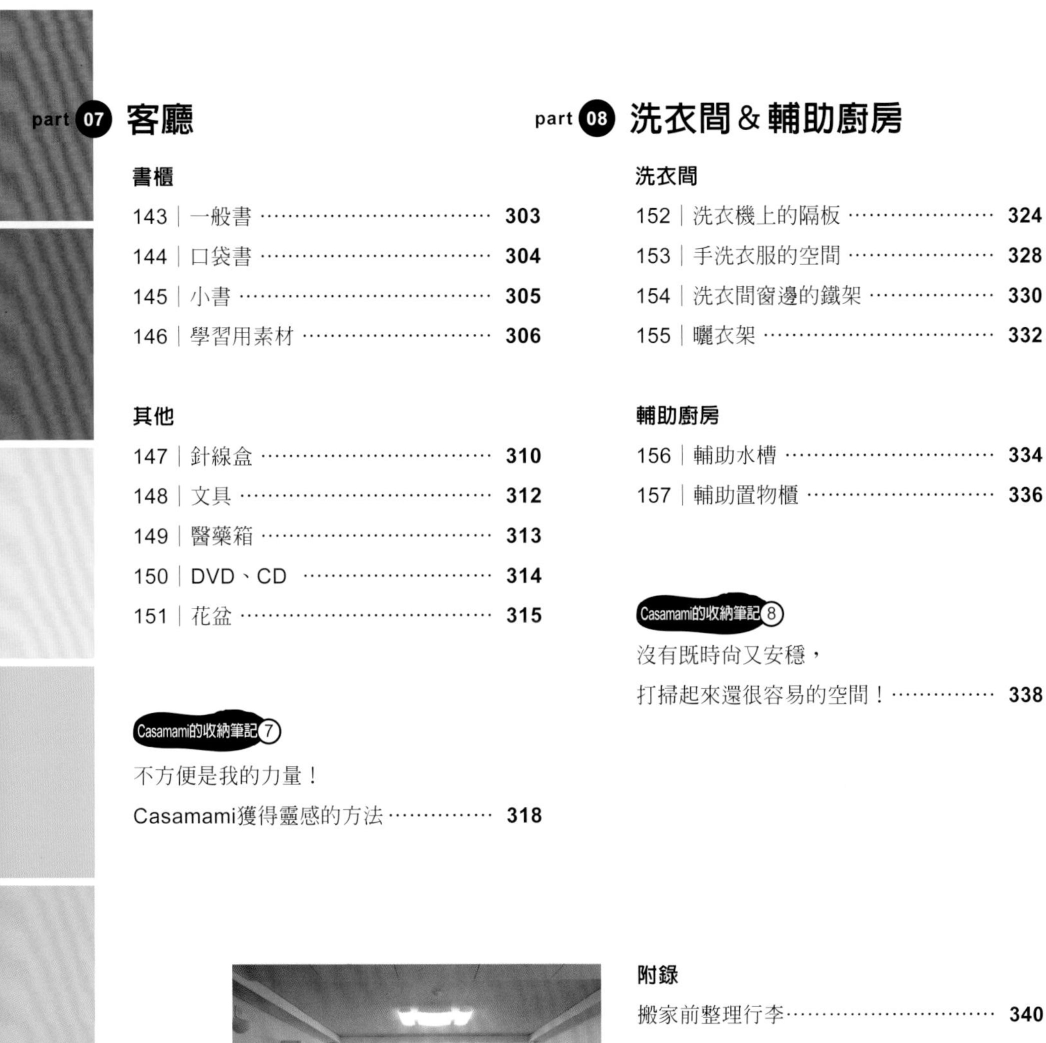

part 07 客廳

書櫃

其他

Casamami的收納筆記⑦

part 08 洗衣間 & 輔助廚房

洗衣間

輔助廚房

Casamami的收納筆記⑧

附錄

intro

Casamami的收納哲學與技巧

Casamami收納的核心重點，一言以蔽之就是「只留下需要的東西」。如果只留下自己需要的東西，那就能120%運用那些物品，也能讓自己更專注。Casamami的收納，並不會告訴大家要怎麼樣，才能盡量把自己所有的東西塞進狹小空間。不過透過整理的過程，可以知道自己人生眞正需要的是什麼、也可以改變對所有物的想法，並找到重新建構人生的自信。

其實環顧家中，會發現不需要的東西經常占據不少空間。光是能果斷把這些東西處理掉，就可以節省打掃的時間與精力，也可以說這是讓人生更簡單的基本之道。相對地，把節省下來的空間、時間、經歷，還有那些隱藏的費用，拿來用在自己或全家人身上的話，就可以計畫並享受一個更輕鬆、豐富的人生。要像主婦一面照顧家人，也要一面爲自己的未來做準備，這句話雖然大家都知道，但可不是件容易的事。究竟有多少人會拋下眼前累積的許多家事，以自己想做的事爲第一優先呢？不過，如果打造出一個環境，能將做家事的時間減到最少的話，那就可以把節省下來的時間與精力，拿去爲了自己的夢想與未來做投資。

所以我覺得，要讓人生活得更豐富，其基本條件就是整理。這不僅適用於主婦，更適用於所有人。因爲對各種東西收在哪都瞭若指掌，很容易就能找出來，所以就能減少每次打掃、整理花費的時間，這樣不光是對現在的自己好，我們也有更多空閒時間，可以用來規劃更遙遠的未來。所以在Casamami的整理中，通常會還會搭配最有效率的動線。找出不需要有太多動作就能獲得最高效率的物品，並規劃出移動的動線，這些都是合理收納的必備條件。這樣的話，在整理之前應該要先經過「把需要的東西留下來、不要的東西丟掉」這個過程吧？該丟的丟掉、要分開的分開，一面體驗分類的樂趣，一面改變自己對所有物的想法，把對自己眞正有用的東西留下來，也可以讓收納的效果加倍。

每天一點點，只留下需要的東西

留下需要的東西這種整理方式，不僅是自己，要連家人們都理解這個概念才能做到最徹底。整理這件事並不是一次結束，但如果只做一次就放手不管的話，那麼整齊是不會持久的。有空閒的時候就做，讓這件事變成身體的習慣，這樣才有可能持續下去。許多看著這段文字的人所想像的乾淨房子，我想都需要持續的整理。如果只把我需要的、我喜歡的東西留下來，那就可以正確掌握我的喜好與消費習性。意外地，許多人並不知道也不曾仔細想過自己喜歡什麼、關注什麼，或擅長哪些事情。不過，如果試著學Casamami的整理法，那就可以掌握自己的喜好與消費習性，一面做自己喜歡的事，一面描繪自己人生的藍圖，並獲得能積極享受這些的機會。還有一個就是，與其用不必要的東西，塡滿一坪要價幾百萬、甚至幾千萬的昂貴空間，不如只把自己需要的東西留下來，盡可能留下最大的空間並有效率的使用，這才是Casamami的收納。請大家務必記住，這是件非常有價値的事。

那麼，就來用Casamami的乾淨收納教學，來打造又整齊又乾淨的家吧？

跟Casamami一起一天一點點～Fighting！

來偷看一下Casamami整理的順序吧！

01 把不需要的東西丟掉，只留下需要的東西

02 把物品分類

03 考慮動線決定位置

04 整理物品

05 使用完的物品要物歸原位

06 修正使用後感到不便的地方

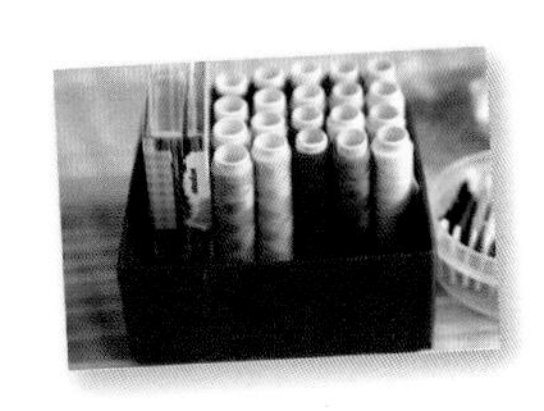

請務必知道這點！Casamami的收納用語

物以類聚收納法　把同類型的東西收在一起，找起來就比較輕鬆。物以類聚收納法，就是把同種類的東西放在一起整理的意思。舉例來說，皮包和背包就收在同個地方，或是衣服就跟同類的物品放在同個地方。

聯想收納法　這個方法是在收拾同樣的物品時，就算收到看不見的地方，也還是能透過聯想法找到物品的所在位置。也就是說，把使用上有共通點的物品收拾在一起，像這樣把類似的東西放在一起，那就算忘了原本放在哪裡，也能很快找到。

直立收納法　把東西立起來的話，同樣的空間就能收納更大量的東西，這樣也更有效率。不僅如此，因爲能一眼看到什麼東西放在哪裡，找尋需要的物品也很方便。這本書中除了特殊情況之外，大部分都採取直立收納法。

抽屜式收納法　這是要把東西收在上面有許多剩餘空間的隔板時，先整理在盒子裡再放上去的方法。這樣做的話，就可以把隔板上的閒置空間減到最少，要取放物品時也只要移動盒子，而不破壞整齊狀態。

小隔間收納　雖然把物品依照種類整理好，不過只要過了一段時間就會都混在一起，爲了防止雜亂無章的狀況，絕對需要這個方法。在一個抽屜或盒子裡放入各種不同物品時，如果能夠做出隔間的話，就可以維持整齊狀態。隔間可以用隔板工具或盒子等物品做出來。

爲了清潔溜溜的整理，至少要有這些準備

Casamami的基本收納工具

爲了成功的收納，要能將各種模樣、大小、特性的工具使用得恰如其分。要把這些東西做最有效率的配置，用最少的東西來維持整齊才行。

爲此，我將在這裡介紹必備的工具。只要有不需要花大錢也能輕鬆入手的幾種工具，就能讓好像死結一樣的收納煩惱迎刃而解。

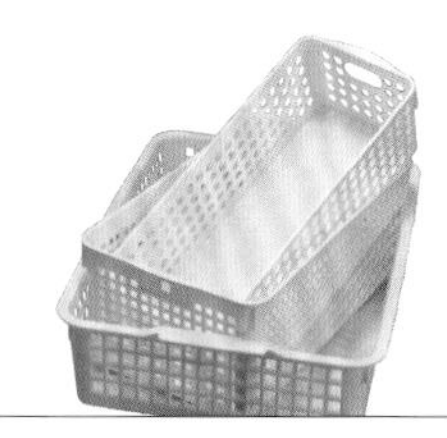

籃子　只要有籃子，就幾乎解決一半的收納問題，可說是基本工具中的基本。依據收納物品的大小與籃子的容量，選擇適合的籃子即可。在折扣商店、大創皆有販賣。

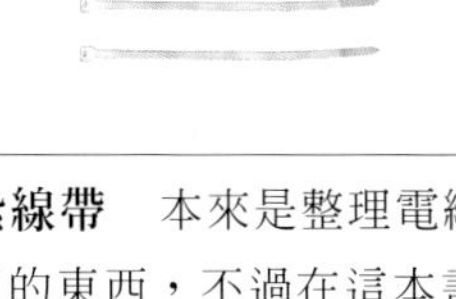

紮線帶　本來是整理電線時使用的東西，不過在這本書中也像籃子一樣經常出現，是用途多變的必備工具。可以圈成一圈代替把手，或是當要在籃子裡做出隔間時，也可以用它來變通。
五金行、大型超市皆有販售。

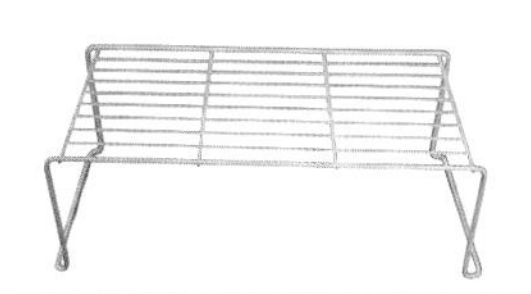

層架　就算沒有隔板，只要把層架用在上方有閒置空間的地方，就可以確實地活用上下空間。運用在廚房水槽或書櫃的話，可以將收納效果提升雙倍。在大創、IKEA皆有販售。

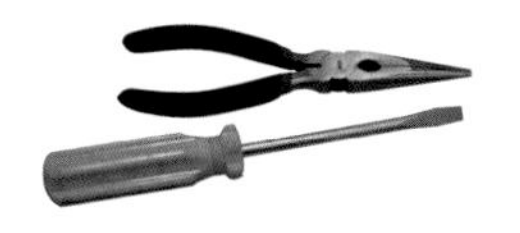

鉗子、螺絲起子　再加上衣架，就可以說是收納工具DIY的三劍客。把衣架和鐵絲剪開再組合在一起，就一定會需要這些工具。在大型超市、網路商城皆有販售。

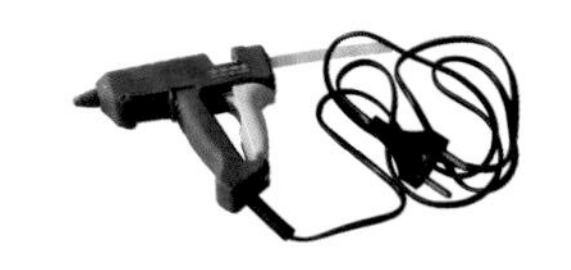

熱熔膠槍　用熱融化矽膠再拿來黏接東西的叫做熱熔膠棒，讓熱熔膠達到此一用途的工具，就叫做熱熔膠槍。難以用一般黏膠或釘子固定時，用這個可以獲得很好的效果。小朋友在做勞作時也很有用。在文具店、手作店皆有販售。

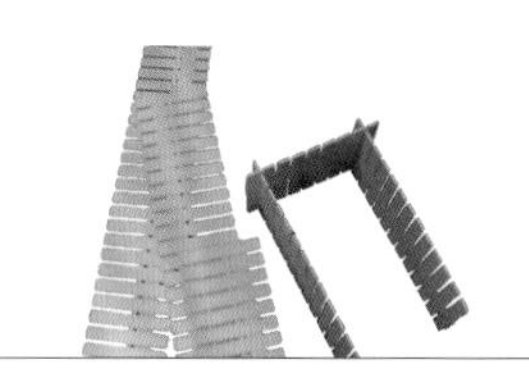

隔板工具　要在抽屜等地方做出小隔間時使用的。當我們要把各種東西收在同個抽屜裡時，就可以剪下所需的長度放進去，這樣東西就不會混在一起，並維持整齊。在大型超市、十元商店、大創均有販售。

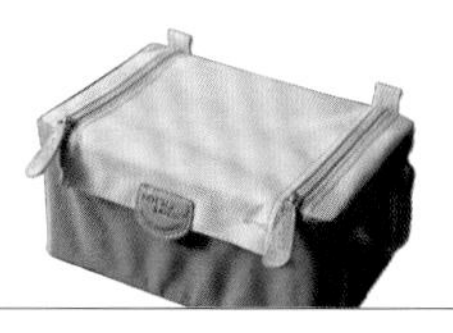

摺疊收納箱　要把季節用品收起來時、把針織品捲起來一件件垂直放進去時，這個箱子非常好用。平時可以收在衣架下方的閒置空間，不使用時可以摺起來提升空間活用度。在大型超市、網路商城、電視購物皆有販售。

鞋子整理架　是讓人能有效率活用鞋櫃上半部閒置空間的收納工具。跟層架一樣，上下都可以放東西，以增加收納量，而且整理架有斜度，輕輕鬆鬆就能把鞋子拿出來。在大型超市、大創皆有販售。

衣架　只要有能自由彎曲的衣架，就可以做出有用的收納工具。電線掛鉤、背包吊環、毛巾架等，衣架可以活躍在家中各個地方。

寶特瓶　這是個不僅能用在廚房，在鞋櫃等各個地方也用處多多的工具。可以用來當成靴架，也可以剪開放在廚房，放置橡皮筋等容易不見的消耗品。

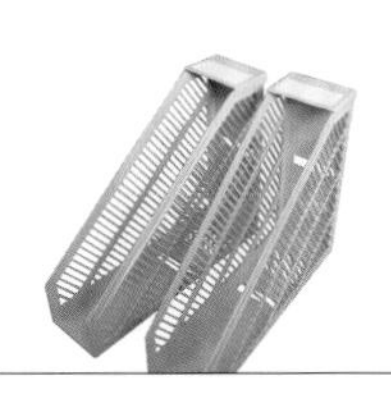

檔案盒　它的基本用途是裝檔案，也可以把好幾個檔案整理架接在一起，當成平底鍋整理架或背包整理架。在文具店、大型超市均有販售。

檔案整理架　整理經過分類後累積起來的輕薄檔案時，就會需要用到這個。依照種類把檔案整理收納，就能變得很乾淨。要收納搭配套裝的手提包時也很有用。文具店、大型超市均有販售。

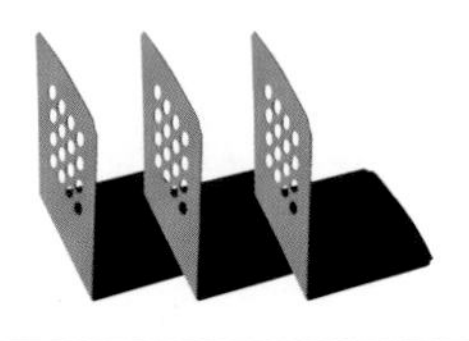

書擋　整理沒有書架的書桌或書架時必須的工具。高度不太高的可以放在抽屜裡，當成衣服支架來使用。文具店、大型家用生活館均有販售。

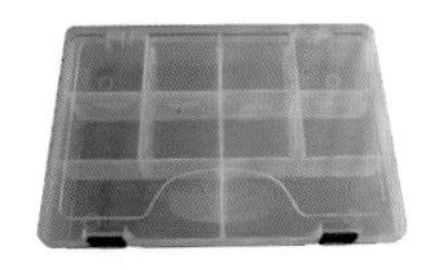

分格文具整理盒　整理小飾品或迴紋針等文具消耗品時非常有用。把小到容易混在一起的東西，分成一團一團來整理，不僅找起來容易，移動時也不會弄丟，非常方便。大創、大型超市均有販售。

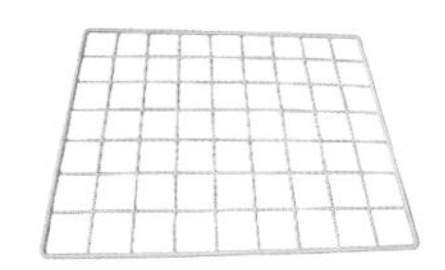

鐵網（網子）　要在鞋櫃裡放個物品當成收納箱時、製作整理廚房物品的置物台時，或者當作包包置放台時都很好用。只要剪下需要的大小，用紮線帶連接在一起，就可以做出方便簡單的收納工具。大創有售。

A4檔案夾　整理孩子的獎狀、體驗學習資料、剪貼資料時必備的東西。我們還可以把老的檔案夾剪開，做成摺衣板使用，這樣整理衣物就會變得很輕鬆。文具店、大型超市均有販售。

毛巾架　毛巾架原本的用途就很優秀，不過也很適合當成領帶與皮帶掛架、紙張放置架等。只要把它黏到牆壁上，就是個用途非常多元、令人非常感激的收納工具。大創、大型超市均有販售。

活頁環　整理孩子們一張張容易遺失的卡片或電線時，只要一個這種活頁環就能輕鬆解決。把卡片分類並穿洞，再用活頁環串在一起，這樣就能輕鬆又俐落地整理。文具店有售。

木頭碗架　整理時將碗盤直放，反而比將碗盤堆疊起來更容易取用。木頭碗架在整理錢包、遙控器、DVD、CD等物品時也很有用。大型超市、大創等生活館均有販售。

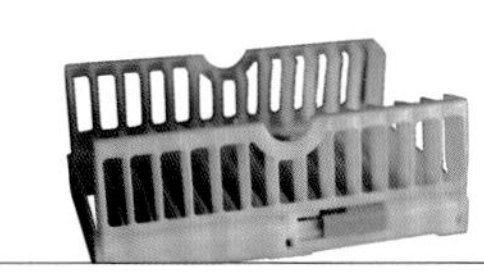

塑膠碗架　當收納空間較窄，或要整理體積較小的盤子時，塑膠碗架比木頭碗架更薄更好用。大創有售。

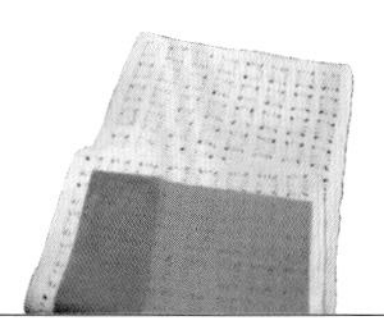

止滑墊　如同字面上的意思，就是用於防止滑倒。把這個剪成小塊小塊鋪在玻璃或瓷器之間，就可以防止碰撞。大量鋪在浴室地板上的話，就不用擔心滑倒了。大型超市有售。

夾環　是把活頁環與夾子的功能合併，提升活用度的工具之一。在夾一條領帶或皮帶起來整理時非常有用。要把物品掛在鐵網之類的地方時，也是個方便的收納必備品。大創及各生活用品店有售。

壓線條　把錯綜複雜的電線整理得乾淨俐落，就要靠這壓線條。電線非不得已露在外面時，只要放一根壓線條，看起來就會很乾淨。大創、五金行均有售。

西瓜底座　固定足球時很有用。可以放在鞋櫃或玄關，使用起來非常方便。把室內使用的凱格爾球放上去，就不會到處滾來滾去，可以固定在一個地方了。也可以用其他類似環狀物取代。

回收包裝盒　請別丟掉薄塑膠盒或硬紙板盒，好好活用它們吧。可以用於整理美術用紙，也可以用在摺衣服後，把衣服收得整整齊齊。

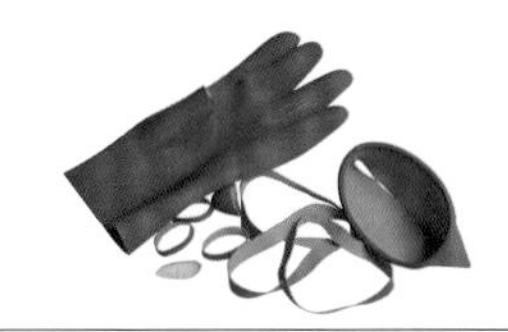

塑膠手套橡皮筋　破洞的塑膠手套，可以再利用來替代橡皮筋。把手腕與手指的部分剪成圓形，選擇需要的大小使用。不用像一般橡皮筋繞好幾次，只要綁一次就很堅固，用途也很多變，比一般的橡皮筋更好用。

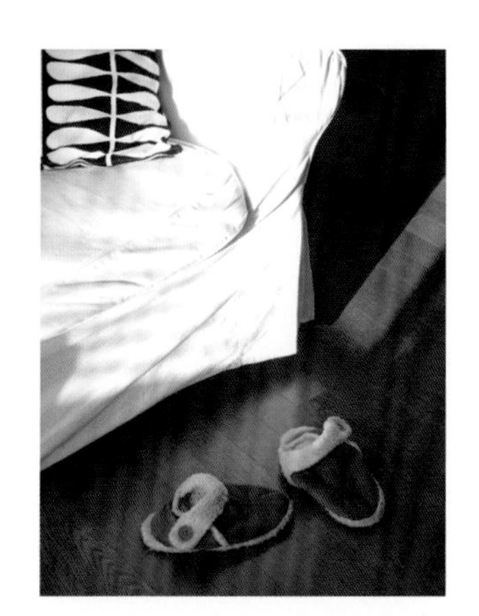

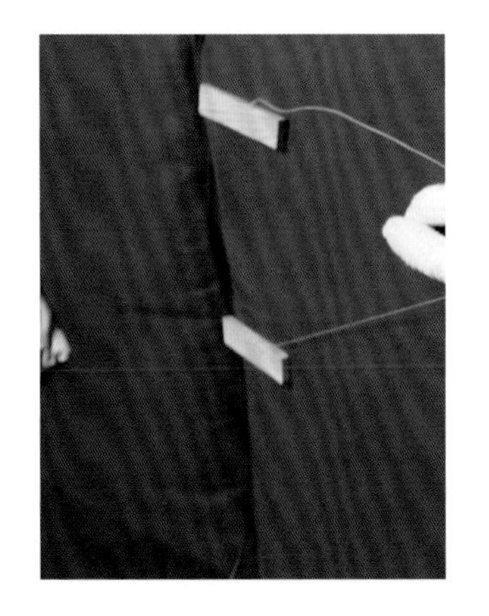

part

01

玄關

就像古人說的，鞋子擺放整齊的家不會遭小偷，玄關是個決定房子第一印象的重要地方。不過並不是每間房子的玄關都很寬敞，所以需要比較有規劃的收納方法。那在玄關，哪些東西要整理起來呢？首先當然要放鞋子囉。Casamami會把足球、羽毛球拍、棒球手套等運動用品，還有捕蟲網或小沙鏟等野外用的玩具，全都收在一起，這樣可以開闢出一條動線，家裡也變整齊了。Casamami也把打掃用具收在這裡，提升使用效率。

從鞋櫃裡不必要的東西開始丟

光是把鞋子分門別類放好，就能讓鞋櫃變整齊。就算同樣是皮鞋，只要買不同顏色或款式，數量就會一下變多。所以，當我們把4人家庭的鞋子都集中在一起時，那數量可不是開玩笑的。但是，無論鞋子再怎麼多，還是無法全都穿到，再次請大家記住，收納的第一步就是清空。

挑出不必要的鞋子時，請分開放在袋子裡

眞的開始整理鞋子，找出要丟掉的東西時，應該無從下手吧？挑鞋子的時候，請準備2個袋子，把要給別人的和要丟掉的分開裝。這樣就不需要再把東西放進鞋櫃，只要把需要的留下來即可。

想一下要放什麼東西進鞋櫃

鞋櫃當然不是只放鞋子囉。請仔細想想，鞋櫃除了鞋子以外還會放什麼吧。Casamami會放運動用品、室外玩具、打掃用具等東西。

畫個草圖表示分類好的東西要放哪

如果要把室外用的東西，一起收進鞋櫃裡的話，那就得想想櫃子裡哪邊要放什麼了。Casamami會考慮動線與效率，在離大門最近的櫃子放運動用品、中間放鞋子、最裡面放打掃用具。

常穿的鞋子擺在肩膀與大腿之間的高度，並收在右邊

常穿的鞋子要優先擺在容易取得的地方。如果是右撇子，就放在右邊肩膀到大腿之間的高度。考慮到家人的身高，從上層隔板開始放爸爸、媽媽、小孩的鞋子，這樣取用就很方便。

玄關

打掃用具

最近的公寓，通常會在鞋櫃裡設置插座，這樣我們如果把吸塵器收在鞋櫃裡，就可以直接插插頭使用，超級方便。雖然空間無法剛好放進一台吸塵器，不過只要利用各種工具和創意，就能把一般吸塵器、蒸汽式吸塵器、拖把、除毛球機、抹布等東西，全都收在同個地方。這樣不僅動線又短又簡單，還能提升空間的活用度。

要收在玄關櫃子的打掃用具

001 吸塵器
002 蒸汽式吸塵器
003 拖把
004 除毛球機
005 抹布、玄關用掃把＆畚箕

001

吸塵器

如果打掃用具不方便取用的話，就不太會想要打掃，而且因爲鞋櫃窄小，在拿打掃用具時，很容易把其他東西弄亂。所以最重要的就是把鞋櫃整理乾淨，讓我們能輕鬆拿取打掃用具，這樣才會時常使用。

tool　洗衣粉桶提把、螺絲

how to

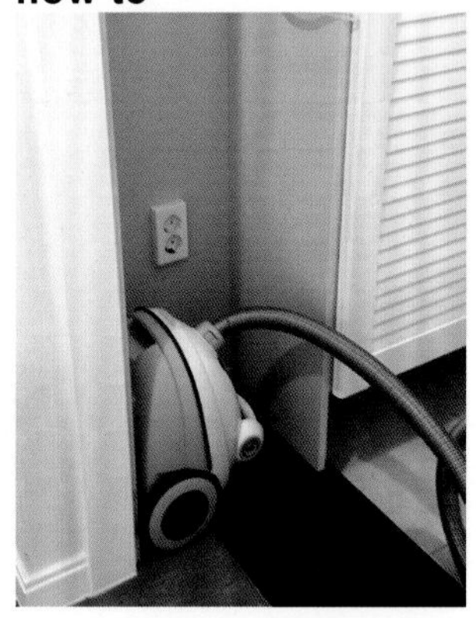

1 先把吸塵器的機體放進去。

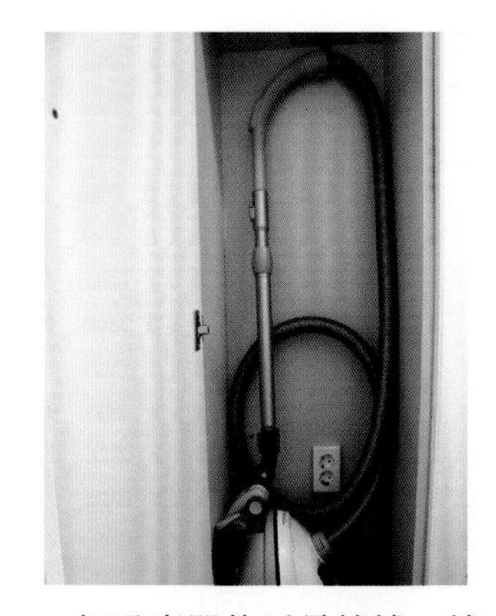

2 把吸塵器的延長管繞一繞直的放進去，然後再把管子整理一下，整理成符合空間的樣子。這樣就不會有剩餘空間（死角），可以收得剛剛好了。

⊕ 管子看起來很亂？

「利用洗衣粉桶提把，做出軟管固定架」

1 先拿一個使用過的洗衣粉桶。

2 把提把拆下來。

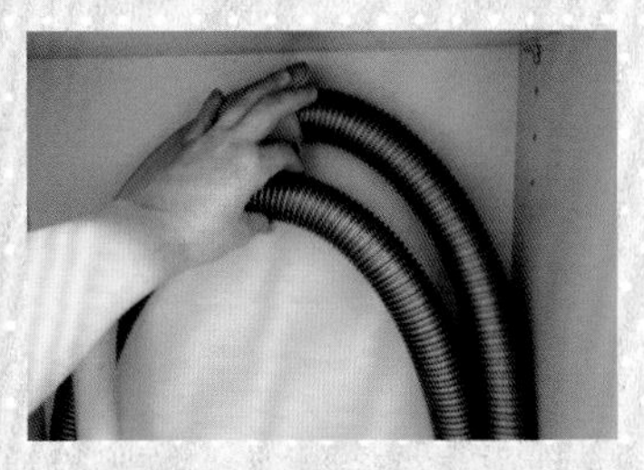

3 把管子繞好抓住，固定在適合做固定架的位置，然後用螺絲在要固定的地方做出提把需要的2個記號。

4 用釘子和鎚子在標示點鑽洞。

tip **如果收納櫃的木板很薄，就標示定點，直接用螺絲轉進去固定即可。螺帽只要比提把孔大一些，才能方便另一端扣入。**

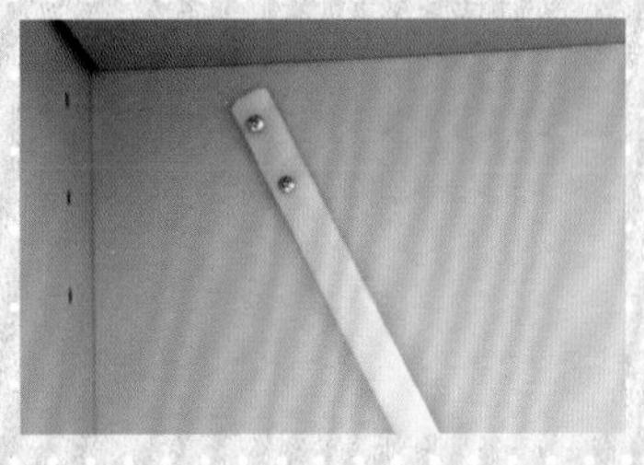

5 把拆下來的提把一端用螺絲鎖在標示好的位置。

tip **螺絲不要鎖死，這樣才容易取放吸塵器的延長管。**

6 把管子整理好用提把固定住，最後再將提把另一端扣在螺絲上。

tip **提把如果太長，就剪成適合的長度，然後在提把末端切出＋字型的洞即可使用。**

002

蒸汽式吸塵器

如果收納空間很窄，我們可以把蒸汽式吸塵器的延長管直立起來。但是立起來的蒸氣式吸塵器，從櫃子裡拿出來時，如果不小心打到手，可能會讓手失去力量而讓吸塵器倒下來。所以我們會需要固定蒸汽式吸塵器機體的裝置，這也可以用洗衣粉桶提把來做。

tool 洗衣粉桶提把、螺絲、膠帶、橡皮筋、圖釘

how to

1 把蒸汽吸塵器機體放進玄關櫃子。

2 延長管直立，貼著機體旁的櫃壁放置。

3 請將蒸汽吸塵器的底座，插在固定延長管的地方。

4 用鬆緊帶把抹布綁在玄關櫃門的內側，再用圖釘或小螺絲固定，最後把抹布塞進去。

tip 鬆緊帶長度只要塞抹布時能留下一點空隙就夠了。要在鬆緊帶末端摺一折，固定時才不會散開。開關門的時候也請確認抹布有沒有掛好。

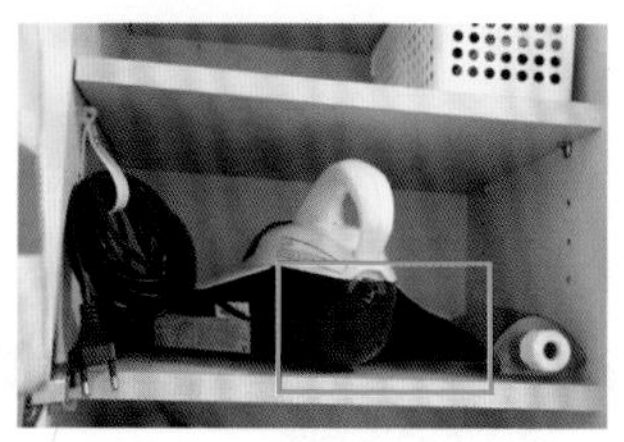

5 蒸汽式吸塵器的水桶則收好，放在吸塵器上面的隔板。

⊕ 延長管經常倒下來？

「請相信洗衣粉桶提把做成的固定裝置！」

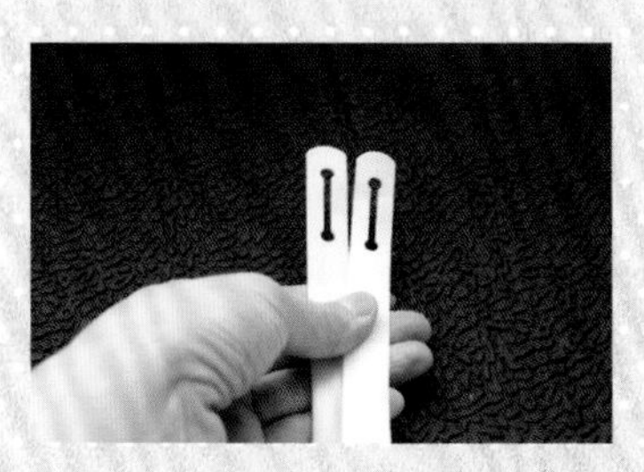

1 拆下洗衣粉桶的提把。

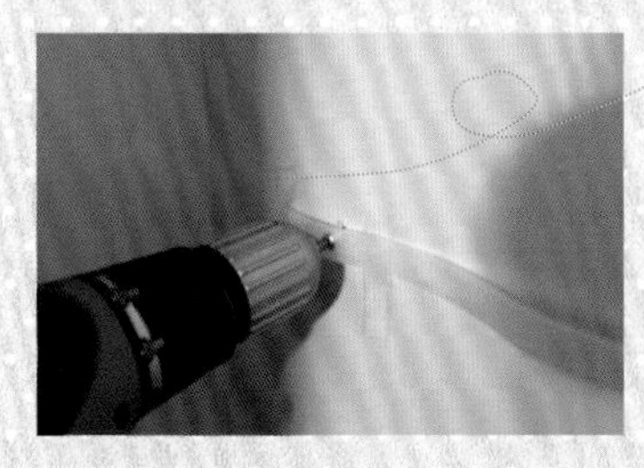

2 把櫃子裡的蒸汽吸塵器延長管立起來，在要固定的位置做記號。最後將提把放上去，再用2個螺絲鎖緊固定。

tip 如果這時在提把上貼個膠帶，固定好的位置就不會再被推擠移動。如果提把太長，就先剪成適當長度再使用。

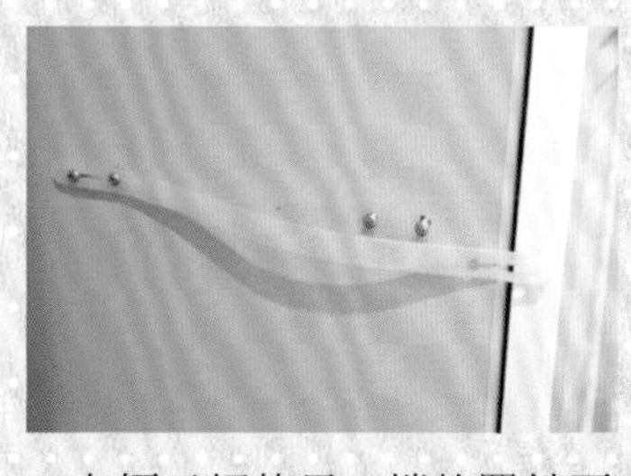

3 在標示好的另一端位置鎖兩個螺絲，注意別鎖得太緊，留一些高度，也別太靠近門邊，不要讓提把露在櫃子外面。

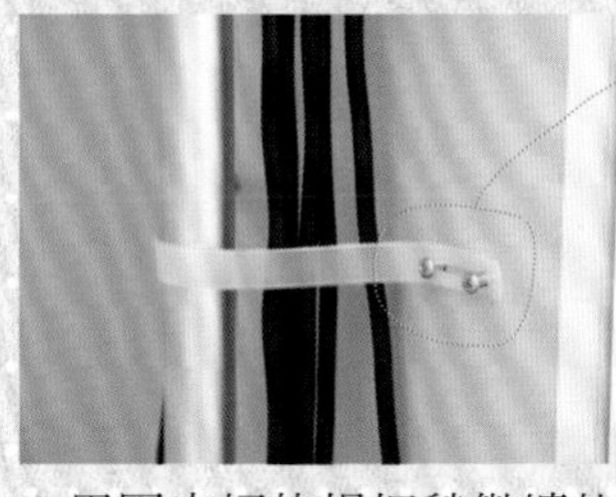

4 用固定好的提把稍微纏住吸塵器的桿子與電線，然後把提把套到所在外側的兩個螺絲上，再把螺絲鎖緊固定。

tip 一定要鎖2個螺絲，這樣放進去才方便，拿出來也不用擔心會掉。

蒸汽吸塵器的保養要領

蒸汽吸塵器如果不好好保養，反而會危害健康。特別是水桶的保養很重要。如果裡面還有水就收起來的話，桶子裡就會產生石灰質或發霉，所以用完以後一定要把水桶清空，曬乾後再收起來。還有一點，使用過吸塵器之後，機體的熱度會持續一陣子，不要馬上就收起來，等到完全散熱冷卻以後再收，這樣才安全。

003
拖把

孩子們在睡覺時，或在深夜時要打掃的話，沒有東西比拖把和抹布更實用了。拖把輕薄扁平，很適合收在玄關櫃門的內側。只要用紮線帶就可以囉。

tool 膠帶、螺絲、紮線帶、塑膠籃

how to

1 請把拖把掛在放置吸塵器的玄關櫃門內側。

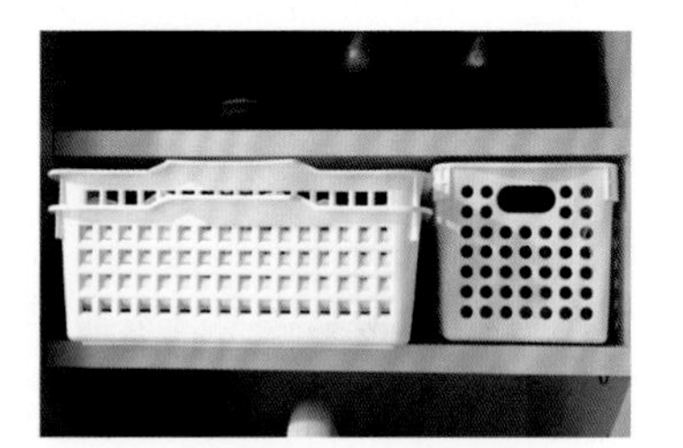

2 每次都纏成一團的拖把用不織布，可以裝在塑膠籃裡擺在吸塵器上面的隔板。

tip 把打掃時會用到的消耗品放在一起，找起來就很方便。聯想收納法！

⊕ 想讓拖把安全掛著？

「用紮線帶做個掛環」

1 在玄關門內側要掛拖把的位置作記號，先用膠帶黏住，確認門是否能確實關好。

2 在標示的地方鎖上螺絲。

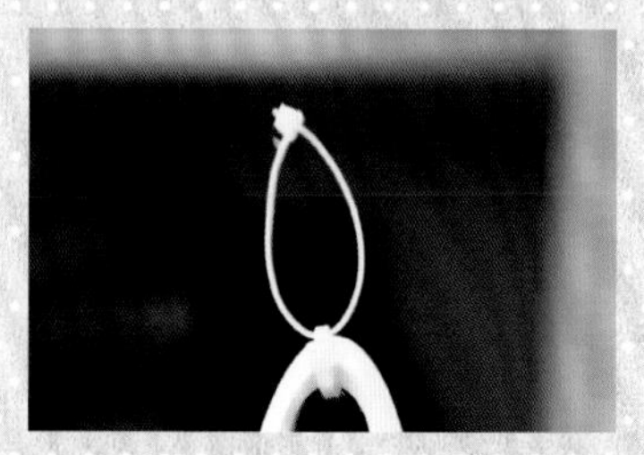

3 用紮線帶穿過拖把頂端的洞，緊緊綁住。再用另一條紮線帶穿過第一條紮線帶，做出一個細細的吊環。

tip **最好用細的紮線帶**

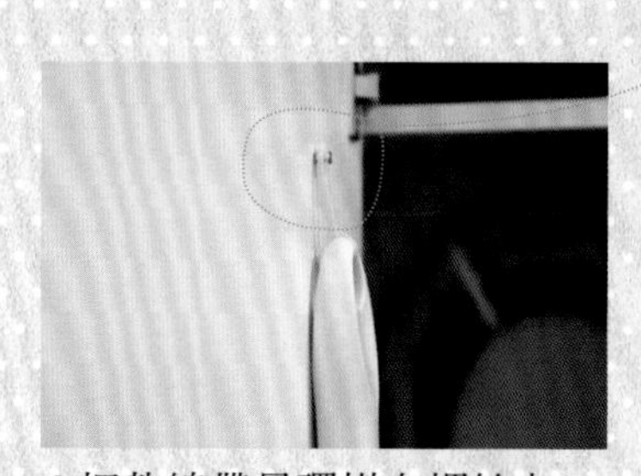

4 把紮線帶吊環掛在螺絲上。

tip **拖把握柄很厚，使拖把無法安穩掛著，每次開門都會亂動的話，就改用比較長的螺絲，或是乾脆用紮線帶做一個吊環掛著。**

004

除毛球機

除毛球機體積雖小，但電線放在一起可是很複雜的。這種時候，就移動一下玄關櫃的隔板減少死角，製造一個電線整理架使用就可以了。電線整理架的製作方法，可分爲使用洗衣粉桶提把和衣架兩種。

tool 洗衣粉桶提把、螺絲、衣架、鉗子、熱熔膠槍或透明指甲油、螺絲起子

how to

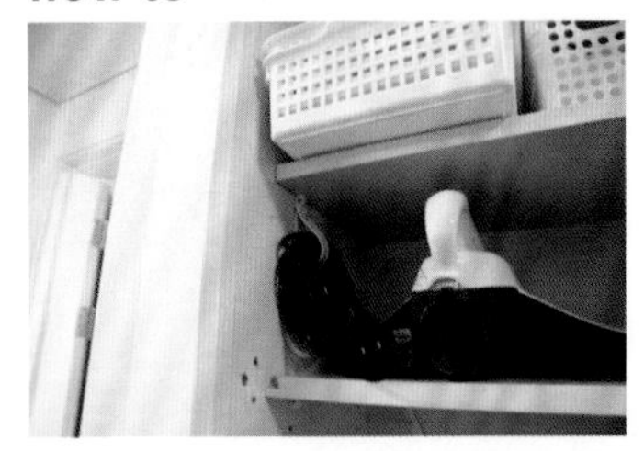

1 把除毛球機放進櫃子裡，再調整隔板高度，把死角減到最少。

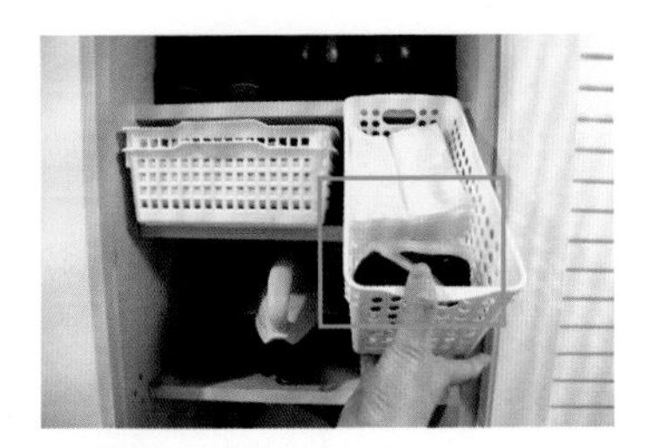

2 網子就跟拖把用不織布收在同個籃子，放在吸塵器上方的隔板。聯想收納法！

Casamami的打掃tip

除毛球機保養要領

除毛球機在整理床墊時非常有用。在打掃床墊側面時，要用一隻手拿除毛球機，另一隻手抬起床墊，實在太勉強了。這種時候如果能用一隻手掌控除毛球機，另一隻手撐著除毛球機的話就很方便。對了，被子拿到外面讓自然光曬過消毒，然後再把灰塵撣掉，比用除毛球機清理要來得好。

⊕ 將容易糾纏的電線整理整齊的方法①

「用洗衣粉桶提把做出電線整理架」

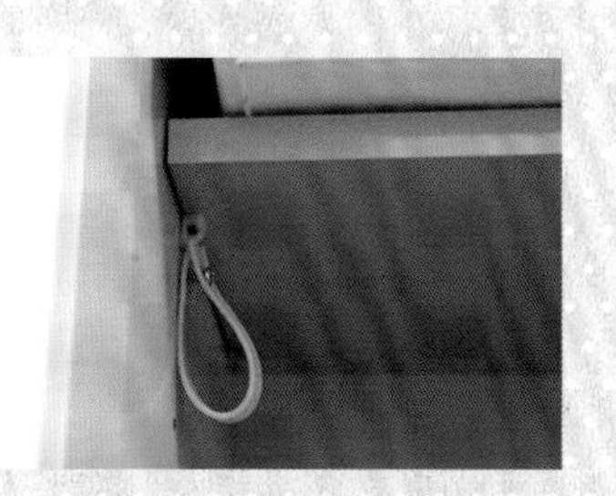

1 準備好洗衣粉桶提把，也可以用跟照片一樣的禮物提把，或掛在咖啡盒上的把手。

2 在把手的其中一側畫一個比螺絲頭大一點的＋字，讓螺絲能夠穿過去，接著將提把固定在吸塵器放置的位置，用螺絲把其中一側固定起來。

tip **用鑽孔機或螺絲起子鑽個洞時，在提把上面再一次畫個＋字，這樣可以更容易鎖住螺絲。**

3 把電線捲好掛在提把上之後，將提把另一邊的＋字也穿過螺絲掛上。

⊕ 將容易糾纏的電線整理整齊的方法②

「用衣架也能做出電線整理架」

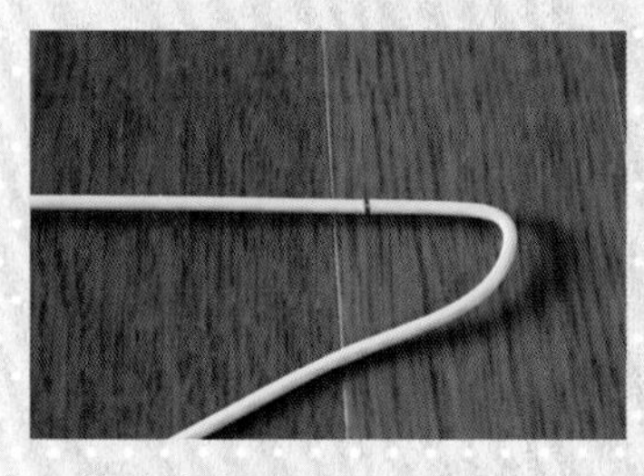

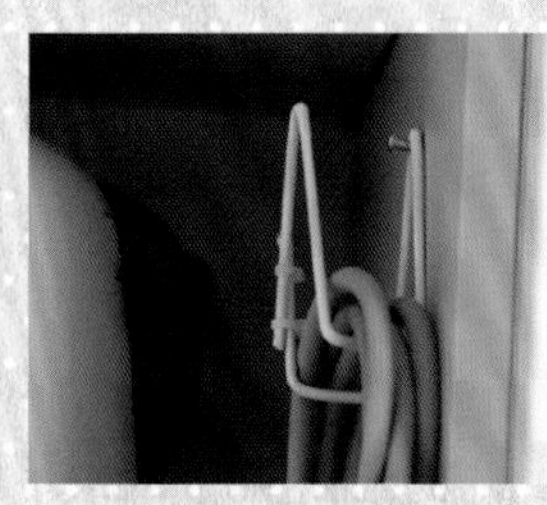

1 準備衣架和釘子，請從衣架底部剪下約40公分。

2 像照片一樣，把衣架彎曲成山的樣子，然後用紮線帶固定起來，做出一個整理架。

tip **衣架末端較尖銳的部份，可以塗上熱熔膠或透明指甲油做保護。**

3 用螺絲把整理架固定在牆上，並把電線繞成圓圈掛上去就完成了。大家可以試用這方法，來整理廚房小型家電用品的電線。

005

抹布、玄關用掃把＆畚箕

如果把固定大小的抹布裝在塑膠籃裡，當成抽屜整理起來，不僅找起來容易，看起來也美觀。打掃的時候可以把抹布放進去，直接拿著整個籃子走，讓灰塵不會掉到已經擦過的地板上，非常衛生。玄關專用的掃把和畚箕，則可以收在玄關櫃子的底下，非常方便。

tool 塑膠籃（35x26x9公分）2個、夾環

how to

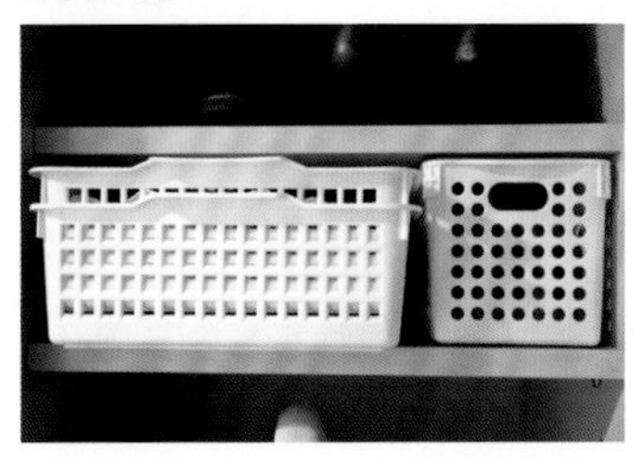

1 準備兩個相同大小的塑膠籃。

tip 寬的籃子比深的好。如果在打掃時用籃子裝濕抹布，或用於分裝髒抹布與乾淨抹布，不僅能夠減少來回走動的機會，也能避免灰塵掉到地板上。

2 把摺成固定形狀的抹布對摺處朝上，直立放在籃子裡。

3 玄關用掃把與畚箕可以搭配夾環，掛在玄關櫃下半部。

tip 與其用每次都會掛在那晃來晃去的S型環，不如使用夾環來得方便。

Casamami的收納tip

抹布的選擇與摺法

打掃用抹布大小最好比一般抹布稍微小一點點，選用質料很平整的棉抹布也可以。一般家庭通常會用舊的手帕，這種時候就把手帕剪成一半，把邊緣縫起來後再使用，可以降低手腕的負擔。如果想把數條抹布同時收得整齊美觀，請按照以下方法。

1 請把抹布直的或橫的摺一折。
2 再摺一半。
3 再摺一半之後，直立放進籃子裡。

玄關

運動用品與各種生活用品

如果玄關有很多東西，那會看起來很亂也很難過吧？但如果隨便塞進鞋櫃裡，看起來也非常不順眼。特別是像足球這種體積大，或有各式各樣形狀與大小的運動用品與玩具混在一起，不是很讓人苦惱嗎？把在室外用的東西放到陽台或副廚房去，經過廚房又會掉一大堆灰塵讓家裡變髒亂。這種時候，請用點小工具和創意，重新建構玄關的櫃子吧。一大堆的東西就會像找到位置一樣，整整齊齊。只要看到整齊俐落的樣子，心裡就會覺得很充實。

006

球、手套、頭盔

足球的收納，重點就是讓它不要亂滾，做一個固定底座給它。
底座本身要有重量，把球拿出來時最好不會跟著移動。
棒球手套可以疊在一起，然後把棒球放在手套裡，就可以充分利用空間做整理。除此之外，其他的球可以全放在一個籃子裡，然後放在隔板上就可以了。

tool 不鏽鋼菸灰缸，或西瓜固定架、籃子或檔案盒

how to

1 準備一個有橡膠包覆的不鏽鋼菸灰缸，可以在大創等生活用品店買到。

tip **如果在底座裡面放除濕劑，不僅能除濕，同時也能扮演不讓球前後移動的固定角色。**

2 請把足球放在菸灰缸上，然後把棒球手套疊在一起，把棒球放在手套裡。

3 頭盔就收在足球底下的隔板。

tip **把隔板高度調整得比頭盔高3～4公分，把頭盔裡的棉織部份朝上放置，這樣才能減少味道與髒污。**

4 網球、羽毛球、剩下的棒球、高爾夫用具、護膝等，就裝在籃子或檔案盒裡，放在隔板上。

tip **不同種類的球如果放在長度較長的高檔案盒裡，可以一眼看清楚整排的球，球也不會倒下來。**

Casamami的收納tip .....

運動用品請收在孩子視線高度處

孩子使用的用品，請考慮一下最高的孩子與最小的孩子視線高度和觸及高度，再決定收納的位置。要收在孩子伸手可及的地方，孩子們才能不需要媽媽的幫忙直接拿取，也能自己放回原位。

西瓜固定架變身足球固定架

在尋找固定足球的工具時，我在生活用品店發現了菸灰缸，當下想說「就是這個」。在不鏽鋼材質外面包覆一圈橡膠做保護，看起來很堅固非常剛好，不過像大創這種生活用品店，商品的汰換週期本來就短，經過一定時間後再去看，東西可能就會不見了。所以當我在尋找隨時都能輕鬆入手的工具時，經過社區裡的水果店，偶然發現西瓜固定架。一看到這個我就拜託老闆給我2個，回家把足球放上去，發現非常好用。無論是放在鞋櫃還是放在玄關都很剛好，我把球放上去的時候，小朋友都說「喔，這是西瓜固定架耶」，感到非常神奇。要把球收在鞋櫃時，請在固定架後面多餘的空間放個除濕劑。這樣球就能更穩固，不會前後晃動，也能夠順便除濕，一石二鳥。也可以用同樣式環狀的塑膠製品代替菸灰缸或西瓜固定架，不過因爲塑膠比較沒重量容易移動，如果再用螺絲或釘子固定，用起來會更方便。

007

很長的物品

羽毛球拍、網球拍、棒球棍、雨傘、鞋拔、蚊帳等長度比較長的東西，很容易就佔掉一堆空間。我們可以利用鐵網做出專用收納盒，依照用途、長度分類整理。請一定要先在腦中想過或在紙上畫一次整理好的樣子，這樣才能最有效率地隔出空間。

製作收納用鐵網

「把鐵網拼起來做隔間」

1 測量並準備好長、寬、高都能放進玄關櫃裡的鐵網。需要前板2個、背板1個、隔板4個。

tip 決定收納盒大小時，要計算櫃子鉸鍊的厚度，放進去門時才不會關不起來。

2 沒有想要的鐵網尺寸時，就把2個鐵網疊在一起調整成你要的大小，再用紮線帶固定使用。

3 每隔7～10公分，就用紮線帶把背板與用來做隔間的隔板固定在一起。

4 請把紮線帶剩下的部分剪掉。

5 用紮線帶把當前板用的鐵網綁上去，可以不必另外做底板。

tool 鐵網、紮線帶、夾環

how to

1 如果玄關櫃裡有圓形雨傘架的話，請毫不猶豫地把它請出櫃子。

tip 只要用螺絲起子或鑽子把固定在玄關櫃底部的裝置卸除，就可以輕鬆移除。

2 在這裡用鐵網製作一個收納盒，推進絞鍊內側。

tip 調整鐵網的大小與間隔，做成符合櫃子內部空間的收納盒。

3 最右邊的隔間請放一個檔案盒。把佔用空間最大的羽毛球拍，放在最寬的隔間裡。

4 中間的隔間裡面就放偶爾會用到的球棒。每天會用的鞋拔，就用夾環掛在靠門側。

tip 蚊帳的話請把網子和握柄分開，用夾環掛著，才不會礙手礙腳。

5 長雨傘請放在有檔案夾的隔間。

tip 為預防雨傘上殘留的雨水，才會在雨傘隔間放檔案盒。

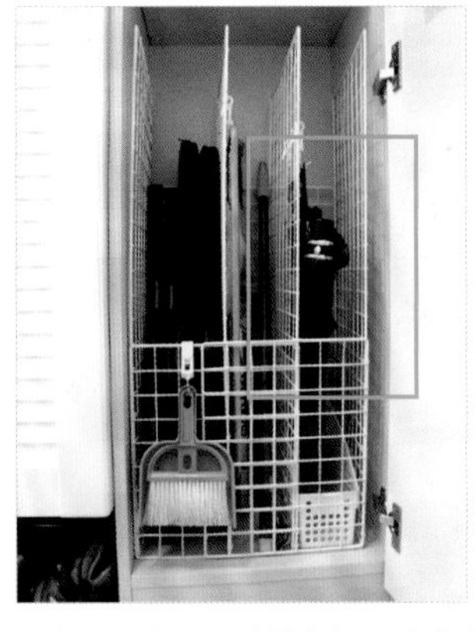

6 折傘就用夾環掛在雨傘隔間的鐵網上。前面掛3段摺傘，裡面掛2段摺傘，這樣收取都非常方便。

008
跳繩

通常我們會把跳繩打個結掛著，或是直接裝在袋子裡。不過小朋友很不會打結，如果把2條以上的跳繩塞進袋子裡，又可能會糾纏在一起，這種時候籃子就很好用了。把跳繩裝在能夠塞進鐵網收納盒與上方隔板間的籃子裡，並把籃子固定在櫃門上，這樣能達到最佳空間活用度。

tool 籃子、螺絲、螺絲起子

how to

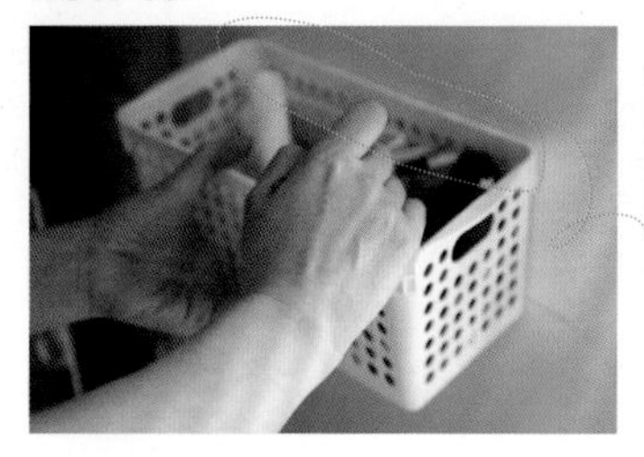

1 準備一個能剛好塞入隔板與隔板空間的籃子，貼在玄關櫃門上測量位置，並在固定位置做記號。

tip 要考慮到籃子的長寬高，側面的提把部分不要突出太多，這樣固定起來才方便。

2 把螺絲的一半鎖進標示好的位置，把籃子掛上去之後，再把螺絲整個鎖死。

tip 考慮到籃子的厚度，請使用長一點的螺絲。

3 把跳繩裝進籃子裡。

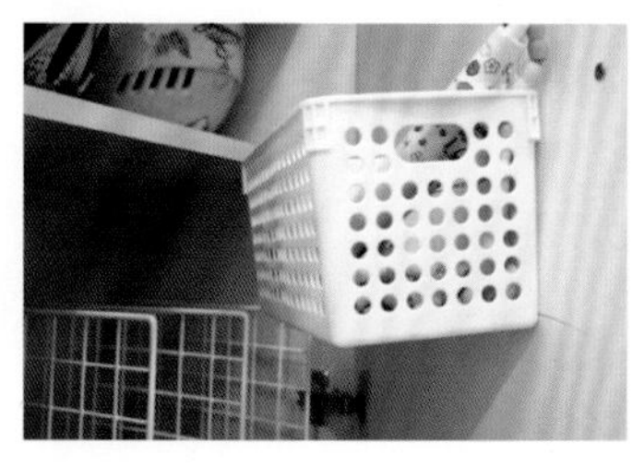

4 跳繩籃設置好的樣子。最後請確認門能不能輕鬆關上。

如果2條跳繩會互相糾纏？

「利用紙盒在籃子裡做隔間」

1 準備一個大小和籃子相似的紙盒。

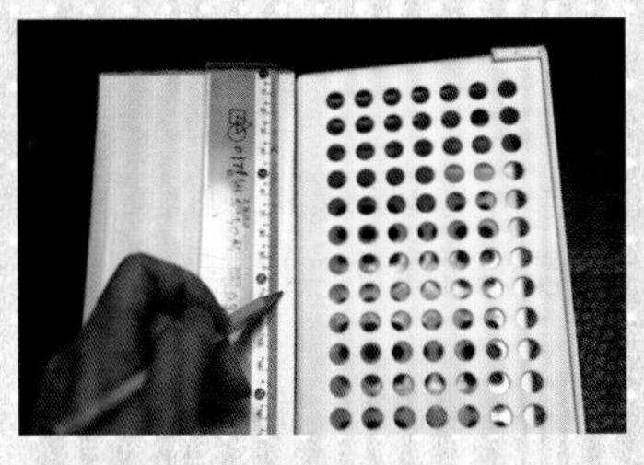

2 把盒子和籃子貼在一起，標示出所需的隔間長度。

3 從做記號處把盒子剪下。

4 把剪下的盒子放進籃子裡，把跳繩放進分開的空間裡就完成了。

tip 剩下的盒子別丟掉，整理鞋櫃抽屜的時候，可以用來當做收納鞋墊與拖鞋的隔間。

009

滑板車、直排輪

滑板車的長度本來就很難收進玄關櫃裡。直排輪因為很重，所以要收在靠近地面的高度，這樣拿出來的時候才安全，穿脫也方便。這種東西如果放在鞋櫃裡非常佔空間，請活用鞋櫃下方的空地。如果家裡的鞋櫃與地板貼在一起，就另外用鐵網做個收納盒，這樣比較整齊。

tool 鐵網、紮線帶

how to ❶ 收在鞋櫃底下

1 把滑板車折起來，收在鞋櫃底下放拖鞋的空間裡，推到最裡面。

2 直排輪則是斜放在滑板車前面。

tip **這樣放不僅小朋友穿脫方便，也能有效使用空間。**

Casamami的收納tip

用鐵網製作直排輪收納盒

如果鞋櫃底下沒有像上面這種放拖鞋的空間，那就拿我常用的鐵網，做個隔間來收這些直排輪吧。如果還有東西要收，那就用鐵網和紮線帶多做幾個隔間。這種收納盒，可以讓小朋友一眼就找到東西，也能讓他們自己整理，非常了不起唷。

how to ❷ 收在鐵網收納盒裡

1 用鐵網和紮線帶，做出和照片一樣的收納盒。詳細的方法請參考203頁的包包收納。

2 把收納盒反過來放。

3 把直排輪放進去。

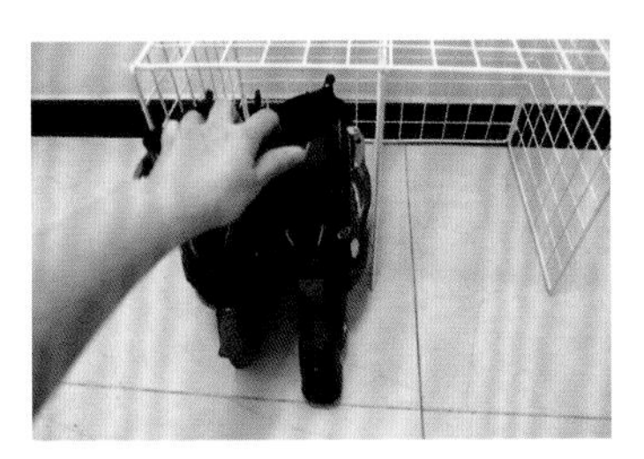

4 拿出來時可以直接滾動輪子，很方便。

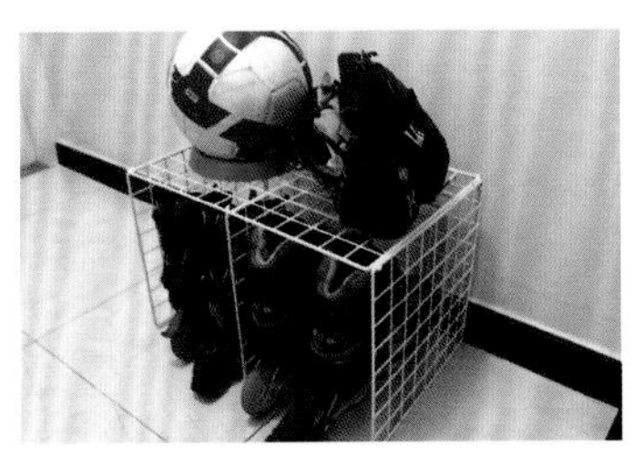

5 倒過來的鐵網上方還能放球或棒球手套等物品。玄關櫃收納空間不夠時，也可以用這個方法來增加收納空間。

010

小墊子

小朋友一年通常會用2～3次這種小墊子。像這種使用頻率較低的東西，如果收在不明顯的地方，在需要的時候就會找不到。如果把墊子摺起來放在籃子裡，再另外做標示的話，就算放在不明顯處也能很快找到。

tool 籃子（25x17x14.5公分）、紮線帶、木夾標籤（7x8公分）

how to

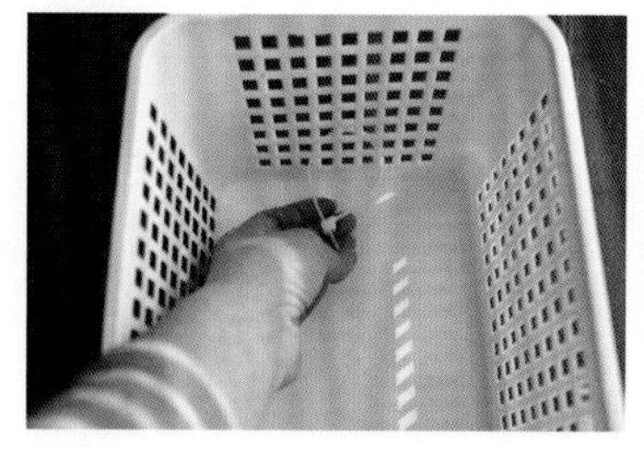

1 請在要裝墊子的籃子底部，用紮線帶做一個拉環。收在高處時這個吊環可以當作拉環，方便我們拿取。

2 把墊子摺好直立收入籃子裡，並在籃子上方插幾個木夾標籤。木夾標籤可在大創買到。

3 收在玄關櫃最上面的隔板。

tip 把收納盒放在高處，卻把標籤貼在底部的話，就比較不容易看見標籤。所以請再收納盒上面夾個夾子，讓我們能清楚看到標籤。

Casamami的收納tip

一個紮線帶拉環可以讓人長高15公分？

小墊子不是經常使用的東西，所以會放在最上面的隔板。但是這種高度就算把手伸到最長，還是難以穩穩地把隔板上方的籃子取下。所以請在籃子下方，用紮線帶做一個拉環。放在隔板上的籃子高度大概是15公分，所以如果在底部掛一條紮線帶，就等於是收納位置降低15公分。倒過來想，可以看成是身高多長了15公分。這樣放就不需要每次都搬椅子踩上去，非常方便。墊子的保養也很重要。塑膠墊或竹墊最常使用，用完後一定要曬乾，塑膠才不會壞掉、竹子也不會長霉，使用壽命才能長久。Casamami會在陽光普照的日子，把塑膠墊拿出去鋪在汽車上曬乾。如果當天風比較大的話，也請別忘了放幾個小石頭壓著，讓墊子不要飛走。竹墊則是放在通風良好的陰涼處曬乾比較好。

一般墊子收納法

大墊子通常會放在後車廂裡，這是為了能夠隨時帶小朋友去郊遊。如果是放在家裡，那跟冰桶放在一起應該不錯吧？把要一起使用的東西收在一起，這樣找起來才方便。聯想收納法！

玄關

鞋子

想在有限的空間裡，放置所有家人的鞋子，需要準備幾樣東西。首先是先把需要的鞋子、不需要的鞋子整理出來，然後再想好鞋櫃整體的擺設，才能夠有系統的收納。不僅考慮使用頻率，也要考慮鞋子的種類與相關消耗品。決定好各種物品的位置之後，就能使空間的活用率加倍。這裡有件事一定要記住！分毫不差地把收納空間完全填滿，並不是了不起的事。要留下一定程度的空間，這樣整理起來才方便，也才會有想整理的心情，乾淨的狀態才能夠持續。請別忘囉。

要收在玄關櫃的鞋子

決定鞋櫃擺設

整理鞋子之前，要先計畫好哪裡放些什麼。鞋櫃的擺設請參考底下介紹的一般鞋子收納法。

- 隔板間隔請留「鞋子高度＋5公分」，把死角減到最少。
- 如果隔板高於或低於視線高度，就把隔板往前或往後斜放，讓我們能清楚看見鞋子。
- 上層放使用頻率較低的鞋子，下層則以常穿的鞋子爲主。
- 隔板從上到下按照身高順序放爸爸的鞋子→媽媽的鞋子→小孩的鞋子。
- 如果家人全都是右撇子，那請把最常穿的鞋子放在在櫃門的右邊。
- 如果要放靴子或長靴這種高度較高的鞋子，就拆掉一個隔板。
- 活用鞋子整理架，可以提升收納效果。
- 小東西就整理在抽屜裡。

011

一般鞋子

不常穿的鞋子就放在最上面。一般都以抽屜爲基準，上面放夫妻的鞋子，下面放小孩的鞋子，這樣比較方便。隔板間隔請調整爲比鞋子高5公分。

tool 鞋子整理架、壓縮棒、運動鞋盒

how to

1 抽屜上面的隔板，放老公的皮鞋和運動鞋。

tip 隔板間隔請調整為「鞋子高度＋5公分」，把死角減到最少。

2 下面的間隔就放高跟鞋。如果隔板比較高，就調整裡面的支架（支撐隔板的小螺絲），使隔板往前傾斜，讓我們能更清楚看到鞋子。

3 放一根壓縮棒當安全裝置，讓放在傾斜隔板上的鞋子不會掉下來。壓縮棒生活用品店或超市可以買到。

4 下面再放主婦的運動鞋。

5 抽屜下面則放小孩的鞋子和鞋袋。

tip 利用鞋子整理架，就可以多收一點鞋子。

6 水上活動防滑鞋就放在運動鞋盒裡收進隔間。因爲鞋子體積小，一個盒子就可以裝好幾雙。

tip 可以把盒子側面摺起來或做標籤，這樣就比較容易區分了。

調整隔板高度的方法

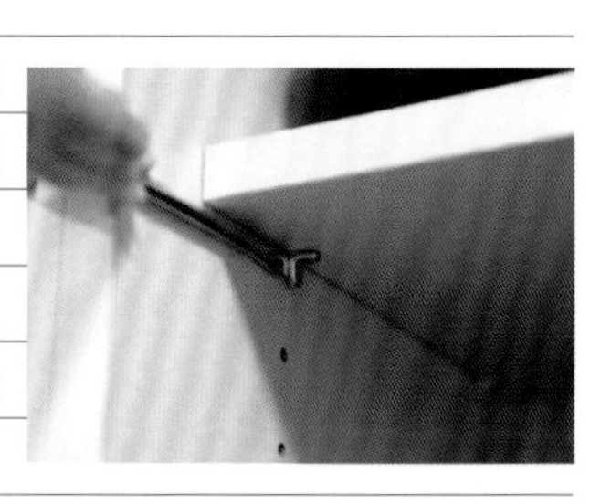

如果為配合鞋子高度，而移動螺絲來調整隔板高度減少死角的話，就可以整理出更大的空間來使用。隔板螺絲可以用轉的取下，或是用一字螺絲起子轉下之後，重新鎖回你想要的位置，最後再把隔板放上去。隔板螺絲如果無法鎖緊，只要用錘子敲幾下就可以了。

Casamami的收納工具 …… 鞋子整理架

如果擔心鞋子太多，就使用鞋子整理架吧。這是個可以有效運用隔板上方死角的有用工具。只要有這個，原本只能放5雙鞋的空間就變成可以放7雙鞋。如果是小朋友的鞋子，整理架下方可以放3雙，上方可以放4雙。鞋子整理架可在網路商城，或是大型超市用很便宜的價格購買。

之字形收納法

只是改變放置小朋友鞋子的方法，也可以讓整理變得很有效率。這又名為之字形收納法。和照片一樣，只要把每一雙鞋的頭尾交錯放置，就可以減少約2公分鞋子所佔的空間（36公分→34公分）。年紀越小的孩子，鞋子的寬度就越窄，只要寬度在200mm以下的鞋子，兩雙以之字形交錯擺放，就可以放進更多鞋子。

012

靴子

冬天最重要的鞋子，就是我們下了很大決心購買的靴子。不過一但過了冬天，靴子就得閒置在鞋櫃裡一段時間，樣子可能會變形，還要花費精神替它防蟲、防潮。千萬別忘記放靴子的地方，要把中間的隔板取下調整高度，也要在鞋子裡放靴架。

tool 層架、靴架、防蟲劑、報紙

how to

1 請在靴子裡放靴架，也請把防蟲劑和具有除溼效果的報紙一起放入。

2 拆下中間的一塊隔板用來整理靴子。

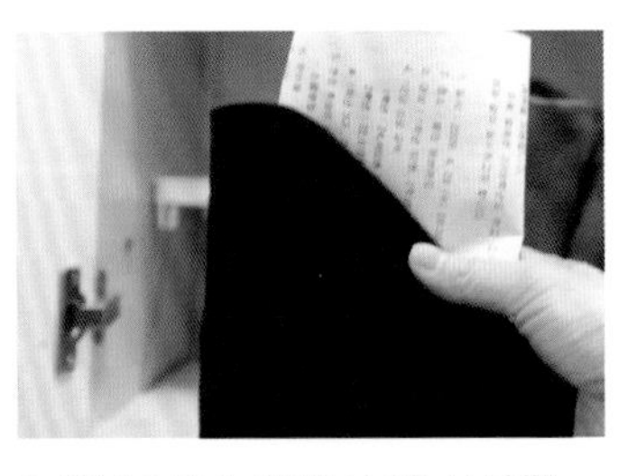

3 難以直立定型的絨布長靴，就先放入防蟲劑和摺過的報紙之後，再稍稍把靴子上半部摺起來。

4 在隔板上放層架，並把靴子放在層架上，這樣前面就可以再放一雙靴子。

5 要穿靴子的時候，就把靴架放在靴子原本的位置，這樣之後收納也非常方便。

6 靴子收納完成的樣子。

製作靴架①

用寶特瓶做靴架

1 準備符合靴子大小的寶特瓶，也可以把礦泉水瓶剪開使用。

2 在寶特瓶上畫幾個大大的四角形。

3 用刀子照著剛剛畫的痕跡，把四角形割下。

4 從割開的洞把揉成一團的報紙塞入。

tip **透過這個洞，可以看見報紙的防潮、防蟲效果。**

5 把寶特瓶的蓋子打開，再把瓶子放進靴子裡。要把蓋子打開靴子才會通風透氣。

⊕ 製作靴架②

用絲襪做靴架

1 準備從長度到膝蓋以下的絲襪。

2 把報紙揉成一團塞進絲襪裡。報紙只要塞到和靴子一樣高即可。

tip **一兩個揉成一大團的報紙球，好過揉成好幾個小的報紙球，這樣支撐力量比較大。**

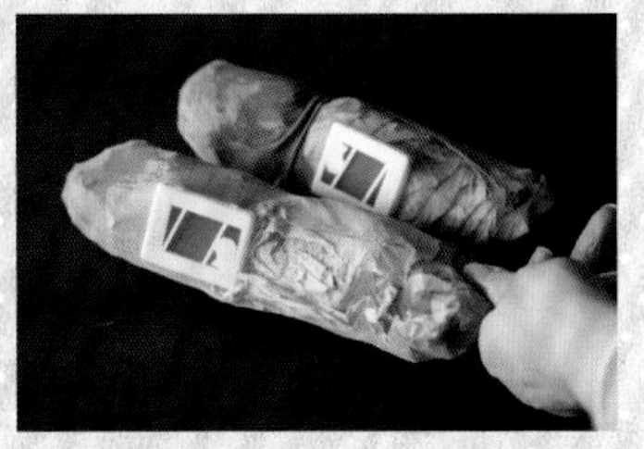

3 把符合靴子高度的報紙都塞入之後，把報紙壓緊讓它變成堅固的靴架。

tip **把報紙球都塞入再放入防蟲劑，這樣拿出靴架時也能同時拿出防蟲劑，避免防蟲劑遺失掉落的可能性。**

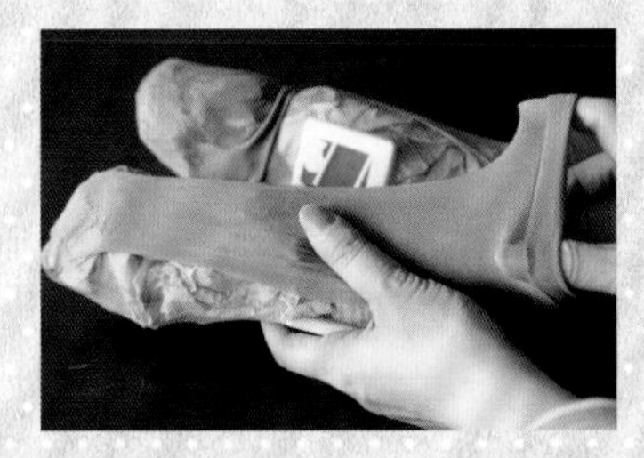

4 像照片一樣，把剩下的絲襪往相反方向折起來。

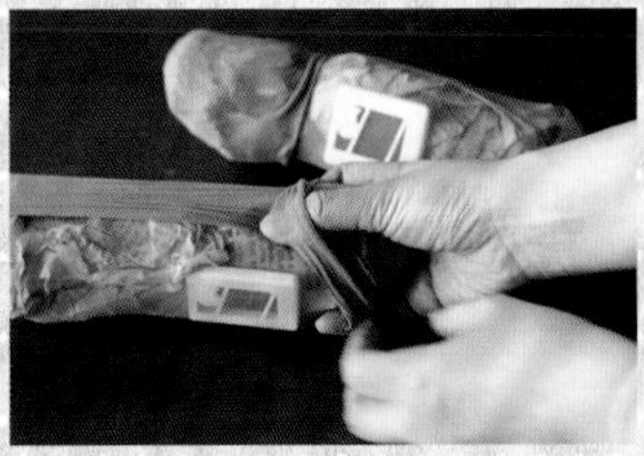

5 把手指伸進絲襪裡，撐開絲襪包覆住塞了報紙的部份。

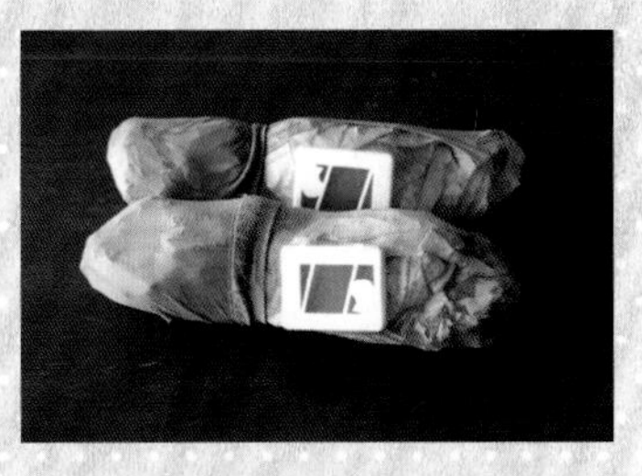

6 把絲襪靴架包整齊。

tip **靴架如果又厚又長，就能夠用在大人穿的靴子。**

7 請把完成的靴架放進靴子裡。

013

鞋子相關消耗品

拖鞋、鞋墊、鞋油和鞋刷等東西，如果分別收在2個抽屜裡放在鞋櫃中，要使用時就很方便。一邊的抽屜放拖鞋和鞋墊，另外一邊則放保養皮鞋時需要的東西，這樣就能很快找到東西。

tool 紙盒、橡皮筋、寶特瓶、籃子

how to

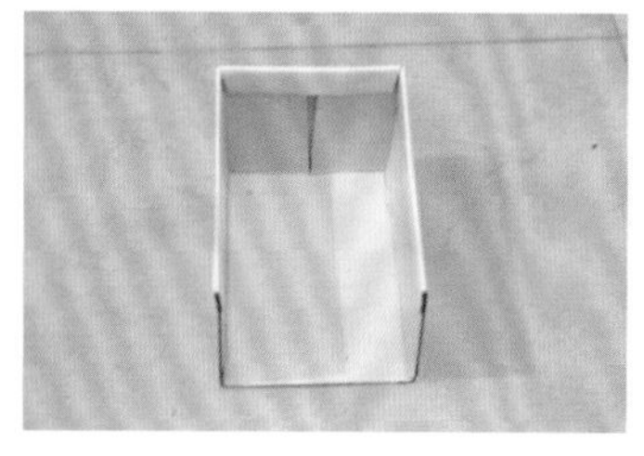

1 把狹長紙盒的其中一邊剪下。

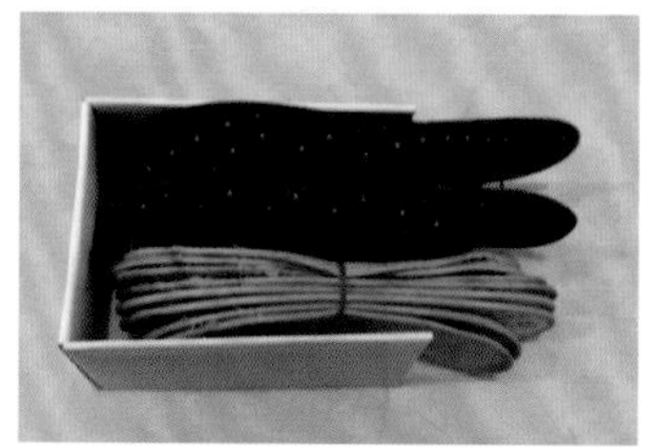

2 用橡皮筋把鞋墊綑起來，直放進盒子裡。

3 把鞋墊盒放進抽屜裡，剩下的空間就用來收夾腳拖、摺疊式購物袋、手冊、筆等物品。

4 把寶特瓶剪開，分別放置鞋油、棉手套、鞋帶等物品。這樣東西才不會糾纏在一起，能夠維持整理好的狀態。

5 把這些東西裝在籃子裡放進抽屜。

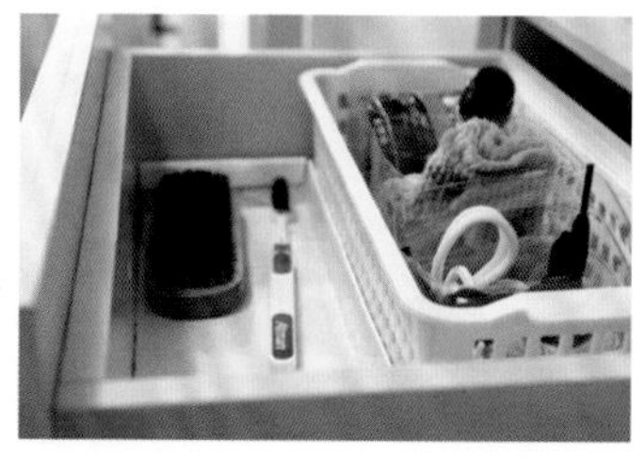

6 把盒蓋剪成適合抽屜的大小，鋪在抽屜底部之後用來放鞋刷等物品。這樣抽屜就不會沾上鞋油，能夠常保乾淨整潔。

Casamami的鞋子整理秘訣複習！

1 從不喜歡的鞋子開始整理

現在不喜歡的鞋子，明天、明年還是不會喜歡。這種鞋子就勇敢丟掉吧。

2 不穿的鞋子，別捨不得直接拿出來。

不管再怎麼合腳小朋友還是討厭、不喜歡的話，也不可能硬要他們穿上去。如果有這種鞋子，就別猶豫直接拿去送別人吧。大人不穿的鞋子也比照辦理。

3 留下鞋櫃能收納的鞋子數量就好。

除了拖鞋以外，所有的鞋子數量，包括放在玄關的鞋子，只要能剛好收進鞋櫃就好，不要過多。

4 換個不同的丟鞋方式

有些人想丟鞋子但又覺得沒東西可丟，如果遇到這種狀況，那就不要想從一堆東西裡撿出要丟的。可以換個方法把鞋子全拿出來，挑出常穿的、珍惜的鞋子先放進鞋櫃，然後再把剩下的處理掉。

5 處理鞋子的時候，請務必聽聽家人的意見

整理小孩的鞋子時，請務必聽聽小孩的意見。因為小孩也會想自己決定一些事情，所以請盡量避免因為丟鞋子而產生爭執。

6 要有放置的位置，才買新的鞋子

就算沒有多的空間，也還是很想買新鞋的話，那就養成把現有的鞋子中最不喜歡的處理掉，清出一個能放新鞋的位置，再去買一雙新鞋的習慣。

7 這種鞋子，請絕對別丟

過了很久也不褪流行的鞋子、運動鞋、基本款黑皮鞋、登山鞋等雖然不常穿，但可能某天就會要用到，所以這些鞋子請別丟掉，好好收藏保養。

Casamami的收納tip

製作鞋櫃時的須知！

最近市面上推出很多能夠旋轉、區隔成前後兩塊能雙重收納的系統鞋櫃。不過，不管再怎麼好的功能，還是要符合家人的需求才能發揮最大的用處。在做鞋櫃時，請先思考家中人數、年齡層、生活方式，會收些什麼東西在櫃子裡，然後再選擇最適合家人的櫃子。

一般來說，如果是20～30坪大小的公寓，鞋櫃都會做到天花板，所以收納空間非常充足。再加上最近的運動用品很多變，就算鞋櫃裡不放鞋子，也還是有很多東西能放，幾乎沒有鞋櫃會有多的空間。不過，收得剛剛好完全沒有縫隙，感覺好像有點喘不過氣喔？請在鞋櫃跟玄關地板之間留點縫隙，並設置一點照明吧。空間不僅能因爲明亮的燈光而變寬敞，每天會穿到的拖鞋、直排輪、滑板車等難以收進鞋櫃的東西，也可以放在這個空間。

還有一點，鞋櫃內部的隔板深度，最好比大人的鞋子長度再長一點。當然隔板要能夠自由抽換，這樣收靴子這類高度較高的鞋子或其他東西時，才能將鞋櫃的用處發揮到最大。

Casamami成爲知名部落客的緣由

偶爾會收到「Casamami怎麼會變成部落客呢？」這種問題。每當遇到這問題時，我想起的是我們家的骨董椅子。雖然下了很大的決心買下它，不過因爲不適合我們家，所以想透過網拍賣出，四處尋訪之後偶然得知「Lemon Terrace」這個社群。不知怎麼地，感覺這裡好像有人會想要我的家具。總之我先用數位相機拍了椅子的照片，在鄰居姐姐的幫助之下把照片傳到電腦裡。一直到那時候我都還是個電腦白痴（雖然現在也和電腦不熟），不過只要那位姐姐來我們家玩，就會說「你家的冰箱整理得眞整齊」，然後拍幾張照片一起傳上網。在很偶然的機會下，冰箱的照片出現在入口網站的首頁，並成爲討論話題。老實說，當時我不知道出現在首頁代表什麼，所以雖然有幾間雜誌社打電話說希望採訪我，但我基於「只是個家庭主婦的我哪能……」的理由，多次拒絕他們。但是過了不久，我開始覺得「我也想工作」。就在這時候，有一間雜誌社委託我希望能進行拍攝，我下意識回答「好」。但其實我沒有自信，卻也沒有臨時反悔說「做不到」的勇氣，只能戰戰兢兢做準備，並順利結束拍攝。當時來採訪的記者，還把我推薦給一間企業公司，因爲這個契機，我在那間公司開了6個月的收納課程。客廳、廚房、小孩的房間，用這種方式區隔各個空間，一面讓他們看我親手整理的家中照片，一面完成我第一次的授課。過去的我，只是個把一張冰箱整理照傳到網路上的平凡主婦。但在那之後，那間企業的行銷負責人，建議我要不要試著經營收納部落格。起初我既不會操作電腦，也覺得很麻煩所以猶豫了很久，過了大概兩個月，我以授課資料爲基礎，正式開始在部落格上分享個人的收納資訊。

很多人來到我的部落格並留言，這眞是非常神奇。而且托部落格的福，我不僅能投稿到雜誌跟報紙，甚至還在廣播有固定時段，連自己都覺得很驚訝。發一篇小小的文章，竟然就能看到難以想像的迴響，我一面體驗這些事情，一面體悟到人們眞的很需要實用的收納資訊。

正式開始專心經營部落格的第一個轉捩點，是以公寓收納爲基礎概念，跟國內一間建設公司的合作機會。像我這樣的大嬸竟獲得知名企業的收納諮詢邀請，顯然是因爲人們確實有這樣的需要。一面進行這個計畫的同時，我也了解到收納不僅是單純的整理而已，而是生活中的必備品。到了這節骨眼上，也只能認眞經營部落格了吧？爲了提供給其他人更多有用的資訊，我更用心做功課，用心之後就產生更多想法，自然文章就增加了。需要收納資訊的人不斷找來，我的部落格規模也越來越大。經歷這一連串的改變，我開始有自信認爲這是我能做好的事情，也必須要對其他人負起責任。這樣的心情，讓我開始煩惱怎樣寫出Casamami式的內容，這也成爲我一路歡樂走下去的力量。

我最近又陷入收納的另一種魅力中，那就是室內設計收納，也就是做出高效率的收納家具來整理衣服。建立這些計畫的同時，好像也把收納當成一個媒介，用來實現小時候當家具設計師的夢想，這讓我覺得非常興奮。

啊！對了，你說當時想賣的骨董椅子怎樣了嗎？因爲變得意外忙碌所以沒辦法賣掉，現在還在家中呢。當然，累積收納訣竅的同時，就發現把椅子放在家裡也不會覺得礙眼的方法啦。

part

02

浴室

很多人經常對我說：「到底要從哪裡開始整理才行，完全沒想法。」對這些人，我最先推薦的空間就是浴室。因爲浴室跟其他空間相比較小，只要下定決心花個半天，一定能看見收納成果。那就先來看看浴室裡要收的東西吧？沐浴用品、打掃用具、毛巾、化妝品、衛生紙、吹風機、刮鬍刀，這小空間放的東西比想像中還多。但是，只要活用可見與隱形兩種收納方法，就不用擔心了。而且浴室的構造幾乎每家都一樣，所以這裡介紹的方法非常有用呢。

要在浴室用的東西一定要收在浴室

淋浴到一半或工作到很晚，發現沒有洗髮精或衛生紙時的困擾，相信大家都曾體驗過。為了不要遇到這種狼狽狀況，還有為了方便我們找東西並節省時間，浴室的用品一定要收在浴室。

從內容物只剩一點的洗滌劑容器開始整理

浴室裡常會有好幾個還剩一點洗髮精或潤絲精的容器。打掃浴室時可以拿過期的來用，可以全部倒在一起使用，去除水垢非常有效。而離過期還有段時間的，就先從剩最少的開始用，逐一減少空瓶的數量。如果現在的浴室很亂，那就把沒在用都的拿到陽台或副廚房存放，需要時再一個個拿到浴室使用。

減少相同物品的數量

依據個人喜好不同，有些人可能會同時使用好幾種洗髮精。必備的產品只留下一種，減少相同產品的種類，也是種讓浴室變寬敞的方法。

多的物品只要1～2個就夠了

只要堅守這原則，就能節省很多空間。如果覺得打折時買的洗髮精或牙膏，佔用了很多空間的話，那就改變消費習慣吧。

每天要用的東西別放在浴室櫃子裡

無論什麼都眼不見爲淨並不是好事。洗髮精、潤絲精、沐浴用品、肥皂、牙膏、牙刷、杯子、浴巾、毛巾衛生紙、刮鬍刀等每天要用的東西，不要放在櫃子裡反而比較方便唷。

東西收進上櫃還是下櫃，請先分類

下櫃因爲濕氣重，通常會放打掃用具或多的沐浴劑，上櫃則因爲濕氣比較不重，就放衛生紙等常用的物品。

同樣是上櫃，使用次數不同收納位置也不同

多餘的備品放在最上面的隔板，一天會用好幾次的基本化妝品，就放在最下面的隔板。相反地，下櫃則是把最常用的放在上面，拿取時不用彎腰比較方便。

體積小的東西裝在籃子裡收起來

肥皂或化妝品試用品等小東西、牙刷等容易散亂的東西，收的時候請裝在籃子裡。不過，準備籃子的時候，要考慮到浴室收納櫃的深度大概是15～20公分。東西要是比較小，就在籃子裡另外做小隔間，這樣收納時才不會混在一起。

浴室地板或浴缸邊請別放任何東西

浴室用品如果放在地板上，底部會沉積一層水垢，還容易孳生細菌。把用品數量降到最低，只把需要的沐浴用品放在隔板上，這樣看起來最乾淨。

浴室

夫妻用浴室

第一次浴室收納，請把東西分類成可見與隱形兩種收納。然後再依用途與使用次數，區分要放在上櫃還是下櫃。只要能活用洗臉台下的櫃子，收納空間就會變得很寬敞。

014

每天使用的沐浴用品

每天早晚都要用的肥皂、牙膏、牙刷、洗髮精、潤絲精、沐浴乳、浴巾、毛巾等東西，沒必要特地收起來，放在容易拿到又看得到的地方就好。

tool　夾環

how to

1 請把洗髮精、潤絲精、沐浴乳，分門別類放在角落的一個隔板上。浴巾與髒毛巾如果都還是濕的，請不要摺起來，直接掛著晾乾。

tip **去角質用的石頭也可以這樣掛起來。**

2 在洗臉台周圍放一個肥皂架。

3 牙膏、牙刷、杯子、刮鬍刀，就依序放在臉盆旁邊的牙刷架上。

Casamami的裝飾tip

把白色的東西放在容易看見的地方！

看到浴室特別乾淨的房子，會很羨慕吧？巴不得自己也要有這種乾淨浴室，不過要實現這願望可不容易。但請記得這點！那就是把白色的東西放在顯眼的地方。特別是毛巾，最好盡可能統一用白色。如果是純綿的那更好，不僅整齊，用起來也方便。而且使用白色也可以讓浴室看起來更明亮。

015

上櫥櫃

上櫥櫃主要放不太能受潮的浴室備品。從使用頻率低的開始由上到下收納，這是最基本的技巧。可以在上櫃的底部穿一個洞，然後把長方形衛生紙盒倒著放進去，這樣就可以直接抽衛生紙來用。或是把籃子分區，將體積小的物品放進裡面整理得一目了然，發揮自己整理的品味。

Casamami的打掃tip

用浴巾上殘留的洗滌劑與老舊的沐浴用品打掃浴室！

請用洗澡時浴巾上殘留的泡沫，來洗浴缸或淋浴間的壁面，這樣可以把洗澡時噴到牆壁上的洗滌劑痕跡擦得乾乾淨淨。在打掃浴室時，就可以不用另外洗牆壁或浴缸，不僅能節省洗滌劑，也可以少花點力氣。過期的洗髮精或沐浴乳，也可以拿來用在打掃洗臉台或浴缸。洗髮精或沐浴乳可以有效清除蛋白質與水垢，還會散發淡淡的香味。

淋浴間玻璃汙垢就用保鮮膜！

當水和洗滌劑噴到淋浴間玻璃上之後，請用別名「Magic Block」的高科技泡棉（Melamine Sponge）擦一遍。無法把汙垢擦乾淨時，就灑一點洗滌劑然後蓋上保鮮膜。20～30分鐘之後把保鮮膜取下，再用高科技泡棉擦一擦就變乾淨了。

用牙刷刷磁磚縫隙或連接處很有用！

用牙刷來刷磁磚縫隙或連接的部份非常方便，如果要刷的空間比牙刷更長更窄那更好。用刷子也無法把髒污部分清乾淨的話，就用高科技海綿吧。

tool 塑膠籃、牙膏盒、紙盒

how to

1 把多的洗髮精、潤絲精、沐浴乳、牙膏、牙刷裝在塑膠籃裡，放在最上面的隔板。最適當的備品數量爲洗髮精、潤絲精、牙膏各1、牙刷3～4支。

2 把捲筒衛生紙也擺在最上層隔板。

3 老公的保養品、髮妝品、刮鬍膏等用品，請收在洗髮精下面。一般男人的個子都比較高，所以男性的保養品通常會放在女性化妝品上面。

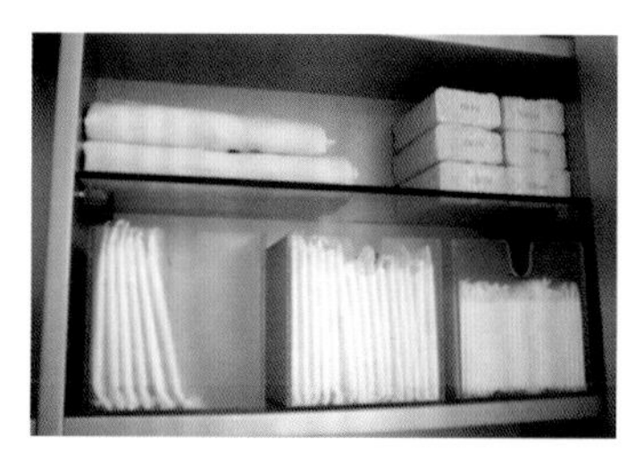

4 女性用品依照尺寸區分整理在小盒子裡，數量比平時使用量多20%即可。

5 各種試用品或小體積消耗品，放在高度較低的四角盒裡，分門別類收好最整齊。盒子可以在Saturn Box買到。

6 每天使用的基本化妝品與卸妝用品，請放在最下面。

tip 要坐著用才方便的彩妝品，請放在梳妝台的抽屜裡。

7 在收納櫃的底部挖個橢圓形的洞，把四角衛生紙盒倒著塞進去即可使用。這樣不用開門也能抽衛生紙。

tip 面紙孔可以用電鑽鑽，或事先拜託施工的人幫忙做。

8 化妝棉與棉花棒就放在衛生紙盒上方，充分活用空間。

tip 可以用膠帶稍微固定一下，讓這些物品不要亂跑。

9 上櫃收納完成的樣子。

浴室

籃子裡的牙刷或牙膏亂跑的話？

「用牙膏盒做隔間固定位置」

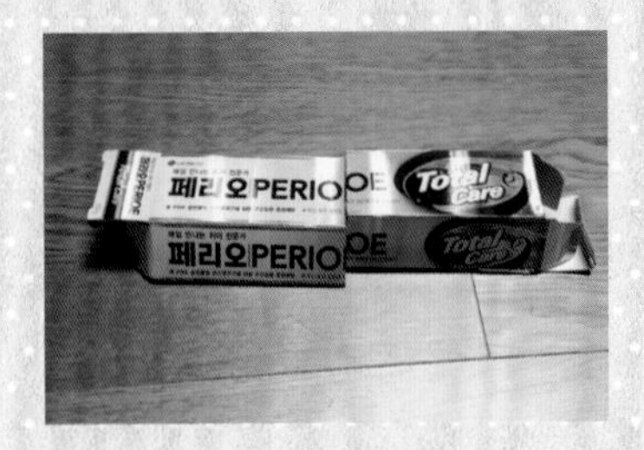

1 把牙膏盒剪成一半。

2 一邊放牙刷，另外一邊放牙膏。

試用品在盒子裡全混成一團？

「使用有隔間的盒子」

1 小體積消耗品無論是收在盒子裡，或放在籃子裡，都需要使用隔間。

2 把1次用的塑膠用品、瓶裝品區分開，刮鬍刀等用品也都放在這裡。

016

下櫥櫃

如果洗臉台底下有下櫥櫃，那收納空間就更多了。這裡應該要放些不太會受溼氣影響的東西吧？下櫃大致上可分成三個空間來收納，浴室打掃用具、毛巾、換洗衣物。做成開放式櫥櫃再把毛巾放在裡面，就不必用溼答答的手關門，或擔心產生水斑，超方便。

Casamami的收納tip……製作下櫥櫃時的須知！

- 下櫃請選擇較防水的材質。我選用的是浸在水裡1年也不會膨脹、發霉的LAR材質。
- 櫥櫃大致上分成3個空間，中間可製作成沒有門的開放式櫥櫃。
- 在要放浴室打掃用品的櫃子底部，挖4個洞再鋪上塑膠接水盤，這樣就能保持通風與乾燥。
- 裝換洗衣物的櫃子要做成門往外拉的拖拉式櫥櫃，這樣才能從頭到尾一眼看清楚。
- 放置毛巾的開放式櫥櫃請放2個隔板，一個是擋住水管的背板，另一個則是防止往上堆疊的毛巾倒下。

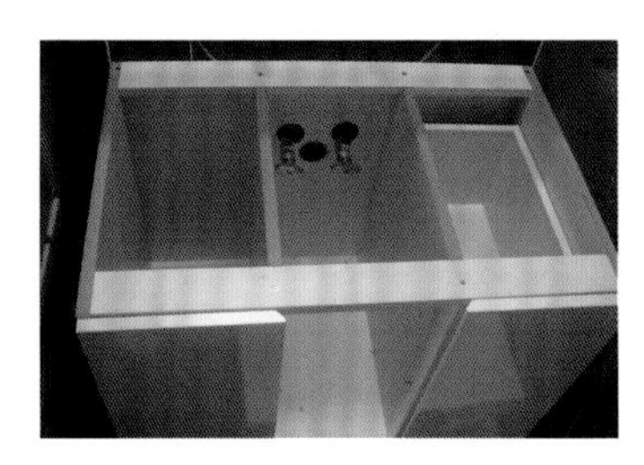

tool　籃子、紮線帶、黏貼掛鉤、毛巾架、可移動籃子、小化妝包、分層收納工具

how to

1 用紮線帶在籃子裡作出隔間，再把浴室打掃用具放進去，收在下櫃的最下層。

tip **要在兩側和底部穿洞，並把菜瓜布直立放置，這樣籃子裡才不會積水，也比較不會滋生細菌。**

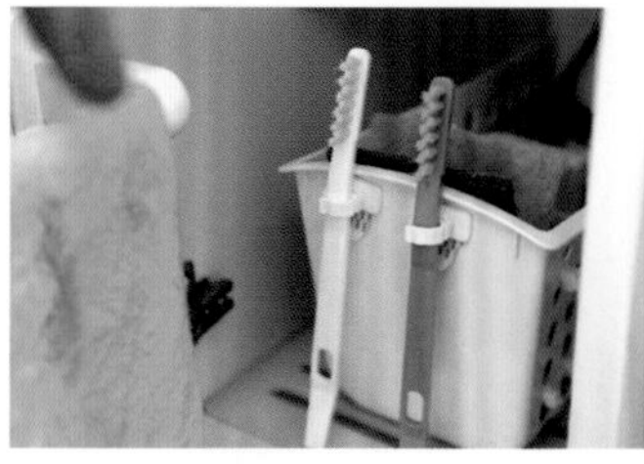

2 籃子側面貼上黏貼掛鉤，把刷子掛上去，並把籃子收在下櫃裡。

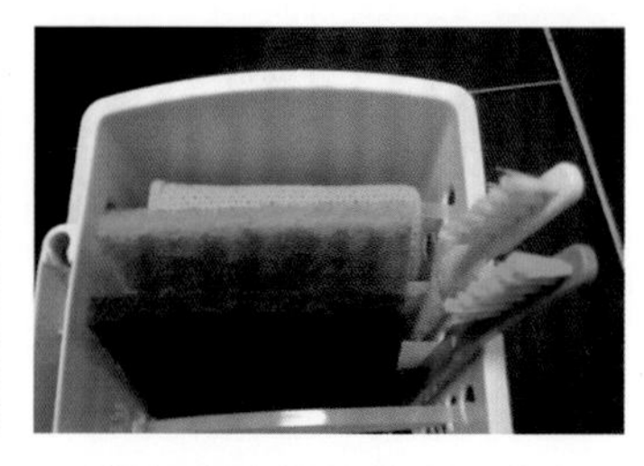

3 沒有黏貼掛鉤的話，也可以把刷子直立收在菜瓜布旁邊。

4 把黏貼掛鉤黏在下櫃壁面上，就能用來掛水瓢。收納櫃門內側請裝兩個毛巾架，用來掛乾抹布與塑膠手套。

tip **如果用紮線帶做成吊環掛上去，那就算水瓢握柄厚度較厚也不會有掉下來的問題。請先考慮門是否能順利關上，再決定毛巾架的位置。**

5 毛巾收在中間的開放式空間，這樣我們就能直接取用。

6 換洗衣物就裝在可移動的不鏽鋼籃子中，下面則放過期的沐浴乳、可攜式化妝品與女性用品、抹布等。

tip **小化妝包可用來裝可攜式化妝品，去游泳池或三溫暖時使用很方便。**

7 沒有放置換洗衣物的空間時，可以用塑膠材質的摺疊式玩具收納袋代替。

⊕ 打掃用菜瓜布在籃子裡東倒西歪？

「請用紮線袋做隔間」

1 拿兩條紮線帶穿過籃子其中一邊，把紮線帶穿過籃子另一邊的洞，並像繫皮帶一樣把紮線帶綁起來。

2 按照你希望的調整紮線帶寬度，然後把多餘的剪掉，這樣就做出隔間了。

3 做出需要的隔間數，把菜瓜布、高科技海棉等物品直立放入，這樣就乾淨整齊。

⊕ 小東西很多，整理起來很辛苦？

「活用小袋子與收納工具」

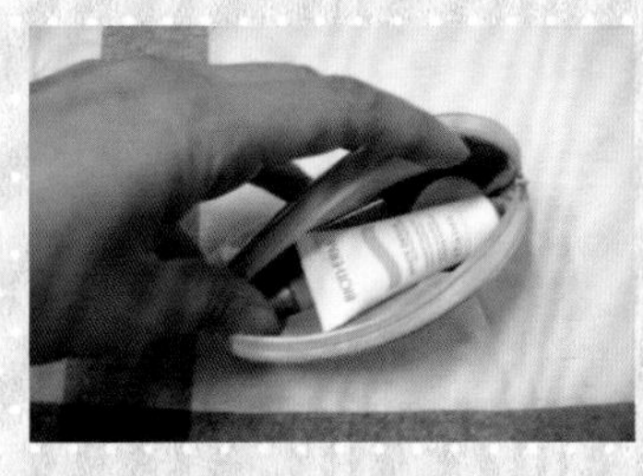

1 把可攜式化妝品和女性用品，裝在小化妝包裡收起來。

2 此外其他的小東西，就用隔板工具做出隔間來收納。

3 把東西分類放在隔間裡。

Casamami的收納tip.....

獲得爆炸性迴響的浴室打掃工具收納法

經營部落格的同時，也意外得知人們很容易因微小的資訊而瘋狂。如果寫下「因爲沒碰過，所以沒感覺到整理必要性」這種話，就會有很多人回應說「對，這眞的很不方便」，浴室打掃工具的收納也是這樣。很多人會猶豫是不是要把馬桶用菜瓜布和洗臉台用菜瓜布放在一起，但好像也沒有其他方法，只能這麼放。當我在部落格上分享用紮線帶在籃子裡做隔間，把菜瓜布分開收納的方法之後，有很多人留下「沒錯，超需要這個。平常會忘記，但每次打掃時都會想起來，原來還有這種簡單的方法」，讓我看到他們爆炸性的迴響。去旅行時如何帶牙刷，也是很受歡迎的點子。雖然不想讓抽菸的老公和小孩的牙刷碰在一起，但因爲只有幾天、因爲覺得很煩，所以乾脆就放在一起帶走，這種情況也經常發生。不過，當我介紹了把每根牙刷分別放進塑膠手套手指部份的方法，有很多人都表示他們非常喜歡。

像這樣，每次分享一些小資訊時獲得的大迴響，就讓我想開發更多生活中實用的收納方法。

公用浴室

放在公用浴室裡的物品和收納方法，跟夫妻用浴室幾乎一樣。因為主要是小孩子在用的空間，裡面也有浴缸，所以還要再多加髮飾品、玩水玩具、精油產品等物品而已。而且，如果踏腳墊下方有收納空間的話，那就非常有用。特別是只有一間浴室的家，我強力推薦絕對要購入這個東西。

017

上櫥櫃

收納用品與順序幾乎和夫妻用浴室一樣。不過，因爲這是和小孩子共用的空間，所以有重量的東西要放在比較裡面，並裝在盒子或箱子裡才行，這樣拿出來的時候才不會翻倒。髮飾品可以另外用個收納盒，這樣就可以整理得很整齊。

tool 籃子、簽字筆、收納盒、橡皮筋、鉤子（或夾子）、熱熔膠

how to

1 把備用的洗髮精、潤絲精、沐浴乳、肥皂、牙刷、牙膏等，放在高度較高的籃子裡，收在最上面的隔板。

tip 用牙膏盒在籃子裡做隔間的方法，和夫妻浴室篇裡教的一樣（參考62頁）。

2 用過的客人牙刷，請在牙刷柄寫上客人的名字後，和其他備用品一起裝在四角盒裡，放在上面的隔板。

tip 常來的客人牙刷就用簽字筆寫上名字收起來，如果不常來的話，那就讓客人把牙刷帶走吧。

3 把毛巾摺好放在櫃子裡，捲筒衛生紙也請依序放好。

tip 收納櫃不夠深的時候，就把毛巾捲起來，這樣收納效果更好。

「髮飾品可以這樣整理」

1 把髮飾品裝在半透明盒裡，髮箍就在收納櫃裡黏個鉤子或夾子掛上去。

tip 把夾子彎曲的部份拉開，用熱熔膠槍固定在櫃子裡。鉤子最好用比較長的。

2 把夾子彎曲的部份拉開，用熱熔膠槍固定在門內側，再把髮圈掛上去即可。夾子選用稍微大一點的比較好。

3 髮飾整理好的樣子。

Casamami的收納tip

用途相同的物品按照顏色收集起來

像髮飾品這種體積小用途相同的東西，請按照顏色整理在一起。比起形狀和大小，人更容易辨識出顏色，所以當一個空間裡有好幾個相同的東西時，按照顏色分類是最有效的。不僅容易找到，看起來也很整齊。這方法在整理衣服時也很有用，請一定要記住。

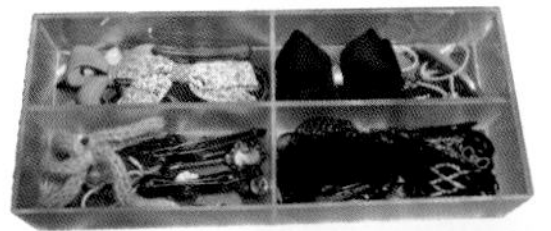

4 髮圈與髮夾照顏色分放在有隔間的矮收納盒裡，有體積的髮飾，就按照顏色分裝在半透明的四角盒裡。

5 髮箍就請直立插在吹風機收納籃的格子裡。

tip 就算是放在浴室以外的地方，這樣收在籃子裡也是個好方法。

6 梳子與鏡子、精油產品、旅行用洗髮精與潤絲精，分別放在透明盒子裡收好。

tip 請把1捲備用的捲筒衛生紙，放在小孩可以拿到的下層隔板。

7 上櫥櫃收納完成的樣子

018
下櫥櫃

公用浴室的下櫥櫃主要用來收浴室打掃用具。不過，收的東西要比夫妻用浴室少，這樣小孩子才容易拿。可以做個能移動的隔間抽屜，依照種類整理，櫃子下方用來收納的同時，也能當作踏墊使用，這樣小孩要拿上櫥櫃裡的東西就很方便。

tool 籃子、移動式隔間、寶特瓶

how to

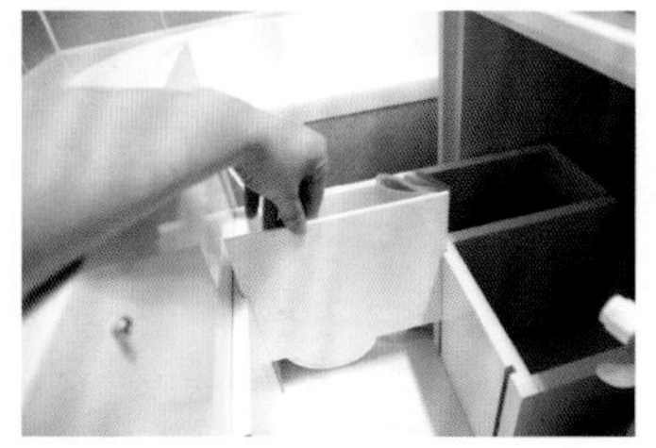

1 先在下櫥櫃裡製作可移動式的隔間，並把要收的物品分門別類放好。

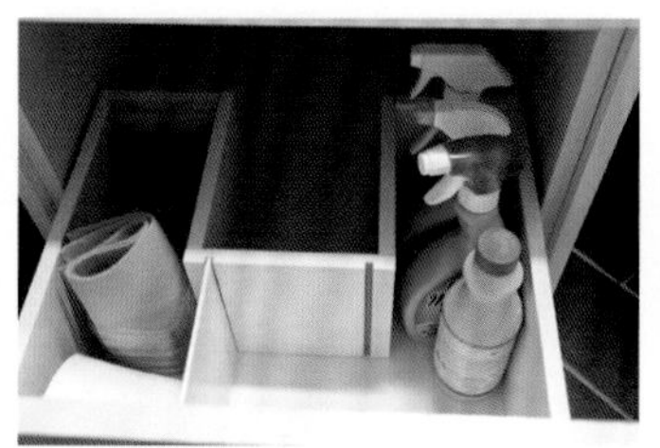

2 清潔劑、備用菜瓜布、水瓢等分別放在兩側。

tip **小菜瓜布就分類放在剪開的寶特瓶裡。**

3 塑膠手套掛在隔板上。

4 在有洞的籃子裡做隔間，然後把菜瓜布與刷子直立放在裡面。

tip **在籃子裡隔間的方法，請參考夫妻浴室（65頁）的教學。隔間請盡量做寬一些，方便小孩取用。**

5 打掃後還沾水潮濕的工具，就掛在下櫥櫃的把手上晾乾，然後再收起來。

6 換洗衣物請放在下櫥櫃的抽屜裡（移動式兒童用腳踏墊，參考71頁）。

Casamami的收納tip

一石二鳥的兒童用腳踏墊

請在下櫥櫃的下方，設置一個移動式兒童腳踏墊吧。當小朋友要用洗臉台的時候，或是要從較高的上櫥櫃拿東西時，都可以用這個腳踏墊來替他們增加高度。不僅如此，因爲設置成抽屜式，所以還可以用來收換洗衣物或小朋友的東西。Casamami在腳踏墊後面裝了2個輪子，前面2個角的地方則裝上不銹鋼。所以要拉出腳踏墊時，就要把前面稍微抬起來輪子才會滾動。要固定時就把前面放下，這樣腳踏墊就能靜止不動。

Casamami的裝飾tip

用800元製作乾浴室

只要是有帶小孩的媽媽，一定都曾因小孩在浴室跌倒而心驚膽跳。我也是因爲這樣，所以才下定決心要打造不會滑倒的乾浴室。不過馬上想到要大規模施工，會造成好幾天無法使用浴室的不便，再加上費用也不便宜，所以開始思考可以拿來利用的東西，決定依照自己的方式來打造乾浴室。試行之後，發現就算不穿浴室拖鞋也沒問題，而且也不必再擔心會發霉。最重要的，是不用再擔心小孩是不是會滑倒。乾浴室一般都用眞空吸塵器打掃，但我自己打造的跟一般的不同，只要鋪上地墊還是能用水打掃。這樣只要保養的好，365天都能維持讓人愉快的浴室狀態。費用也只需要800元，最重要的是方法非常簡單，無論是誰都能輕鬆嘗試唷。

tool 浴簾、浴簾吊桿、棉質地墊、防滑墊

how to

1 把浴簾吊桿固定在浴缸旁邊，並掛上浴簾。固定的位置請選在浴簾能放進浴缸裡的地方。

2 把防滑墊鋪在浴室地板上。

3 在防滑墊上再鋪一層棉質地墊，就能把乾燥空間與潮溼空間區隔開來。在溼氣較重的梅雨季，也可以不要鋪棉質地墊。

1

2

3

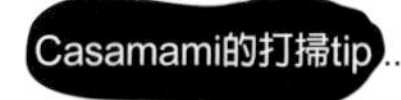

Casamami的365天乾淨清爽浴室打掃小秘訣

花點功夫打掃浴室之後，下個課題就是如何維持舒爽的浴室環境吧？不過把洗滌劑的痕跡擦掉、用水洗乾淨，並不是浴室清掃的全部，就連浴缸、洗臉台、浴簾、水龍頭等，每一樣都有適合它們的打掃方式。接著就來公開不會很困難，但又能讓人超級滿意的Casamami浴室打掃小秘訣。

▶ 打造像飯店一樣的閃亮浴室

一想到飯店的浴室，最先浮現的就是乾淨清爽的感覺和閃亮的水龍頭吧？在家裡也能擁有這種浴室唷。只要多下點功夫打掃，這並不是件難事。那，就來學一下又簡單又效果滿分的Casamami式飯店浴室清潔法吧？

1 打掃浴室的時候不只是洗臉台，連水龍頭也要灑點清潔劑，然後用菜瓜布刷一刷。

2 用細刷子把洗臉台與水龍頭連接的部份、洗臉台排水口與蓮蓬頭等地方都刷一遍。

3 用熱水沖過，然後再用冷水沖一遍。

4 用跟照片一樣的不織布抹布，把浴缸、洗臉台、下櫥櫃上的水擦乾。

5 不鏽鋼就用乾抹布把水擦乾，這樣就會閃閃發光了。

6 這是打掃完畢的浴室。要招待客人的時候，只要在客人來之前稍微刷一下水龍頭，再用乾抹布把水擦乾，水龍頭就會重新閃閃發亮。

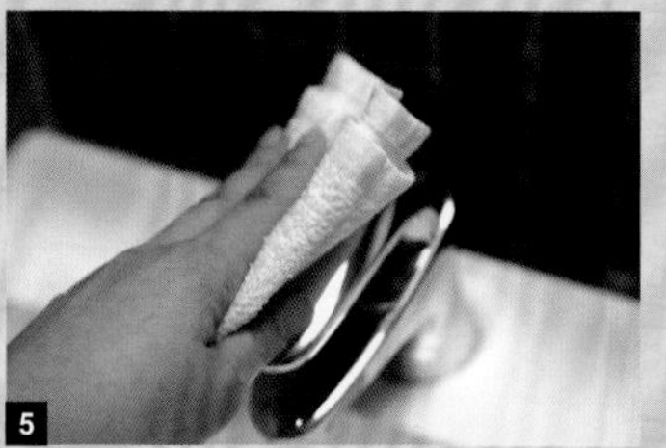

tip 請長備兩條抹布！

請準備不織布與棉兩種材質的抹布。用水打掃過後先用不織布抹布把水擦乾，然後再用乾的棉抹布擦一次水龍頭，這樣才不會留下斑點，也會像飯店的浴室一樣閃閃發亮。如果不織布抹布裁得很薄，它就會變得很蓬鬆，這樣吸水能力較好。接著只要用乾的棉抹布擦水龍頭，就結束完美的打掃工作了。如果用濕的棉抹布，反而會讓水龍頭留下水斑，這點請多注意。

▶ 洗臉台簡單打掃法

打掃洗臉台的時候，最適合用薄的菜瓜布。雖然無法像乾抹布一樣，完全吸收殘留的水，不過卻可以防止因水氣而產生的斑點。

1 把壓克力菜瓜布浸在肥皂架裡的肥皂水中。

2 用壓克力菜瓜布輕輕刷過洗臉台之後再用水沖乾淨。最後一次沖完以後，一定要用乾的壓克力菜瓜布，把剩下的水珠都擦乾。

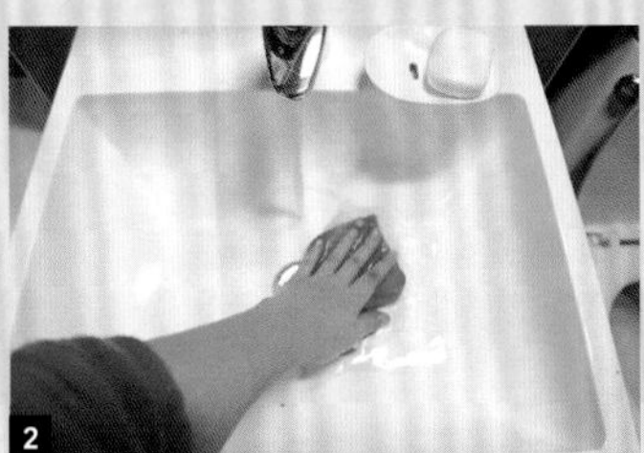

▶ 浴簾清洗法

1 要用水打掃浴室的前一天，請先在浴缸裡放入1/5的水。

2 用清潔劑的蓋子當量杯，倒入7～10蓋的清潔劑到浴缸裡。隨著髒汙程度的不同，再調整清潔劑的量與浸泡的時間。

3 用蓮蓬頭以蛇形方式沖水到浴缸裡，讓浴缸裡的水和清潔劑充份混合。

4 把浴廉放進浴缸裡，浸泡到某個程度之後，再用蓮蓬頭沖水、繼續浸泡。

5 第二天早上把浴廉撈出來，掛到吊桿上。

6 用蓮蓬頭對浴廉沖水，把清潔劑洗乾淨。然後用剩下的清潔劑跟水把浴缸洗乾淨。請記得用清潔劑的時候，要把門打開並打開抽風機。

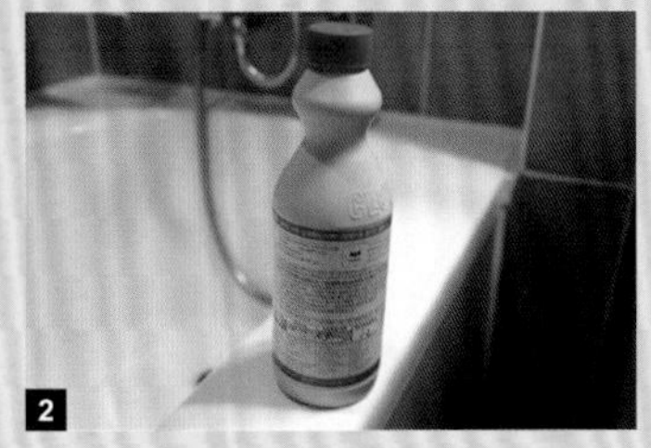

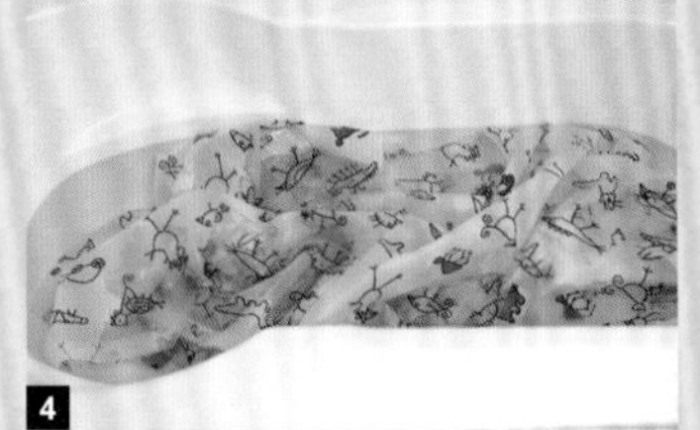

夢想收納成爲人生的轉捩點

一般說到奉獻，就會想到金錢捐獻或義工服務活動吧？我曾經透過收納，有過一個溫暖的奉獻經驗。我現在明白，收納的意義已經超越單純整理物品的技巧，是可能可以改變人一生一件事情。現在我要說的，就是讓我了解這道理的那位朋友的故事。大約是5年前，這位在教會認識的朋友，當時正在扶養分別是6歲、2歲、1歲的三個孩子。養三個小孩的媽媽生活會是怎樣，曾經帶過小孩的媽媽一定心知肚明。才剛幫小朋友收拾乾淨，一下子家裡又變得像戰場般混亂，反覆度過絲毫無法打掃或整理的艱困日子。或許是因爲這樣，朋友來到我們整齊的家裡看了一遍，反而變得更煩悶。對於身邊沒有任何人幫忙，整天只要忙著和小孩打交道，最後生活變成一灘爛泥，即使家裡變得亂七八糟，自己也無計可施而感到無力。或許是因爲這樣，她做什麼看起來都有氣無力，很疲憊的樣子。每次想到這個朋友，都會確切感受到她鬱悶的心情，讓我覺得很心痛。當時我眞的不知道，但現在回想起來，那位朋友好像有點輕微的憂鬱症。也許是基於可惜的心情，我覺得如果我能幫她整理房子，那朋友的身體與心理，還有生活或許都能獲得全新的活力。想到最後，我就提議說我來幫她整理房子，幸好朋友很爽快地接受了我的好意，我就開始大規模整頓她家。

最先做的事情，是把不必要的東西拿出來丟掉。我努力挑出來的東西，朋友會說很可惜又放回去，最後我又得說服她。就這樣反覆這個過程，最後大概丟了10大箱的東西。接著我整理的地方是廚房水槽。我記得第一天替她整理水槽，結束後對她說：「不貪心，只要在我下次來之前，水槽都要維持跟現在一樣的狀態就好。」下週我替她整理冰箱，結束後就交代她說直到我下次來爲止，水槽和冰箱都要維持同樣的狀態。這是爲了給朋友用眼睛、用腦袋、用手把整齊狀態背起來，並用身體去習慣的時間。

還有我每次都會教她每個地方的整理方法。浴室要怎麼打掃、幫小朋友洗澡時要注意些什麼、塑膠抽屜櫃該怎麼運用等等，連續講好幾個小時都沒停。那時我不只是單方面的傳授朋友打掃訣竅，感覺更像是透過收納這個媒介，共享我們的生活並拓展我們的共通之處。當然，不久後朋友家就煥然一新。不過比起這個，更讓我開心的是，朋友原本死氣沉沉的身心都恢復了，臉上也找回了自信。這是因爲克服了原本看顧孩子時，那些自己也不知道的巨大孤獨與無助感。之後的5年，朋友搬了三次家，還招待我去吃午餐，並且很自豪地讓我看她自己整理得有多好。

當時的經驗，至今都還珍藏在我內心深處。或許是因爲這樣，看到因爲家事而勞累的主婦，我無法坐視不管。特別是看到最近的職業婦女，我又重新感覺到過去曾對朋友付出的同情。工作一整天回到家，家裡雖然很混亂，但身體疲累到不曾冒出打掃的念頭，然後對自己生氣。她們下意識說出「我也想整理一下房子」這種話時，就會讓我感受到那找不到出口的鬱悶，也就開始想幫她們。

有時候會因爲房子太小，連一些收納的好點子都無法解決問題。遇到這種狀況，我就會重新思考「該怎麼辦才好」、「收納究竟是什麼」。就是這樣，一面接觸鄰居大嬸、疲憊的朋友、傾吐房子難以整理的熟人，一面開發出「尋找人生重點的收納」這種Casamami式收納法。我所喜歡的收納，並不是以整理爲目的，而是只留下生活所需的物品，並把原本在整理東西時所花費的時間、精力，回饋給自己，變成規劃人生的動力。我所體驗過的，讓人生變豐富的收納神奇力量！希望大家也能一起體會。

part

03

廚房

古早以前不過只是用來煮飯的廚房，現在已經是耗費主婦最多時間與精力的重要空間了。還不只是這樣咧！也可以說是家人們互相加油打氣、溝通交流的空間。度過這麼多時間的地方，當然要拓展出最有效安全的動線吧？

廚房收納的重點大致上有兩個。其一是隨著在廚房的活動，分爲主空間與副空間。其二就是依照物品不同的用途做分類，把東西放在會使用到它的地方。身爲主空間的流理台，一般的配置順序都是水槽－料理台－瓦斯爐，而且我們最常在這幾個地方移動，所以這裡所需的廚房用品數量也非常多。種類、大小、形狀都很多變，但整理的原則非常簡單。就是把每種物品放在會用到它的空間，把幾乎每天都會用到的東西收在主動線上；壁櫥和副廚房等次要動線，就用來收納節慶用品、備品、媽媽辦公用品等偶爾會用到的東西。這章先帶大家熟悉不同空間的物品擺放，然後才帶大家了解每個地方的收納秘訣。

請把廚房大致分爲主要動線與次要動線

一般都以水槽－料理台－瓦斯爐這順序構成的流理台爲主要動線，主婦們最常在這地方移動。此外的壁櫥、副廚房等構成的動線，就是次要動線。

請依照工作型態的不同，將空間分爲水槽、料理台、瓦斯爐

只收納該空間工作時所需的物品，這樣就能馬上找到東西，也能縮短移動距離。

類似的東西綁在一起，使用頻率高的收在主要動線，頻率低的收在次要動線。

如果把每天或經常會用到的物品收在主動線，不僅能縮短移動距離，也能節省時間與精力。剩下的就收在次要動線吧。

把不適合放在任何一個區塊的東西整理起來，放到其他地方去

在廚房用不到的東西，就請果斷丟棄或放到其他地方。這樣才是眞正把必備物品放進適當的地方，把家中整理得乾乾淨淨。

水槽

水槽是整理、清洗食材的地方，只要把和水有關的物品收在這裡即可。舉例來說，裝食材整理後的殘留廢棄物垃圾桶與塑膠收納桶、放置洗淨食材的大碗或網子等，都要擺在這裡。體積小的茶具組或水杯等，就收在上櫥櫃裡。平底鍋或托盤、蒸盤等就收在下櫥櫃。

收在水槽的廚房用品

019

茶具組

客人來時要拿出來用的茶具組，洗乾淨後直接收在水槽的上櫃裡吧。體積小的茶壺、茶杯、茶盤、糖罐、牛奶罐等，都可以利用層架做整理，這樣能有效減少死角。不過因為有打破的危險，所以放置時請考慮手接觸的位置與方向。

tool 層架、防滑墊、塑膠盤架、口香糖罐、破損的馬克杯

how to

1 把茶杯和茶盤放在隔板上方，比較重的茶壺則放在下方。

tip 最恰當的隔板高度大約是「茶杯高度＋5公分」，如果設置層架的話就可以提高空間運用度。還有，在盤子之間放防滑墊，就可以防止盤子刮傷。

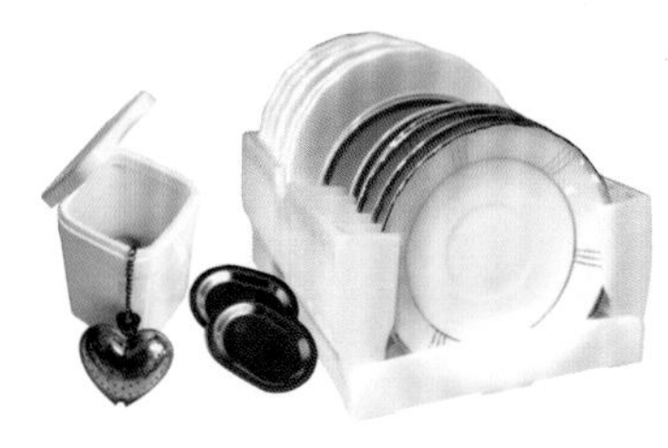

2 個人用的浸茶器可以收在空的口香糖罐裡。茶盤也可以直立收在塑膠盤架上。

tip 塑膠盤架的體積比木頭盤架小，收納的量也比較多，比較適合放在櫃子裡。請選擇可依照盤子大小調整尺寸的盤架來使用。

3 糖罐可以放在破損的馬克杯上再收進櫃子裡。這樣就算糖罐收在櫃子內側，也很容易就能拿取。牛奶罐則收在糖罐前面。

4 有握柄的茶杯與茶壺，請將握柄以45度角斜放，這樣取用時較方便。

5 茶具組收納完成的樣子。

020

水杯、飲水機

一天會用好幾次的東西就是水杯。因為每次用水杯的時候都一定要洗，所以要是把水杯收在水槽與飲水機上面的櫃子裡，就可以減少移動的次數。一樣的杯子就整理成一排，再依照顏色分類找起來就很快，還可以把常用的放在最下面的隔板，也請別忘了，飲水機要擺在離水杯和餐桌最近的地方。

tool 餐巾架

how to

1 把高度、外型一樣的杯子前後擺成一排，這樣就能一下子找到東西。

tip 最常用的就收在最下面的隔板。

2 把沒用到的杯墊直立收進閒置的餐巾架上。

3 如果是有握柄的杯子，收納時將握柄以45度角斜放，這樣拿取較方便。

4 備用的糖罐和牛奶罐，放在上面的隔板。

5 飲水機請放在收納杯子的櫃子下方，還有離餐桌最近的地方。

tip 飲水機上請別放任何東西。

如果想有效使用上櫃的烘碗機？

「請調整隔板高度」

1 這本來是內建的烘碗機，不過我把接水盤拿掉，只拿隔板做二次利用。

2 在櫥櫃門打開的時候，先計算一下門與夾鍊的厚度，然後再把隔板往上調整，以減少死角。

Casamami的收納tip

只有一個功能的收納工具No！

會不會有洗好碗在休息的時候，卻有已經等很久的小孩衝上來討水喝，雖然是自己的孩子，但還是感覺很令人怨恨的時候呢？因爲他們還太小，再加上杯子放在高處，一定要媽媽來幫忙，偶爾也會覺得很煩吧。所以我就想「把水杯放在孩子可以拿到的安全地方」。我在飲水機下面的櫃子上，掛了一個用來放杯子的吊籃，讓孩子們自己拿出來裝水喝。一開始還用過掛架，不過因爲要放在流理台上，結果搞得很混亂，做事時礙手礙腳的反而很不方便。所以我很快就決定不再購買只有一種功能的收納工具，改成開發如何將現有工具做最大活用的方法。因爲對我來說，把需要的東西留下來是收納的基本。

021

兒童水杯

我把原本放在上櫃裡，小孩自己無法伸手拿到的水杯，安全地收在飲水機下方的櫥櫃裡。就在下櫥櫃的櫃門上掛了一個籃子，把杯子收進去，還能夠提高空間的活用度呢。

tool 籃子、螺絲、紮線帶、廚房紙巾、氣泡墊（防止撞擊與噪音）

how to

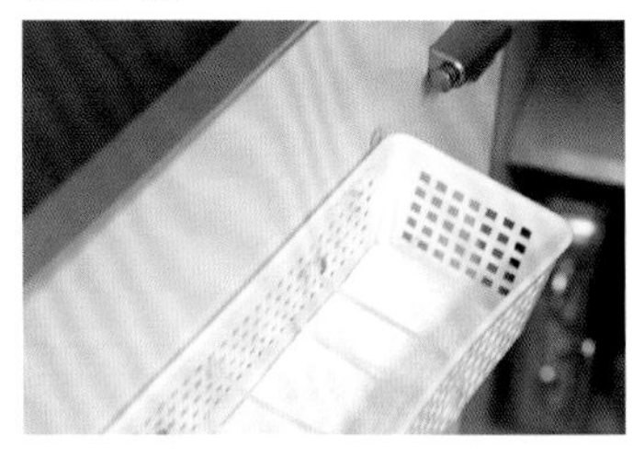

1 用紮線帶在籃子裡做隔間，然後掛在下櫥櫃的櫃門內側。

tip 確認門是否能正常開關之後，再把位置標示起來，最後鎖上螺絲。

2 把杯子放在籃子裡。

tip 這樣紮線帶不僅能發揮區隔的功能，門關上的時候杯子之間也不會彼此撞擊。

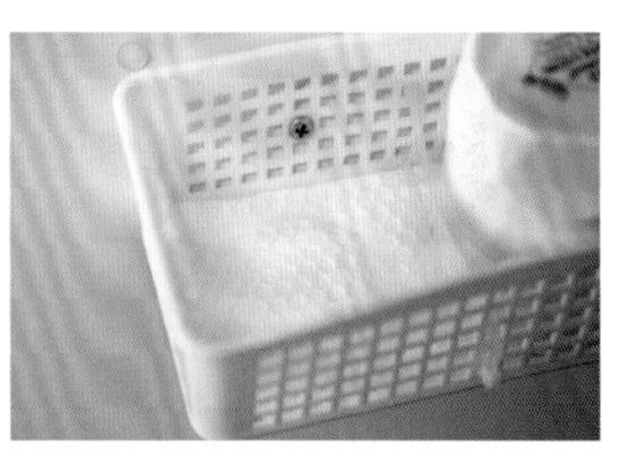

3 在籃子底部鋪一層廚房紙巾，再把杯子收進去。請隨時注意廚房紙巾的狀態，一旦髒掉就請更換。

4 利用氣泡墊這種防撞擊產品，防止門板和籃子撞擊產生的噪音。

tip 請黏在籃子的四個角，避免門關閉的時候籃子產生晃動。氣泡墊大創或五金行都能買到。

5 收納完成的樣子。

022

平底鍋與蓋子

雖然平底鍋收在瓦斯爐附近比較方便，不過如果空間不夠的話，收在水槽的下櫥櫃裡也很剛好，這樣洗完馬上就能收到下面，也能減少移動距離。不過，收納時必須要以直立的方式放置，這樣狹小的空間才能收更多鍋子，拿出來的時候也比較方便。如果用檔案盒代替平底鍋架，就可以依照平底鍋的數量來調整佔用空間大小。

tool 檔案盒、紮線帶、螺絲、氣泡墊

how to

1 準備跟平底鍋數量一樣多的檔案盒。請把檔案盒前面的名牌板拔起來，並在這個位置挖凹槽。

tip 只要2個檔案夾，就可以收3～5個平底鍋。

2 在有凹槽的地方用紮線帶把剛剛拆下的名牌板固定上去，這樣檔案盒之間的空間大小就不會改變。

3 把兩個檔案盒連接在一起，就會像照片一樣，多出一個可以放平底鍋的空間。

4 把連接起來的檔案盒放進櫃子裡，再把平底鍋直立放入。

tip 握柄要朝外拿取才方便。

5 如果有蓋子的話，就跟平鍋整組收在一起。

6 很多個平底鍋共用的多功能鍋蓋，可以在門上鎖個螺絲掛著。

tip 確認門關上的位置後再鎖螺絲，蓋子下半部和門接觸的地方請黏上氣泡墊，用以防止噪音產生。

023

托盤

托盤最好收在空間又深又高的水槽下櫥櫃裡。在料理台完成料理之後，就可以從旁邊拿出托盤來裝，也方便端到餐桌上。利用深度與下櫥櫃相符的收納工具，將托盤一個個直立放置，這樣不僅整齊，還能像抽屜一樣拉開來，拿取也非常方便。

tool 四角鐵籃、螺絲

how to

1 請把水槽下方因不方便而鮮少使用的拖拉式鐵籃拆下來。

tip 因為這些鐵盤跟下櫥櫃的深度一樣，所以不管放在哪裡都很剛好。沒有鐵籃的時候，也可以用形狀相似的四角籃。

2 在下櫥櫃的側面鎖兩個螺絲，並把籃子掛在螺絲上。

tip 螺絲的位置要能同時兼作軌道與煞車器，可以讓籃子安全地前後拖拉移動。

3 先把籃子放上去，再把托盤直立放入。要拿托盤的時候，只要把像抽屜一樣前後推拉籃子，就能輕鬆取用。

024

大碗、大網子、蒸盤

大碗或是大網子要收在水槽下方的櫃子裡，這樣洗菜或水果時才能直接拿出來用。如果放在前面的話，不用彎腰就可以直接取用，非常方便。

tool 層架

how to

1 不常使用的鐵製品與玻璃碗等物品，就裝個層架並把它們放在層架內側。

tip **收納櫃深度較深時，可以把不常用的物品擺在裡面，這樣收納空間就會變寬了。**

2 洗食材時經常會用到的大碗或網子，就放在前面。

tip **把體積大的東西疊在一起，這樣可以提升空間的活用度。**

Casamami的收納tip

別用沒工具當藉口拖延整理！

在收平底鍋蓋與幼童水杯時用到的氣泡墊，對一般人來說可能是個陌生的東西，因爲本來就是又小又不會經常用到的東西，通常家中不會有，這種時候可以省略使用氣泡墊的步驟，或是自己先大概整理一下，不足的部份之後再做補強即可，或者也可以用其他的工具來代替，開發出自己的獨門秘訣。雖然工具不齊全，但先做了一半放著，每次看到時想起來把它做完的可能性就會提高，收納是有心想整理的時候，就要立刻實行才能有最好效果的，大家都知道吧？

025

塑膠類

垃圾袋、回收塑膠袋、垃圾分類用塑膠袋等，都包含在這部份。塑膠袋對濕度、味道、溫度的變化並不敏感，所以放在水槽下面也沒關係。因爲很難整理得又薄又小，所以我們可以用籃子和寶特瓶將塑膠袋收整齊。

tool 籃子、寶特瓶、剪刀

how to

1 請準備2個籃子。

2 把回收的塑膠袋依照種類、大小分開放置。

tip **在籃子裡放3個高度相同的寶特瓶，方便我們分類。**

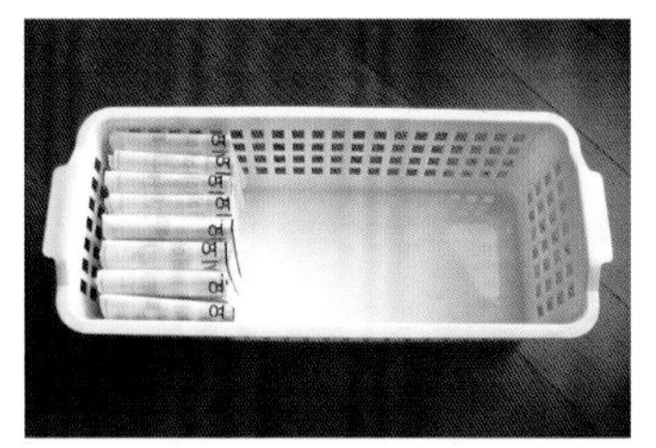

3 把垃圾袋摺成整齊的四角形，整理在另一個籃子裡。

tip **塑膠袋請橫放（摺法參考88頁）。**

4 用來裝食物的乾淨夾鏈袋，就重新放回原本的盒子裡。有點髒的就捲起來，插進剪下的寶特瓶裡。

5 把放置整齊塑膠袋的籃子，放在垃圾筒與垃圾分類塑膠袋保管箱（參考91頁）底下的空間。

完全征服塑膠袋摺疊

塑膠袋體積雖小，但如果沒分類隨便亂擺的話，反而會變成讓人頭痛的東西。所以我在這邊提供把塑膠袋摺整齊的方法。依照這個方法摺好，並按照大小做分類的話，不僅找起來方便，而且也不佔空間。

▶ 垃圾袋（20公升為準）

1 把垃圾袋由下往上對摺。

2 把中間凸出的帶子部分往前摺。

3 由下往上再摺一次。

4 再摺一次。

5 橫的分成四等分，從左到右按照順序摺起來。

6 把摺好的袋子立起來，將提把部分往後繞過去。

7 袋子提把往後繞過一圈之後，再把剩下的提把塞進照片裡標示的地方。

8 完全摺好的樣子。

9 把摺成四角形的袋子直立放進籃子裡。

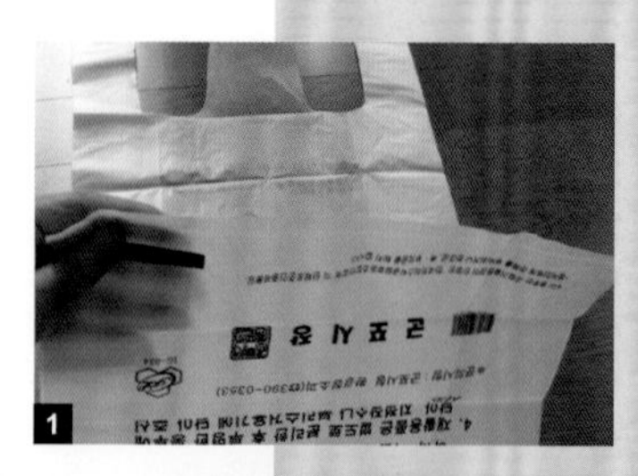

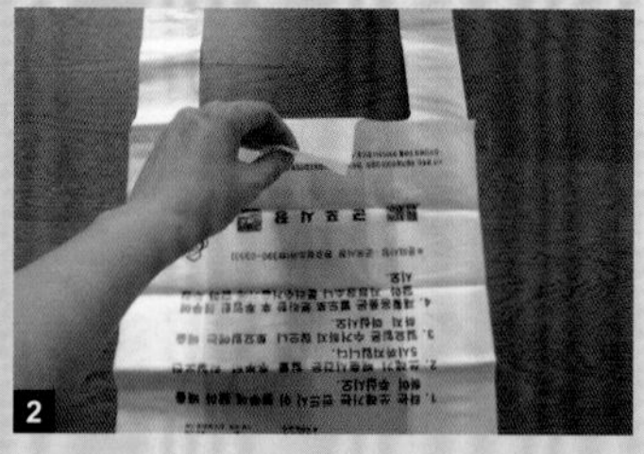

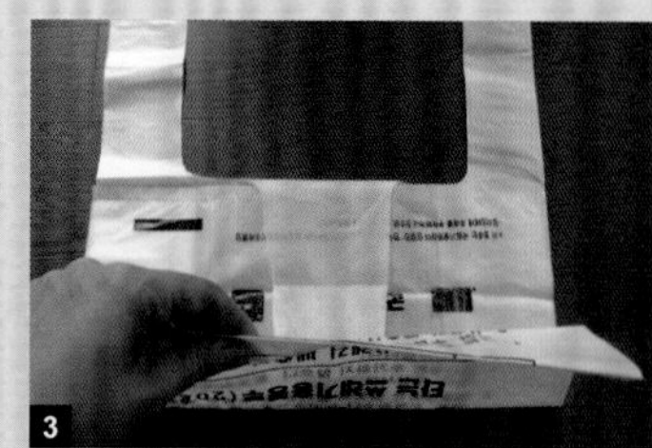

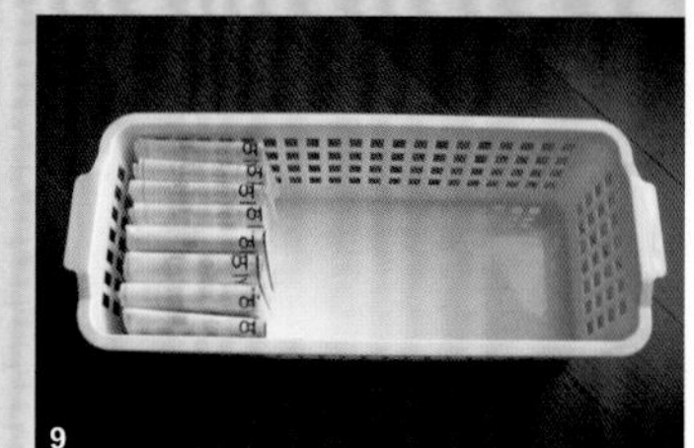

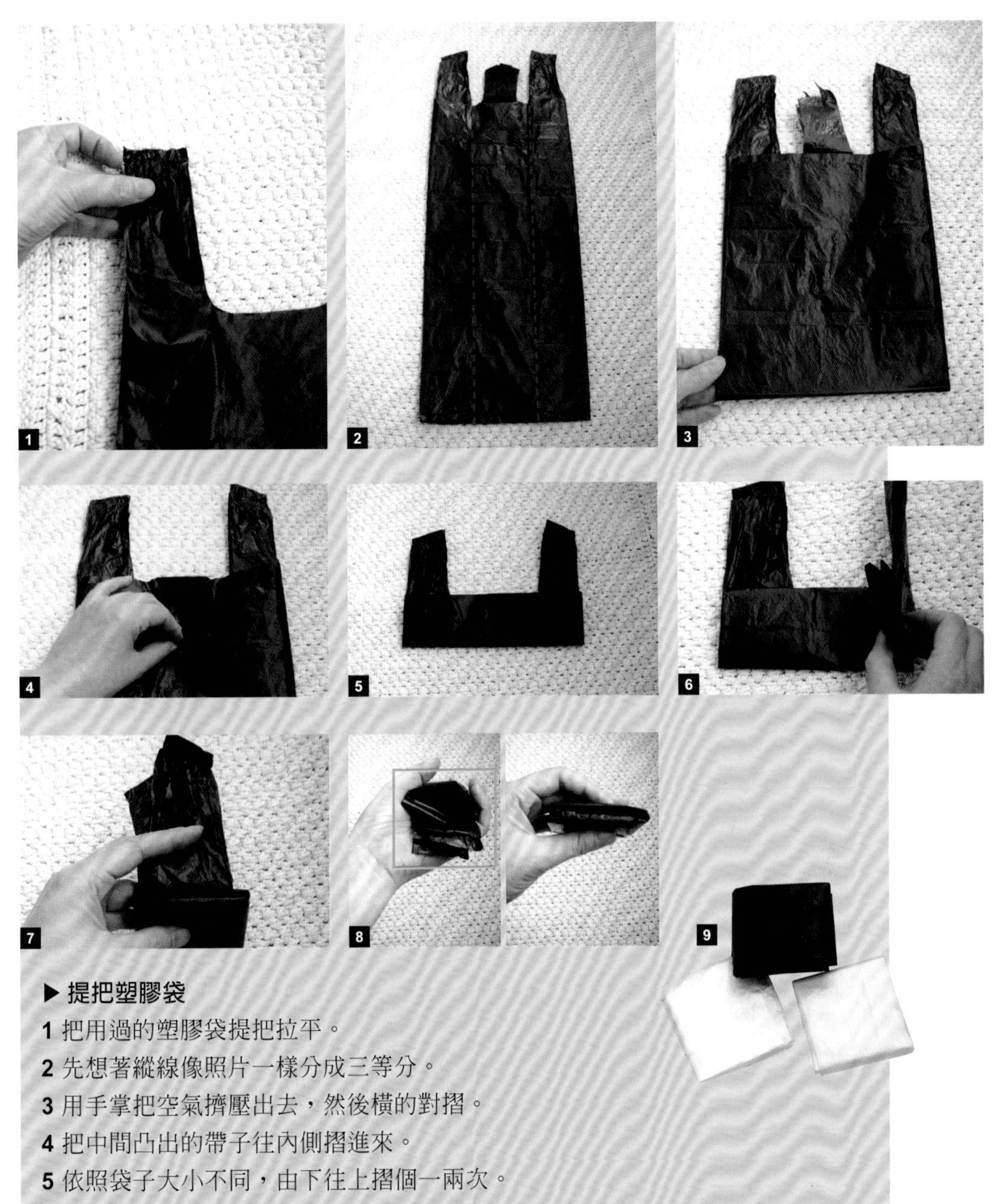

▶ 提把塑膠袋

1 把用過的塑膠袋提把拉平。

2 先想著縱線像照片一樣分成三等分。

3 用手掌把空氣擠壓出去，然後橫的對摺。

4 把中間凸出的帶子往內側摺進來。

5 依照袋子大小不同，由下往上摺個一兩次。

6 橫的分成三等分，再由左至右依序摺起來。

7 將袋子提把部分往後捲。

8 把剩下的提把塞進照片標示處。如果事先把提把拉平整的話，摺出來的樣子會更好看。

9 摺好的樣子。小塑膠袋的提把比較短，請摺成一個比較小的四角形，這樣提把才能收得好看。

▶ **提把塑膠袋簡單摺法**

1 將塑膠袋放橫，摺兩次。

2 將空氣壓出來，把提把以下的部份對摺起來。

3 從對摺的部分開始捲。

4 將提把往兩側拉開，纏繞住整個塑膠帶。

5 纏繞之後就綁起來。

6 綁好的就依照大、中、小分放在寶特瓶裡。

▶ **一般塑膠袋簡單摺法**

1 用手把塑膠袋的空氣壓出來，拉成長條狀。

2 摺成一半。

3 再摺成一半，然後打個結。

4 完成的樣子。

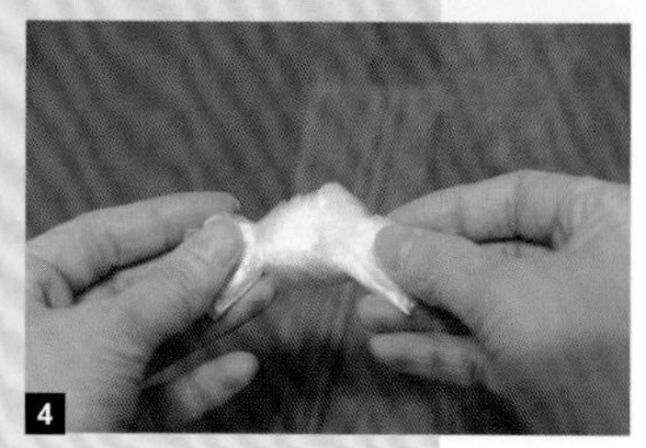

026

垃圾桶、塑膠袋分類桶

還有什麼東西跟廚房用垃圾桶一樣，不管有沒有都會造成不便嗎？我把廚房用垃圾桶和塑膠袋分類桶放一起，並排黏在在水槽下櫥櫃的門內側。這樣在料理食物時，只要先把這個門打開放著，一有垃圾或拆下來的塑膠包裝，伸個手就能直接做分類處理，根本不用移動，是Casamami強力推薦的收納方法。

tool 四角塑膠箱

how to

1 先把水槽下櫥櫃的刀架拆下來。

2 把水槽門內側擦乾淨，並設置塑膠箱掛架。

3 掛上兩個四角塑膠箱。

tip 從IKEA購入！就算跟我用的箱子不一樣，只要符合門的尺寸與厚度就可以了。

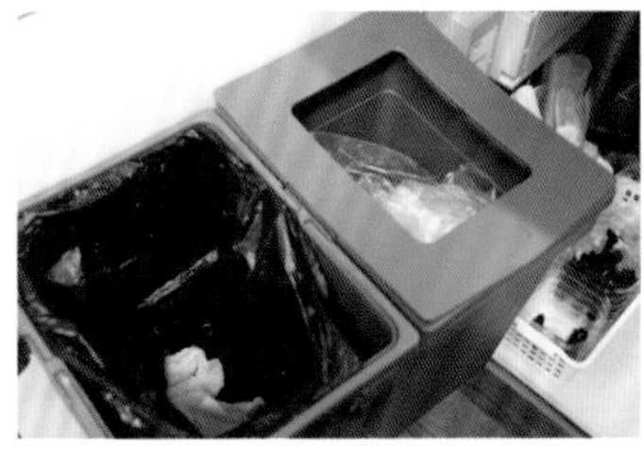

4 在垃圾桶裡鋪塑膠袋，並用提把固定住。

5 完成的樣子。

027

廚房打掃用具、廚餘桶

打掃用具與清潔劑、廚餘桶也都不會受到濕度影響，所以請放在水槽下櫥櫃裡。因爲主要是會在水槽使用的物品，這樣使用起來就很方便。打掃用具可以收在寶特瓶和籃子裡，廚餘桶則可用密閉容器，就能保持乾淨整潔。

tool 寶特瓶、剪刀、籃子、簽字筆、塑膠密閉容器

how to

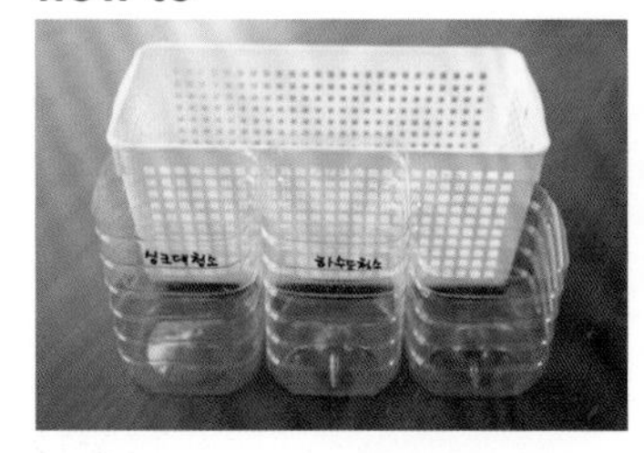

1 配合籃子高度剪裁寶特瓶。

2 分別把排水口清潔用品和清除廚房髒污的工具收在寶特瓶中，最後裝進籃子裡。

3 鮮少使用的清潔劑上面和側面都要標示清楚。

4 使用中的清潔劑放在籃子前面，備用的清潔劑放在後面，收在水槽下櫥櫃裡。

5 裝廚餘的密閉容器，就放在清潔工具旁邊。

tip 這時候，請務必確認門關起來時不會撞倒其他物品。裝廚餘用密閉容器不會發出味道，蓋子上也有提把，方便我們拿去丟。而且把水倒進去蓋上蓋子搖晃一下，清洗也非常容易。

Casamami的收納tip

把老舊的密閉容器，變成乾淨的廚餘桶！

新婚時很討厭把廚餘擺在家裡，所以就把廚餘桶放在公寓走廊的排水口邊。總以乾淨自豪的我，也討厭丟廚餘時味道充斥整個電梯，甚至會從13樓走下去丟。但是某天，鄰居大嬸說廚餘桶長蟲，要我快點拿去丟，我不僅感到丟臉，甚至還對自己生氣。夏天時廚餘就算只擺一天，也會發出臭味並長蟲。所以我就開始尋找不會散發味道，而且也很衛生的廚餘桶。到處試用的結果，就發現蓋子上有提把的塑膠密閉容器最剛好。不過扁平的密閉容器，缺點是丟食物時要用一隻手拿的話，會有點困難。所以我想比較窄但有點深度的容器比較好，就開始用免費獲得的密閉容器。如我所想地有提把、有深度，現在我就不必擔心臭味，可以搭電梯去丟廚餘了。洗的時候也只要把水倒進去，蓋上蓋子搖晃幾次就能簡單清洗乾淨。請大家找找看，家裡有沒有原本是免費贈品的密閉容器吧。如果有用來裝食物有點怪而一直閒置的東西，也可以拿來當廚餘桶唷。

028
備用抹布

如果把原本平整的抹布收在水槽下櫃門內側的話，需要時就能直接拿出來用。只要把抹布捲起來，就算是狹窄的空間也能收很多唷。不過，使用中的抹布就要掛在水槽旁的料理台上了。

tool 毛巾架

how to

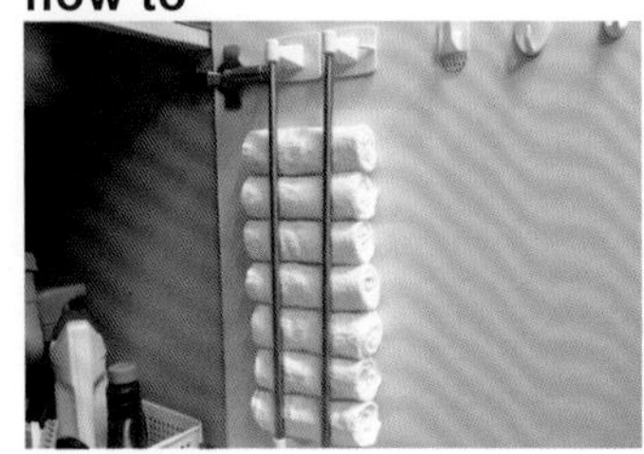

1 請在下櫃門內側直立並排黏上2個毛巾架，然後把抹布對摺，捲起來後塞進毛巾架裡。
2 水槽下櫥櫃收納完成的樣子。

Casamami的收納tip

你知道嗎？聰明收納的基礎其實是動線！

雖然你可能會疑惑，但我強調跟乾淨整齊的收納一樣重要的，就是動線。特別是廚房或洗衣間，更要細心思考後再建立收納計畫。因爲這樣決定東西的收納位置之後，使用時就不需要走來走去，只要站在原地就能進行作業了。請想像一下自己在廚房裡處理食材吧。我會先把水槽和料理台的下櫃門打開，如果食材有包裝，塑膠容器就會放在廚房窗戶外的隔板上，把水晾乾後才丟掉；可回收的塑膠袋和廚餘，則是直接丟進水槽下櫥櫃的塑膠袋分類桶和廚餘桶。料理台下櫥櫃也會放塑膠袋和各種廚房消耗品，可以直接站在原地拿來使用，這樣就能在原地解決要做的事，可以減少時間也能減輕身體疲勞。雖然可能會有人覺得沒必要這樣，不過希望大家都知道，這樣節省下來的時間，收集起來絕對不算少。可以用這些時間喝杯茶或看本書，享受一下輕鬆悠閒，不就能讓生活變豐富點嗎？所謂的悠閒是自己創造出來的，爲人生注入活力的事情，好像不怎麼困難也不怎麼偉大。

廚房

料理台

水槽用來洗食材，而進行整理、切菜、製作食物等工作的地方，就是料理台。料理台也有各式各樣的東西，稍一鬆懈就容易變得很髒亂。那，來看一下這裡要收哪些東西才會方便吧？料理台主要會放每天要用的廚房用具和器皿。每天要用的小型家電用品和盤子在上櫥櫃，多用途的塑膠容器和消耗品等，就放在下櫥櫃。此外，醬料、牙籤、各種優惠券等瑣碎的東西，可以用幾種工具和創意，簡單整理起來。也請別忘了，決定收納位置時要考慮動線唷。

收在流理台的廚房用品

029

小型家電製品

烤麵包機或攪拌器這種會在料理台用到的小型家電用品，都放在上面的角櫃裡。角櫃下面通常有插座，使用起來非常方便。不過因爲角櫃是個很難拿取東西的空間，所以最好把不同用品分別放在籃子裡，經常使用的放在下面的隔板，使用頻率低的則放在上面的隔板。複雜的電線就用衣架做成電線整理架，這樣就能整理得很整齊。

tool 籃子、簽字筆、紮線帶、衣架、鉗子、螺絲、螺絲起子

how to

1 把家電用品收在籃子裡，讓我們能一次取用。

tip 我在籃子裡隔出幾個區塊，分別把東西放進去，以維持整理狀態。

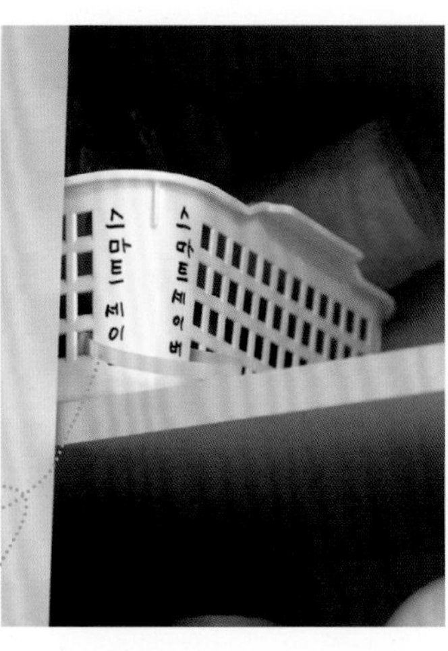

2 在我們能清楚看見的籃子邊邊寫上用品名，放在料理台上面的角櫃裡。

tip 用紮線帶在籃子上做出一個拉環，這樣可以輕鬆拿取。

3 把常用的烤麵包機放在下層隔板，偶爾用到的攪拌器放在上層隔板。

tip 請在中層隔板留下剩餘空間。要把角櫃裡的東西拿出來時，這裡可以用來當做暫時放置處。

電線糾結的話該怎麼辦？

「用衣架做電線整理架」

1 拿個衣架，剪下想要的長度。

tip **用鉗子剪到底之後，再用手摺一下，就能輕鬆折下來了。**

2 把鐵絲折成山狀之後，用紮線帶綁起來讓它不會鬆開。

tip **利用家具的角來折鐵絲，就可以輕鬆將鐵絲折成山狀。**

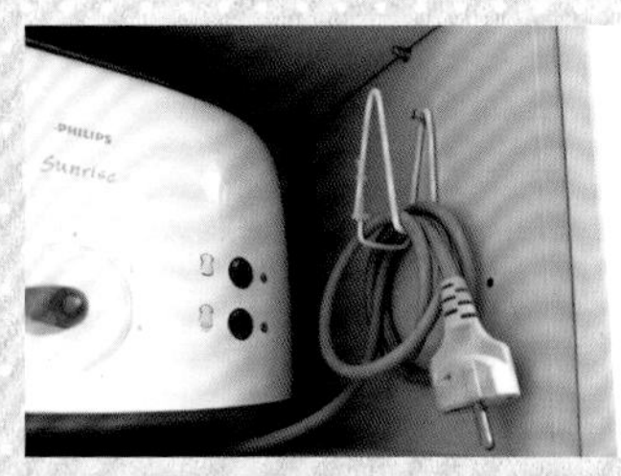

3 用螺絲鎖在想要的位置，掛上衣架做成的電線架之後，就把電線掛上去。

Casamami的生活tip

密閉容器智慧選擇法

大家都知道，最近廚房必備的用品之一就是密閉容器了。既然使用起來方便又有用，當然要買幾個來準備吧？那就來看看怎麼選擇密閉容器吧。

第一，請選擇透明的容器。

要能看到內容物，在打開冰箱的時候才能很快找出要用的東西，這樣也能夠維持冰箱的溫度。

第二，請選擇四角形的。

比起圓形容器，四角形的容器收納時較方便，不僅能減少死角，看起來也比較整齊。

第三，不要一次買太多。

以4人家庭爲準，大概買2～4個一次可以放入一包泡菜的盒子、手掌大小的買8～10個、比手掌大一號的買4個、用來放碗筷的6個左右就夠了。此外如果還有需要其他尺寸，就只要買一個就好了。

030

牙籤、傳單、各種折價券

偶爾會非常需要，不過因爲太小所以總是堆放在角落的牙籤和各種傳單、折價券等，就請直接黏在料理台上櫃的門內側吧。不用放在籃子裡，只要直接黏在門上，不僅不會佔空間，也能很快就找到。

tool 牙籤盒、扁平的盒子、熱熔膠槍、橡皮筋、夾鏈袋

how to

1 把牙籤盒拆開，將外盒剪得比內盒小。

2 用熱熔膠槍把牙籤盒黏在料理台上櫃的門內側。

tip 在廚房要用到熱熔膠時，可以放在瓦斯爐上烤一下再拿來黏東西，非常簡單。

3 用橡皮筋把各種折價券分門別類綁起來。

4 把綁好的折價券和傳單、飲水機保養手冊等，都收在夾鏈袋裡。

5 把沒在用的扁平盒子，用熱熔膠槍黏在門內側。

tip 請在盒子的四角和中間黏上熱熔膠。固定之前請務必先用膠帶確認門能否順利關上。盒子可以用錄影帶盒。

6 只要把4的夾鏈袋放進盒子裡就完成了。

⊕ 製作牙籤收納盒

1 準備一個牙籤盒，並把內盒和外盒分離。因爲要製作底板，所以請在距離邊線2公分的位置畫條實線，再沿著實線剪下。接著再在距離邊線1公分的地方畫條虛線，然後往內摺，最後用訂書機固定起來。

2 讓外盒變得比內盒小約3公分，這樣放進去時就能清楚看到牙籤。

Casamami的收納tip

把破洞的橡皮手套當成橡皮筋

橡皮手套很容易因爲一個小破洞，就變得毫無用武之地。棄之可惜，卻也無法拿來使用，經常只能擺著。這種時候只要用一把剪刀，就可以把橡皮手套變成堅固的橡皮筋唷。這種橡皮筋比黃色橡皮筋寬，綁東西的時候也不易散開，堅固度更強大。而且還有各式各樣的尺寸，不用繞好幾圈，一次就能把東西綁住。不過請注意，如果放在高溫處太久就會變軟。那，現在就來看一下製作方法吧？

1 從破洞橡皮手套的手指部份，剪下約0.5公分寬的小圓。

2 把手腕到手臂的部份全都剪下。

tip 先從最上面的地方開始剪，然後把剩下的部分摺起來剪，就能順利剪完。如果想用來綁頭髮的話，寬度就請控制在0.2～0.3公分。

3 把手掌部份留下來，其他都剪掉。

4 剪下的橡皮筋，就放在寶特瓶裡待用。

tip 依照不同用途，選擇大拇指、小拇指、手臂部份，這樣就不需要繞很多圈，只要一次就能把東西綁起來。

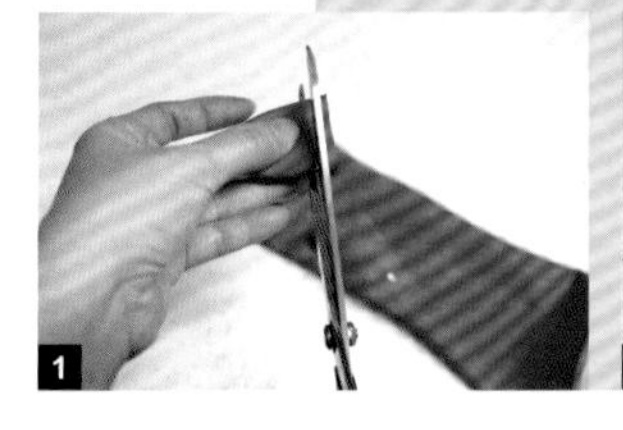

1

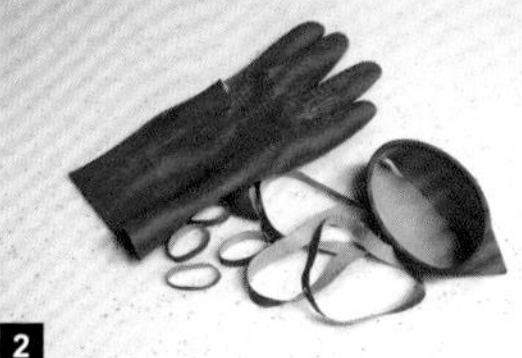

2

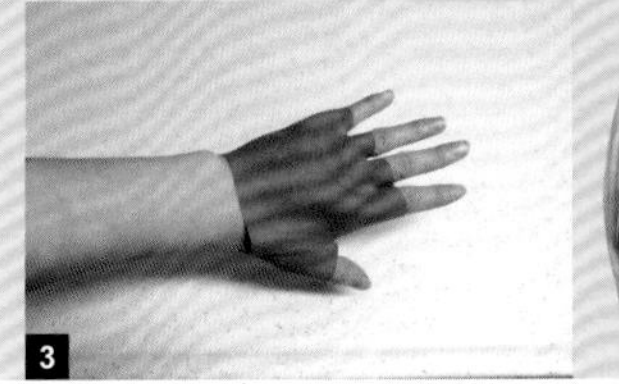

3

4

031
玻璃密閉容器

最近必備的廚房容器之一，就是玻璃密閉容器了。一般的家庭都會準備好幾個不同大小的，是非常有用且用途多元的容器。因爲經常使用，所以只要收在料理台上櫥櫃裡，就可以減少我們的移動路線。空間狹窄的時候，可以把蓋子和容器分開整理在一起，不過蓋子要收在籃子裡面，這樣找起來才容易。

tool 籃子

how to

1 最常用的東西放在下層隔板，剩下的則按照大小收進上層隔板。

2 空間不夠寬敞時，可以把蓋子或其他零件拆開來，放在另外的籃子裡，容器則重疊放置即可。

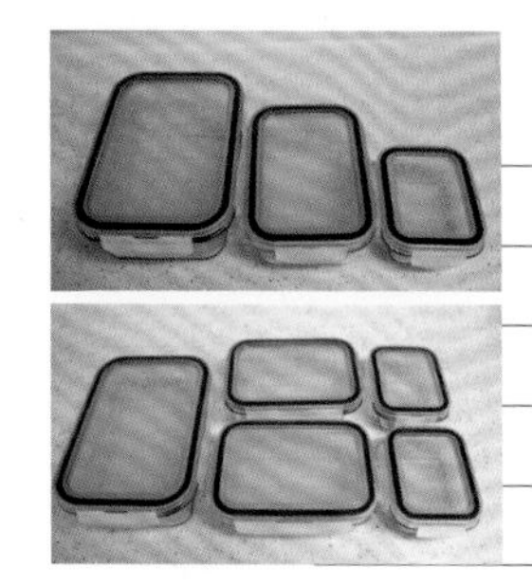

Casamami的收納tip

配置不同，收納效果也不同

雖然是同樣的空間，但不同容器放置方式卻會爲收納效果帶來很大的差異。如果收納方式像下面這張照片一樣的話，那相同的空間就能放進更多容器。整理物品的時候不必非得照著大小擺放，請四處移動一下來決定物品的位置。這樣才能找出專屬於自己，最有效的收納小撇步。

032

抹布、橡皮手套、菜瓜布

每天要用的抹布、橡皮手套、菜瓜布等，如果掛在料理台旁的架子上的話，可以方便我們使用。如果沒有架子的，那可以自己用衣架做一個。

tool 衣架、鉗子、熱熔膠槍

how to

只要把抹布掛在架子上，就可以同時解決晾乾與收納的問題。然後還可以另外做個橡皮手套與菜瓜布專用的架子，把兩樣東西並排掛在一起。

沒有橡皮手套與菜瓜布掛架

「用衣架做個專用的吧」

1 避開衣架勾子的部份，用鉗子把除了勾子以外的鐵絲都剪下來。然後再把剪下的鐵絲拉直，並折成ㄈ字形。

tip 摺的時候可以利用家具或桌子的角進行，這樣摺起來就很容易。

2 把其中一邊的末端向上折，像照片一樣把鐵絲捲在寶特瓶口，做出一個U字形。

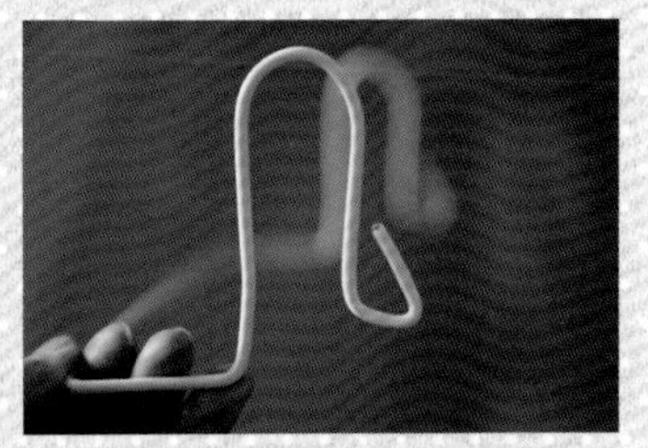

3 在倒U字下方4～5公分取一個點，摺成像照片一樣。

tip 如果沒有這個部份，架子和牆壁之間就會跑出空隙，架子會像鞦韆一樣晃來晃去。

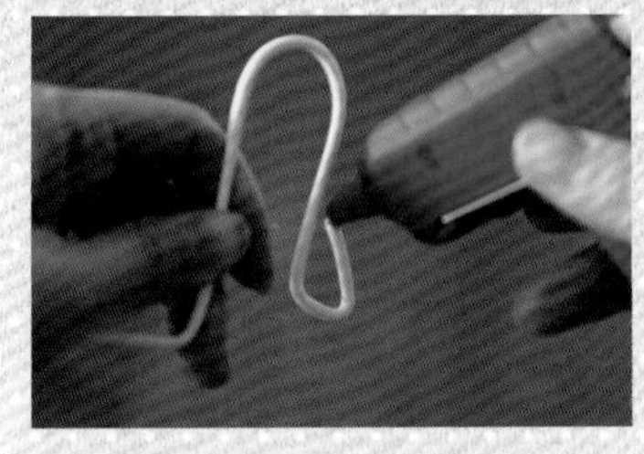

4 在鐵絲末端塗上熱熔膠。

tip 如果沒有熱熔膠，可以用指甲油替代，避免刮傷其他物品。

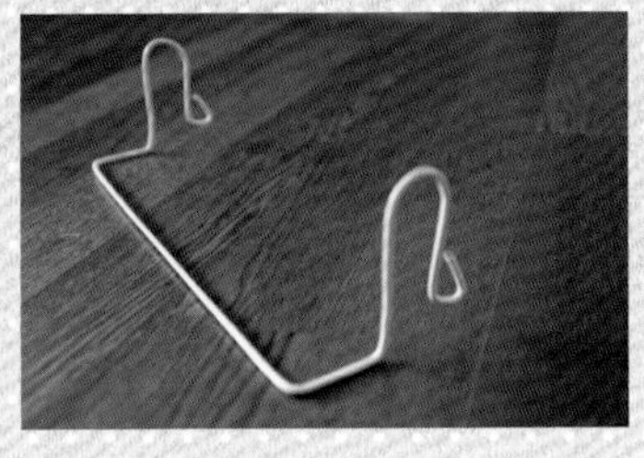

5 完成的樣子。

6 掛在桿子上就完成了。

033

各種調味料、醬料、油

做菜的時候，如果在瓦斯爐旁邊的櫥櫃架子上掛幾個板子，並把醬料等物品放在上面，這樣我們就能直接使用，超級方便。只要在小瓶子裡裝入適當的量再做標示，剩下的醬料就放進冰箱裡保存。

tool 簽字筆、玻璃膠帶

how to

1 用簽字筆在醬料瓶上寫名字，然後貼膠帶讓這些字不會被抹掉。

tip 要擦掉時就把膠帶撕下，再用高科技泡棉就能擦乾淨了。

2 醬料放在上層，調味料則放在下層。

3 在盤子上鋪廚房紙巾，然後把油瓶放在上面。

tip 如果油流出來的話，就只要更換廚房紙巾即可。油類的東西最好放在深色瓶子裡保存。

4 完成的樣子。

034

刀子和其他料理工具

刀子和剪刀、湯勺等料理工具，請收在料理台與瓦斯爐旁邊。首先，最重要的是把料理工具整理成不常用的與重複的兩種。不過像剪刀和湯勺這種經常會用到的工具，就請準備2個。料理工具直接收在一個長桶子裡，收納效果比掛起來更好。

tool 長桶或籃子、層架

how to

1 把刀子收進專用整理架，放在料理台上面。

2 把每天都要用的湯勺、飯勺、剪刀等，收在一個長的瓶子或桶子裡，放在料理台上面。

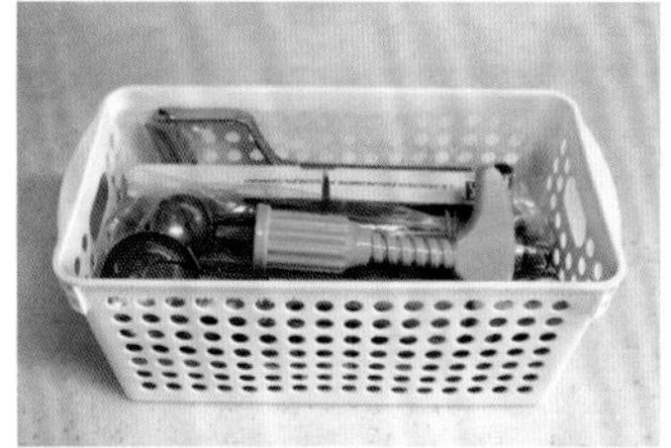

3 此外，常用到的料理工具，請收在長的桶子或籃子裡。

4 把不太用到的料理工具收進收納櫃裡。

tip 運用層架可提升空間活用度。

035

廚房紙巾

料理時常會用到的廚房紙巾，最方便的方法就是直接放在料理台上。不過，如果只是放上去的話，看起來會很亂吧？這時候就可以利用衣架，做一個廚房紙巾掛架，讓紙巾掛在醬料架上，看起來就很整齊。

tool 紮線帶、衣架、鉗子、熱熔膠槍

how to

1 在放置醬料罐的鐵網隔板上，用紮線帶做兩個吊環。

tip 如果是新的廚房紙巾，那和隔板的距離就要寬一點才掛得上去，所以紮線帶環請做大一點。

2 把紙巾掛架掛到紮線帶環上。（參考105頁做法。）

tip 這樣我們要更換廚房紙巾時，才能夠把架子取下來做更換。

3 把廚房紙巾掛到架子上。

4 廚房紙巾、醬料罐、抹布等物品收納好的樣子。

沒有廚房紙巾掛架而不方便？

「用衣架做個掛架吧」

1 剪下約40公分長的衣架，用鉗子從鐵絲末端部分往外摺3公分。

2 接著再往後量4公分然後往內摺成直角。

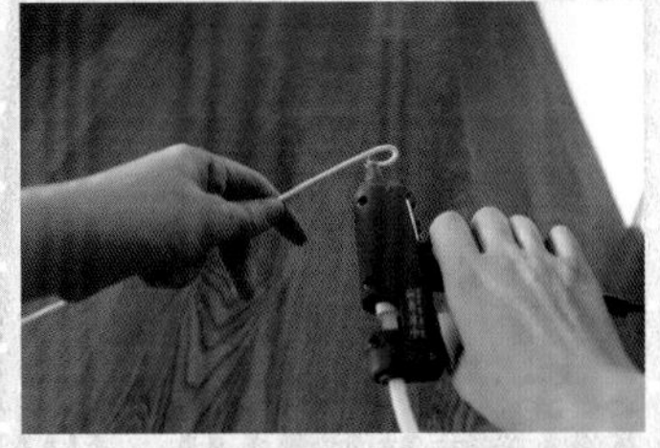

3 把熱熔膠塗在鐵絲末端作保護。

tip 也可以改塗透明指甲油。

4 把架子掛到隔板上的紮線帶環，就會變成照片裡的樣子。

5 把廚房紙巾掛到完成的掛架上。

6 把5 掛到紮線帶環上。

7 沒有隔板的話，可以把掛架直接掛在吊環上。

036

砧板

砧板要收在伸手就能拿到的地方。如果在上櫥櫃下方設置一個毛巾架，再把砧板收在毛巾架上，這樣不僅不佔空間，還能夠立刻拿來使用。

tool 毛巾架、螺絲

how to

1 用螺絲把掛架鎖在上櫥櫃底部前側，再把用來掛毛巾的鐵桿裝上去。

2 把架子當做隔板，直接把砧板放上去。

Casamami的收納tip 

請留下手與籃子可移動的空間

料理台下櫥櫃裡的移動式系統隔板，是原本就內建的，只要把門往前拉開，就會有四分之一圓的隔板可用，我到網路上搜尋了一下，發現這東西超貴的，不過我覺得不方便就拆掉，換成需要的層架。至於收在角櫃裡的東西，我都分類裝在籃子裡。不過，像這種空間一直延伸到角落深處的角櫃，就要使用寬度不會太寬的層架。這樣靠近角落的牆壁和隔板之間，才會有能容納手和籃子移動的空間，也才方便我們把收在最裡面的東西拿出來。如果不留下這多的空間，那就會為了拿出一個在裡面的東西，得要把前面的物品全拿出來，反而弄巧成拙。

037

備用湯筷、塑膠碗

使用頻率低於玻璃容器的塑膠器皿，就收在料理台下面的角櫃吧。由於角櫃不方便我們用手拿取物品，所以很適合用來收納使用率低的備用湯筷與器皿。櫃子內側放使用率低的東西，靠門的地方則放常用的，這樣就會很方便。如果使用層架的話，那連上面的死角都能充分利用唷。

tool 層架、組合隔板、籃子

how to

1 把湯筷和刀叉，分類綁好收在塑膠盒裡。

tip 用橡皮筋綁起來才不會散開亂掉。

2 不常用的廚房備品、盤子、杯子等，請收在籃子裡。

3 在下櫥櫃最裡面放兩個層架，做出一個三層空間。

4 把最重的備用湯筷與刀叉放在下面，上面則放廚房備品的籃子。

5 收納櫃門內側，請安裝組合隔板，我們可以把塑膠容器收在這裡，並按照大小分類。

tip 體積大的放下面、小的放上面，這樣找起來才方便。

6 塑膠容器蓋、接水盤等物品，就裝在籃子裡放在上層隔板。

tip 另外闢一個空間放零件和備用品，這樣東西才不會弄丟。

038

塑膠袋、其他消耗品

塑膠袋和橡皮筋等消耗品，請收在料理台下櫥櫃的門內側。方法跟牙籤收納很類似，不過因爲塑膠袋有很多種，所以我們只要利用鬆緊帶和鐵網做出一個掛架，這樣東西用完了的時候，就方便我們做更換。

tool 鐵網、紮線帶、剪刀或鉗子、鬆緊帶、針、線、螺絲、螺絲起子、夾環、寶特瓶

how to

1 把鐵網和鬆緊帶做成的掛架，貼在下櫥櫃的門內側後再用螺絲固定。

tip 一開始只要鎖到一半，等到鐵網掛在螺絲上之後再繼續鎖，這樣架子會更堅固。這裡請選擇螺帽大一點的螺絲來使用。

2 在鐵網下半部的兩側黏上兩個夾環。

tip 如果用兩個夾環做第二重固定，門關上的時候比較不會發出碰撞聲，我們也可以用螺絲替代夾環。

3 剪下寶特瓶貼在鐵網上，在寶特瓶上標示出要固定的位置。

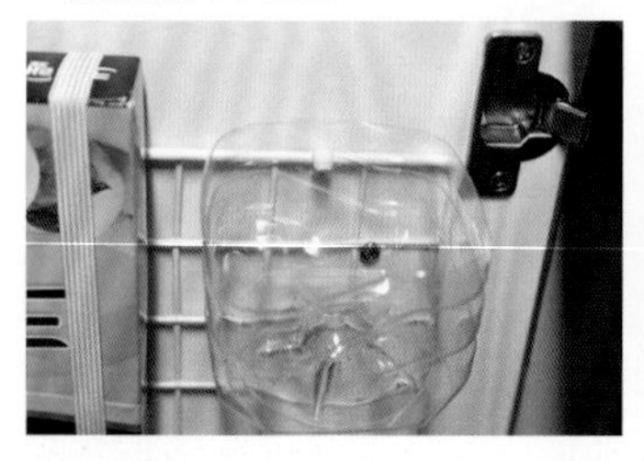

4 在標示好的位置，挖一個比紮線帶寬0.5公分的洞，並把紮線帶穿過這個洞，然後將寶特瓶固定在鐵網上。

tip 下面請再多掛一個寶特瓶。不過掛的時候請注意，要留下拿東西時不會卡到上方寶特瓶的空間。

5 夾鏈袋可以掛在鬆緊帶與鐵網之間，其他的橡皮筋和夾環等物品，就收在寶特瓶裡面。

tip 請別忘記要確認一下門關上時是否會卡住。

⊕ 製作塑膠袋收納掛架

1 用紮線帶把兩個鐵網連接在一起，多餘的紮線帶用剪刀或鉗子剪掉。

tip 下櫥櫃門的面積扣掉鉸鏈，就是掛架的最大尺寸。

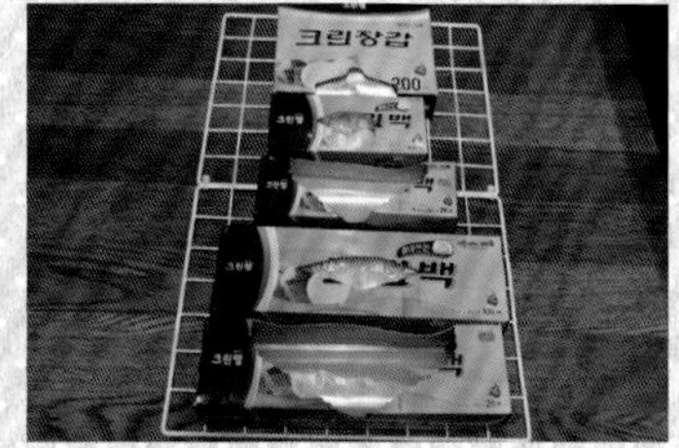

2 把塑膠袋盒放在連接好的鐵網上，以確定位置。

tip 大盒子放下面、小盒子放上面，這樣比較安全。

3 爲固定塑膠袋的盒子，請把鬆緊帶以之字形放在鐵網之間，用來測量所需的鬆緊帶長度。

tip 如果拉得太緊的話，未來鬆緊帶會彈性疲乏而變鬆，所以請調整得寬鬆一點。

4 把鬆緊帶的頭和尾縫起來，將鬆緊帶固定在鐵網上。

⊕ 如果沒鐵網？

「請用鬆緊帶和圖釘做個簡易掛架」

在下櫥櫃門內側標示好收納塑膠袋的位置後，就把鬆緊帶末端反摺一點點，然後用圖釘固定住。剩下的就依序固定，接著再把塑膠袋盒放上去。

tip 雖然整齊度比不上鐵網，但也是個簡單的方法。

廚房

瓦斯爐

一般來說，食物最後都會在瓦斯爐這裡完成。飯碗、湯碗、湯鍋、小碟子等，都要收在瓦斯爐旁的水槽，這樣就能直接盛裝完成的食物。不過，當然要考慮動線囉。如果把每天要用的碗筷也放在這裡，這樣擺餐桌時就方便不少。瓦斯爐旁邊用來放醬料罐的拖拉櫃，我則改放水瓶和茶。因爲是溫度變化較大的地方，感覺放這些東西比放醬料好。如果在大抽屜裡做一些隔間，這樣不僅整理起來方便，我們也能一眼就找出需要的物品，當然也縮短了作業動線啦。

要收在瓦斯爐的廚房用品

039

飯碗、湯碗、麵碗

飯碗、湯碗、麵碗等，我都收在瓦斯爐上面的櫥櫃裡。飯碗直接收在電子飯鍋正上方，湯碗則放在靠瓦斯爐的那一側，方便在要使用時拿取。這樣子安排，動線就可以簡化成把碗拿出來裝好飯或湯之後，轉身直接放到餐桌上。如果把相同的碗疊在一起，這樣就可以把碗一個一個拿出來用，超方便。

how to

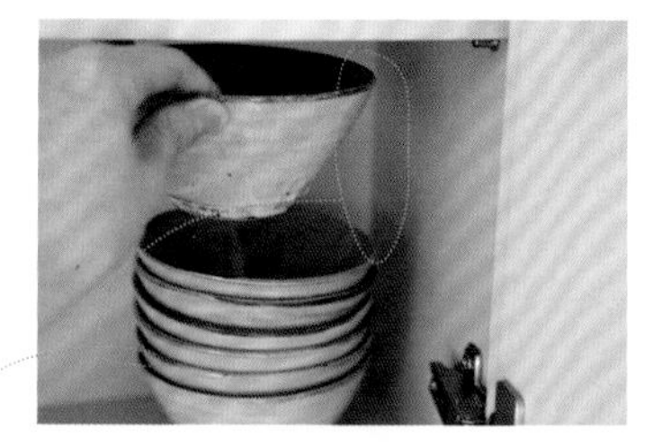

1 同樣的飯碗堆疊在一起。

tip 要留下比碗的高度再多3～5公分左右的空間，這樣拿碗時才方便。

2 每天要用的湯碗就放在櫥櫃的最下層，偶爾才用的麵碗則放在最上面。

3 正面看過去的樣子。

tip 最靠近電子飯鍋的地方放飯碗，靠近瓦斯爐的地方則放湯碗，這樣才能確保最短、最方便的動線。

040
咖啡、茶

咖啡和茶類，請放在瓦斯爐與料理台之間的拖拉櫃。這裡原本用於放醬料，不過因為在烤箱和洗碗機旁邊，溫度變化較劇烈，所以比較適合放不易受溫度影響的東西。至於每次把拖拉櫃拉出來的時候，物品都會東倒西歪的問題，我們可以用紮線帶做固定，輕鬆解決。

tool 紮線帶

how to

1 把兩條紮線帶接在一起，然後穿過拖拉櫃的鐵網綁起來。

2 用相同的方法依照自己的需求固定。

tip 拿紮線帶來做出分區隔間，這樣開關拖拉櫃時，物品就不會倒下或亂成一團。先測量收納容器的大小再依照尺寸綁上紮線帶，這樣收納時最有效率。

3 常用的東西放在上層，偶爾用的請放在下層。

041
水瓶

跟茶一樣，水瓶也請放在瓦斯爐與料理台之間的拖拉櫃裡。爲符合水瓶的高度，請把中層隔板拔掉，並用紮線帶做分區，讓水瓶不會因爲開關門而晃動。

tool 紮線帶

how to

1 爲符合水瓶高度，請把拖拉櫃中間的鐵架隔板拆下。

tip **拆下的隔板可用於收納托盤****（85頁）****。**

2 把兩條紮線帶連接起來，接著把水瓶放在決定好的位置上，再將紮線帶穿過鐵架之間，最後將紮線帶綁緊。

tip **做出每個水瓶的分區，這樣水瓶就不會倒下。**

3 上層隔板也以同樣的方法做整理。這是兩側拖拉櫃收納完成的樣子。

042
餐具

餐具屬於廚房最常用到的物品之一，放在最靠近餐桌的流理台抽屜，這樣既整齊又方便。每一間房子的流理台和廚房構造都會有些微差異，所以就算不是放在抽屜，只要收在準備用餐時能直接拿出來放到餐桌上的地方即可。

tool 塑膠收納盒、寶特瓶

how to

1 流理台抽屜前面放常用的餐具，後面放偶爾用的餐具。

tip **每一格放不同種類的餐具，不要讓它們混在一起。**

2 筷子別全混在一起，依照種類分別收在塑膠收納盒，這樣要拿一雙來用時就很方便。

3 剪開寶特瓶底部的一半，並把筷架收進去。

tip **筷架是容易打破的瓷器，所以需要另外裝起來。只要將寶特瓶剪成符合抽屜大小，就可以拿來用了。**

043

小盤子、醬料碗

小盤子與醬料碗，請一目瞭然地擺放在抽屜裡。常用的放在只要打開一半，就能拿取的抽屜前端。可以活用防滑墊和隔板工具，隔出碗盤放置的空間，這樣物品就不會隨抽屜開關而移動，非常安全。

tool 防滑墊、隔板工具

how to

1 在抽屜底部鋪一層防滑墊，再依照種類把盤子一字排開。

tip 鋪了防滑墊的話，開關抽屜時碗盤就不會滑動，就能夠維持整齊的狀態。

2 用隔板工具做出隔間，把小醬料碗收在裡面。

tip 如果把醬料碗疊在一起，即使鋪了防滑墊，抽屜開關時還是會倒下來。這種時候就請使用隔板工具。

3 把常用的碗盤放在抽屜打開一半即可拿取的抽屜前端。

4 完成的樣子。

044

鍋子

我把比較重的鍋子放在瓦斯爐下面的抽屜，這樣就能減少移動。備用的蓋子則直接裝在籃子裡保管，這樣可以更有效活用空間。

tool 籃子

how to

1 請把大鍋子放下面、小的放上面。

tip 常用的鍋子就放在抽屜開啟時最靠近瓦斯爐的前方。

2 在抽屜裡放籃子，鍋蓋就能另外放在其他地方，非常方便。

3 鍋子收納完成的樣子。

4 瓦斯爐加熱區收納完成的樣子。

大櫥櫃

把上櫥櫃與下櫥櫃連在一起做成一個大櫃子就變成大櫥櫃，請將不常使用的備用碗筷、電子製品收在這裡。還有因為櫃子位在冰箱旁，所以請把能在常溫下保存的食品也收在此處。這裡的整理原則，是把常用或較重的東西收在中間或下方；偶爾使用或較輕的物品放在上方。這裡可以收納各種大小與用途不同的物品，從接待客人時用的大碗盤到小酒杯都OK，來找出適合這空間的收納方法吧。

要收在大櫥櫃的廚房用品

045

備用的碗

招待客人時使用的碗，收在副動線比收在主動線好。雖然不是常用的東西，但如果想要洗一洗拿來用的話，放在位於水槽旁副動線上的櫥櫃最為適合。較大較重的碗盤通常都放在下面。

tool 木頭盤架、氣泡紙（有彈性的包裝紙）、層架、防滑墊、隔間收納盒、寶特瓶

how to

1 把大盤子收在木製盤架上，容易刮傷的就用包裝時防撞用的氣泡紙包起來。

tip 物品正面的包裝紙要剪掉大約10公分，這樣我們才能認出是什麼東西。

2 同樣的碗請整齊往上疊，整理成容易取出的樣子。玻璃碗等物品，就收在層架上方。

3 為防止刮傷，可以剪下防滑墊鋪在每塊碗盤之間。如果有剩下的防滑墊，就在櫃子牆壁上掛個寶特瓶放進去，以後方便使用。

4 把一樣的酒杯放在一起，前後整理成一列。

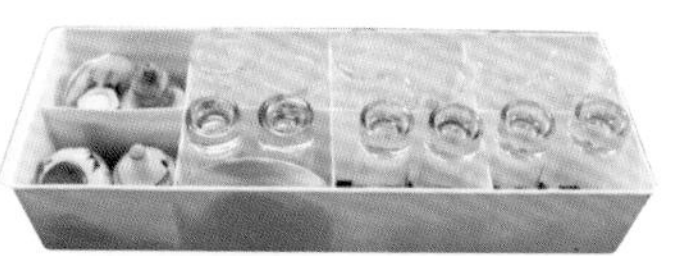

5 小燒酒杯就裝在隔間收納盒裡，放在櫃子的上層隔板。

tip 這樣就可以一次取出、放回，很方便。

6 有握柄的杯子可以用側邊剪開的寶特瓶收納，並讓握柄露在外面。

046

常溫保存食品

泡麵或速食等可在常溫下保管的食物，也都收在大櫥櫃裡。因爲在冰箱旁邊，所以做菜前到冰箱找材料時，也能順便打開這櫃子看看，便於我們決定要煮些什麼。整理重點是把東西裝在籃子或盒子裡，看起來就會很整齊。

tool 籃子、速食保存罐

how to

1 依照種類分別放在不同籃子裡。

tip 如果是盒裝產品，就把盒子剪掉約1/2或2/3，把內容物露出來，這樣拿取較方便。

2 麵類的重點是不要讓它們折斷或受潮，像義大利麵可以收在透明保存罐裡橫放。保存罐是樂扣的產品。

tip 如果直立放置，那放在裡面的罐子就不易拿取。如果沒有專用收納容器，改用類似的筒狀容器就行了。

3 食品收納完成的樣子。

047

微波爐

微波爐的使用率每家都不同。對Casamami來說，這是種使用率很低的電子產品，所以收在副動線上。我會把平時不用的耐熱玻璃鍋蓋收在微波爐裡，要用微波爐時就不必擔心環境荷爾蒙了。

tool 延長線、簽字筆、衣架、螺絲、熱熔膠

how to

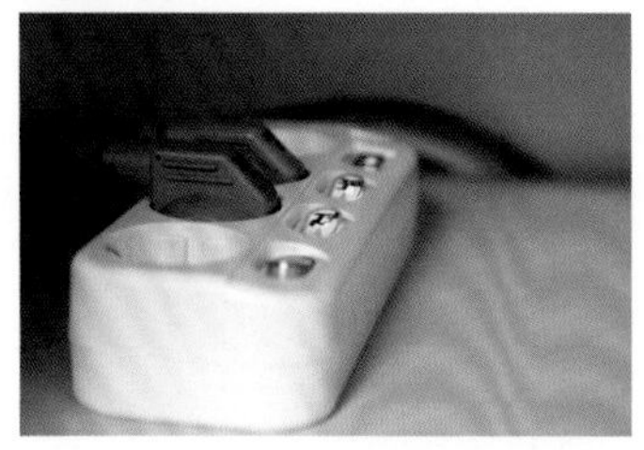

1 先設置一條可以分別控制電源開／關的延長線，並用簽字筆在按鈕上寫下控制的電器名。

tip 這樣約可減少5%的電費。

2 把微波爐擺在大櫥櫃的下層隔板。

3 裡面就放微波爐用的耐熱玻璃鍋蓋。

tip 調理時蓋上耐熱玻璃鍋蓋的話，就可以減少一些因使用微波爐而產生的環境荷爾蒙。

4 大櫥櫃收納完成的樣子。

如果沒有玻璃鍋蓋的掛架？

「用衣架來做個鍋蓋掛架吧」

1 拿個衣架來剪開，能剪多長就剪多長。

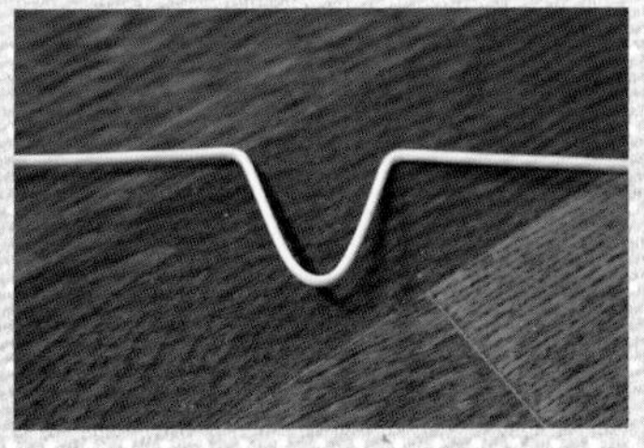

2 把鐵絲中間的部份彎成像照片一樣，用來掛鍋子的握柄。

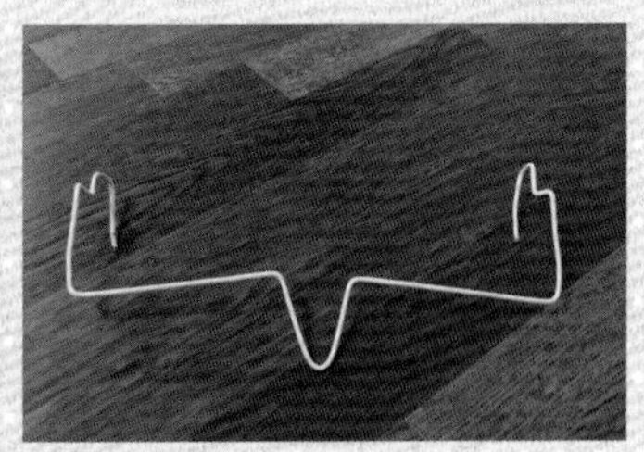

3 兩側共留下比鍋蓋大小長6～10公分的鐵絲，然後將兩側的鐵絲末端彎曲成吊環狀。

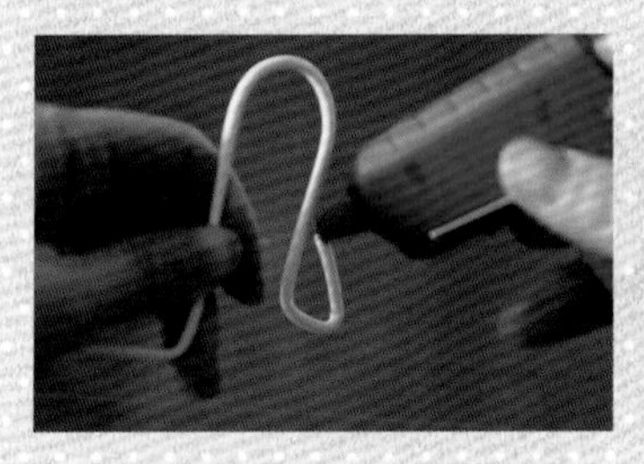

4 在鐵絲末端容易刮傷人的部份塗熱熔膠做保護。

5 把鍋蓋架掛在大櫥櫃門內側。

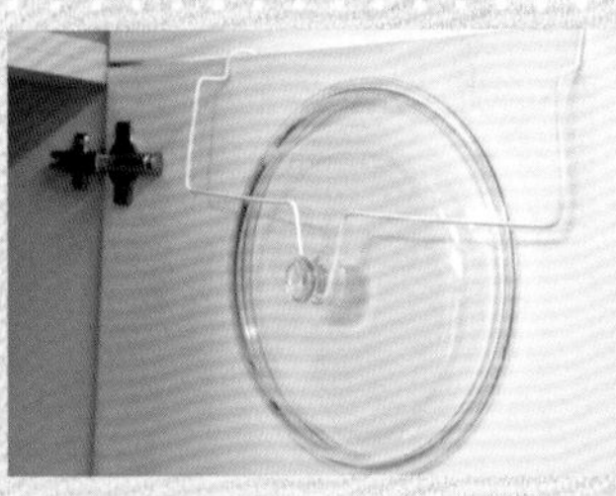

6 最後把鍋蓋掛上就完成了。

廚房

媽媽的辦公室

雖然最常待在家裡的人是主婦，但要擁有一個屬於自己的空間卻不太容易。這種時候，可以利用廚房或客廳的收納櫃，做出一個專屬自己的「媽媽辦公室」。像我就把位於廚房副動線上的大廚櫃，變成媽媽的辦公室。

如果想做個媽媽的辦公室，首先得想要放什麼、要做什麼，然後再考慮動線決定位置。還有雖然大家的空間都不同，但請先從必備的東西開始放。筆記型電腦、簡報檔案、相機、錄音機、文具等，把自己常用的東西都整理在這，就會開始覺得屬於自己的空間逐漸成形。除此之外，Casamami也會把四散在各處的小家電產品收在這，這樣如果小孩有需要時，不用媽媽的幫忙也能自己找來用。媽媽辦公室不僅能縮短主婦的動線，同時也是可以擺放小型家電、不用特別費心整理的空間。雖然看起來不奢華，但有空閒的時候，可以在這裡寫寫家計簿、打打電腦等，一點也不輸給專用書房唷！雖然很難空出一整個房間變成自己的空間，但弄個小天地應該還是可以的吧？

要收在媽媽辦公室的用品

048 剪報檔案
049 筆記型電腦
050 筆記型電腦包等各種背包
051 相機與相機線
052 CD、卡式錄音帶
053 文具、發票
054 外接硬碟、任天堂遊戲機、電線

請先考慮孩子的安全，再決定位置

不管這空間再怎麼優，如果是容易離小朋友太遠的空間，那實用性就降低不少了。考慮到這點，能夠一邊工作，同時也能一眼就看到小朋友在做些什麼的客廳或廚房，最適合用來打造媽媽辦公室。如果家裡有小孩的書房，也可以選在那裡。

能將主婦動線縮到最短的地方最好

如果是要帶幼兒的主婦，那就表示三餐跟點心時間都要照顧到，所以在廚房度過的時間就會比較多。這種時候，我強力推薦大家在廚房的角落設置媽媽辦公室，這樣不用做菜做到一半走來走去，可以縮短動線也能節省時間。

請想想在媽媽辦公室要做些什麼

是要看書、使用電腦，還是要做點自己的興趣或其他事，用途不同，收納的東西也會不同。還有請記住，要把東西收得一目瞭然，這樣才能變成一個眞正屬於自己的空間。

048

剪報檔案

各種資料或新聞剪報，都可以收在檔案夾裡，依照主題分類放在距離電腦最近的地方。如果只把檔案擺著很容易就會倒下來，所以我們可以活用書架來整理。

tool 檔案、書架

how to

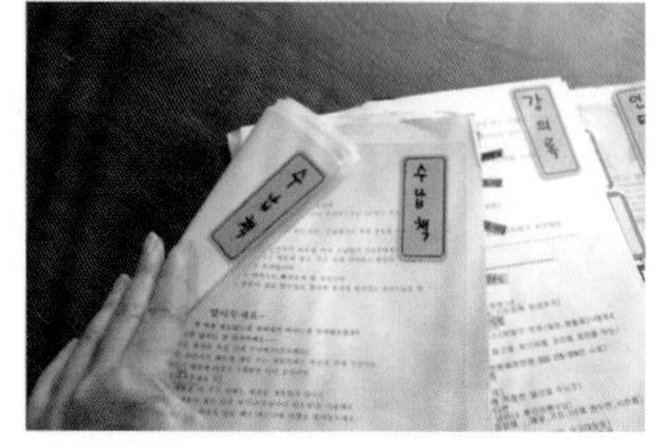

1 把各種資料按照主題放進檔案夾裡分類，再黏上檔案名。

tip **前後都要貼檔案名，找起來才容易。剪下來的資料，也要按照主題放在資料夾裡唷。**

2 把書架放到隔板上。

3 把分類好的資料整理到書架上。

tip **這樣又薄又沒有支撐力的檔案，也可以整理得很整齊。**

Casamami的收納tip

Casamami式雜誌剪報

從雜誌或書裡找到的資訊，你都怎麼保管呢？把舊雜誌整本留下來太佔空間，可是丟掉又可惜那些資訊…。這種時候，讓我來教你一個有用的剪報方法吧。不僅能提升空間活用度，也能一下找到需要的資訊唷，超級方便。

- 把雜誌的封面、目錄、相關新聞等，分別用剪刀剪下。爲了讓我們知道這篇新聞出刊的時間，最好把封面一起留下來。
- 請把重要的新聞標題劃線，也把新聞裡重要的部份標示起來，這樣以後很快就能想起爲什麼要剪下這篇新聞。
- 把剪下的這三個部份，用訂書機訂在一起。
- 按照主題將資訊分類，分別放進不同資料夾裡保管。

049

筆記型電腦

筆記型電腦是使用率超高的東西，所以最重要的就是要擺在方便的位置。Casamami如果坐下來用電腦，客廳就會在我的左邊，所以如果我把大櫥櫃左邊的門打開來，就會看不見左邊的客廳。所以我把筆記型電腦收在櫃子右邊，這樣只要把後面餐桌的椅子拉過來坐下，就可以開始做事囉。

tool 書架隔板、紮線帶

how to

1 筆記型電腦收在大櫥櫃的右邊。

tip 請放在坐在椅子上時方便使用的位置。

2 太長的滑鼠線請捲成一圈，用兩條紮線帶固定。

3 上面放個寬度較窄的隔板，用來收與電腦連接的相機和其他接線等物品。

tip 也可以拿要丟掉的書架隔板來用。要放寬度較窄的隔板，這樣做事時才不會撞到頭。

050

筆記型電腦包等各種背包

筆記型電腦包或相機包等物品，是出門時才會需要的，使用頻率偏低。這種電子產品周邊背包，我全都收在一起，放在最下面的隔板。

how to

1 先把包包背帶收進背包裡。

2 把電腦包、相機包、三腳架包等收在一起，放在最下層的隔板。

051

相機與相機線

最近大家主要都用數位相機拍照，然後再把照片上傳到個人部落格上。所以相機與相機線，最好收在筆記型電腦旁邊，這樣就能直接與電腦連接。還有常用的物品放在隔板上，比收在盒子裡更方便。

tool 活頁環、文具整理盒

how to

1 把相機線收在筆記型電腦上方的窄隔板。

2 把相機擺在相機線旁邊。

tip 常用的東西別放在盒子或包包裡，請放在隔板上。

不想看到相機線常常纏成一團？

「用活頁環與文具整理盒做分類」

1 先準備一個文具店販售的活頁環。

2 把相機線整理好，並用活頁環束起來。

tip 扣上活頁環電線就不會被綁得太緊，也不會破損。要綁起來或是解開都很方便。

3 把綁好的相機線整捆分類收在文具整理盒裡。

052

CD、卡式錄音帶

CD與卡式錄音帶要收在最靠近收音機的隔板，這樣才方便直接拿出來聽。因爲這些東西又薄體積又小，最適合用籃子裝起來分類收納。如果CD很多的話，也可以將收納籃前後擺放成兩列。

tool 籃子、標籤或便條紙、封箱膠帶、簽字筆

how to

1 把音樂CD和錄音帶分類，分別裝在籃子裡。

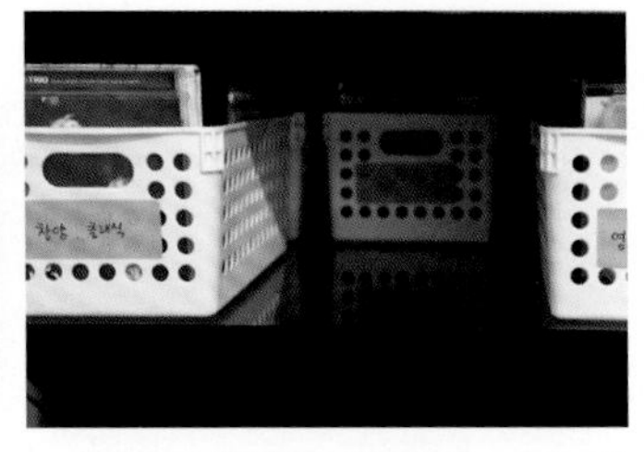

2 替籃子標明內容物後，收到隔板上。

tip **前面放常聽的，後面放空白CD這類比較少拿出來的東西。**

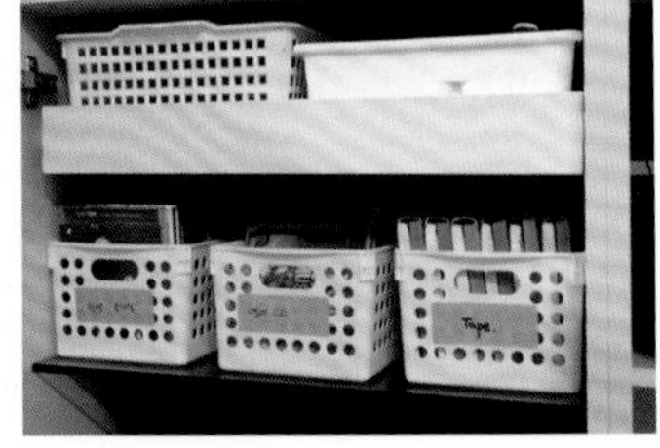

3 完成的樣子。

Casamami的收納tip

流洩出音樂聲的媽媽辦公室

如果把收音機放在媽媽辦公室這個空間，不僅看起來舒適，連在工作時也能聽點音樂，感覺很不錯。問題就在於做其他事情時，因爲如果想聽音樂而打開門會礙手礙腳，把門關上的話聲音又太小，或是關上門把音樂開很大聲，但卻會因爲要拿東西不小心將門打開，被突然變大聲的音樂給嚇一大跳。這種時候就把放在收音機上層的書，拿兩三本下來夾在門縫吧。這樣走路時不用擔心撞到門，也不用因爲要拿東西而開門被聲音嚇到。這個小點子讓我再次體會到，只要花點心思，生活就會變方便也變輕鬆。

讓水槽空間再利用的點子

收在下層空間裡的物品，最好以幾乎不會用到只做保存的物品爲主。

1 把水槽最底層的木板上端，稍微用手推拉一下，就會多出一個跟櫥櫃深度一樣的收納空間了。

2 在木板上裝把手。

3 準備2個大小跟收納櫃相同的籃子（34x49x10公分），在靠近內側的籃子底部裝兩個輪子。

4 沒裝輪子的籃子前半部，請用螺絲跟木板連結在一起。

5 將文件或契約一類的文書，裝進夾鏈袋並貼上標籤，收在左側籃子裡。

tip **留存的收據也請收在夾鏈袋裡，標示好年度再收起來，要找時才方便。**

6 右邊則放數位相機、MP3、手機操作手冊等，生活相關電子產品文件。

7 收納完成的樣子。

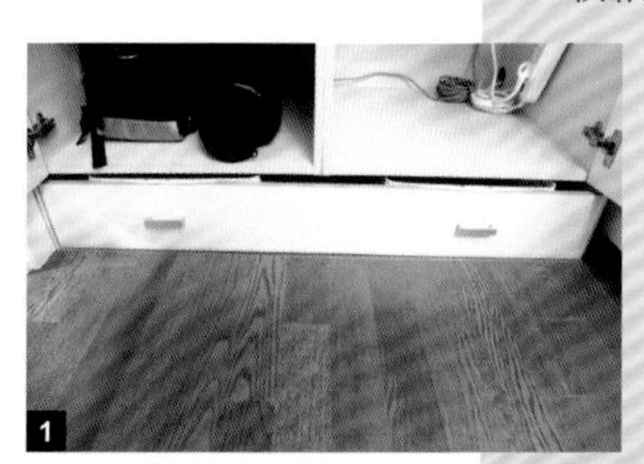
1

2

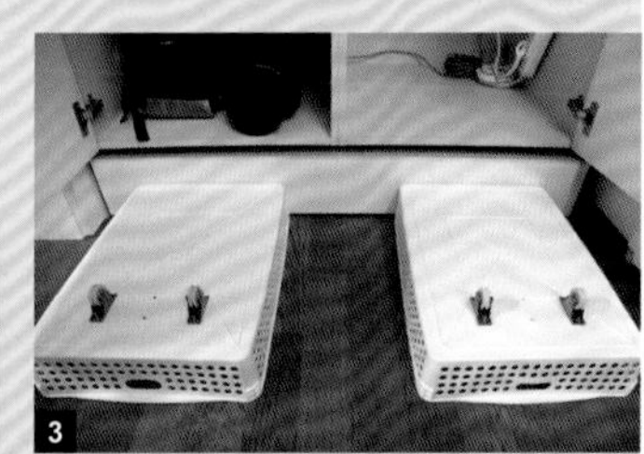
3

4

5

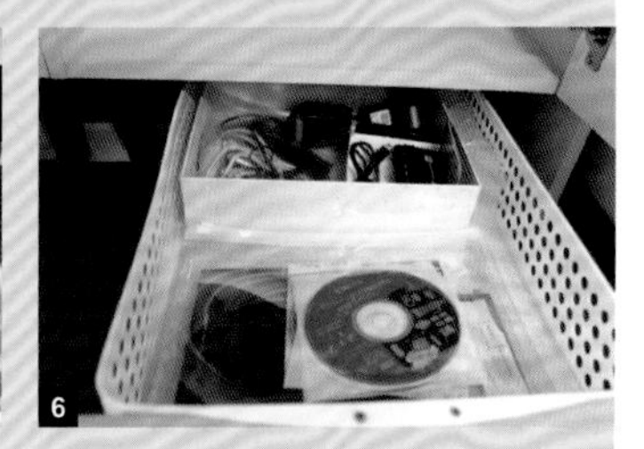
6

7

053

文具、發票

體積小的文具最好直接收在筆記型電腦旁的抽屜。如果沒有抽屜的話，就改用附滾輪的電腦鍵盤架吧。只要利用工具替抽屜加上隔間之後，各種文具就能整理的一目瞭然。

tool 可拉式電腦鍵盤架、籃子、文具整理盒、小隔板或小盒子、夾鏈袋

how to

1 在筆記型電腦的隔板上，裝設已經不用的拖拉式隔板。

tip **可以把不用的電腦鍵盤架拆下再利用。如果櫃子裡有抽屜，那就不用再另外裝了。**

2 放入籃子和文具整理盒到適當位置，用來收繳稅通知單、計算機、文具等物品。

3 在文具整理盒裡放入小隔板或小盒子，分成幾個小區之後，就能把夾子或名片這類小東西放進去。小隔間收納！

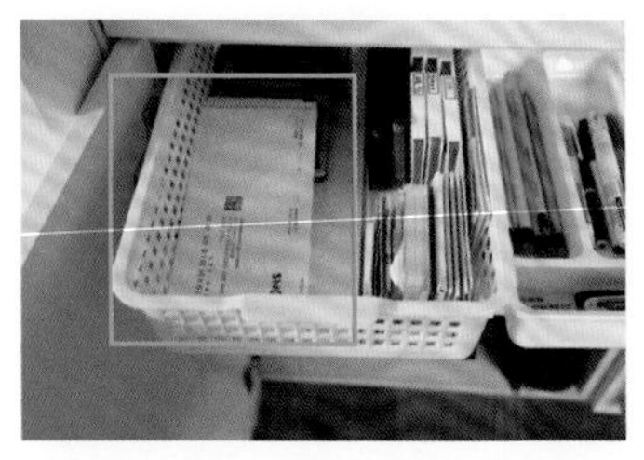

4 繳稅通知單等文件，則和計算機一起放在籃子裡。

5 要長期保管的收據，請依照年度收進夾鏈袋，並放在櫃子下面抽屜的籃子裡。

054

外接硬碟、任天堂遊戲機、電線

外接硬碟或任天堂遊戲機這種體積小的家電產品，最好收在同個地方。只要放在小箱子裡再貼上標籤，找起來很容易，看起來又很整齊。電線之類的東西，就可以利用紮線帶做整理。

tool 小盒子、標籤或便條紙、簽字筆、紮線帶

how to

1 把任天堂遊戲機、插頭、充電器等周邊產品一起收進盒子裡。

tip 請用同樣的方法，把不同物品跟它們的週邊產品整理在盒子裡。

2 每個盒子都做標示，並收在隔板上。

tip 請稍微調整一下盒子的位置，讓放盒子的隔板不要產生閒置空間。

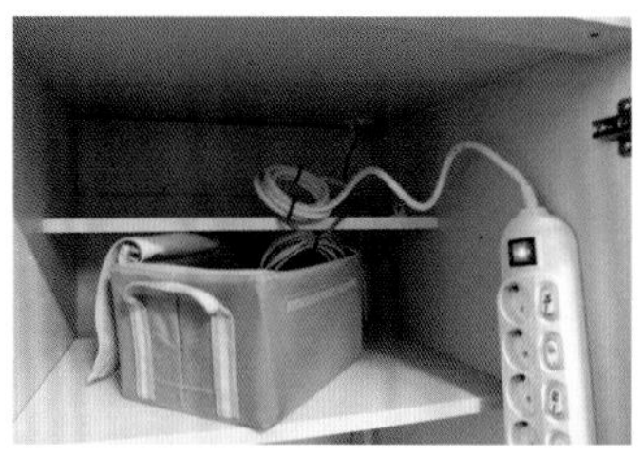

3 電線就捲成一圈，用紮線帶綁好裝進盒子。

tip 收好後拉上拉鍊或蓋上蓋子，就不會有灰塵或變髒了。

4 媽媽辦公室收納完成的樣子。

Casamami的收納tip

電線整理的二三事！

收電子製品的時候，常會因爲電線而看起來亂七八糟。這種時候，只要知道幾種纏繞或固定電線的方法，就可以派上用場了。只要有壓線條、盒子、紮線帶、夾子、橡皮筋等生活隨手可得的工具，就萬事OK！來看看提高收納效果的電線整理小創意吧？

▶ 活用壓線條整理電線

1 準備好壓線條。

2 把電線放進空的壓線條內部。

3 請在壓線條背面貼上雙面膠。

4 把壓線條拆開，先把有雙面膠的下半部貼在牆上，然後再把電線放進壓線條裡。

5 接著把上半部壓線條蓋上去。

6 電線經過家具的邊角而彎曲的部份，請先量好長度再把壓線條剪下，並把下半部貼上去。

tip **要把壓線條上下分離再用剪刀剪，這樣才能俐落剪下。**

7 接著再把壓線條的上半部蓋上去，然後繼續整理剩下的電線。

8 如果天花板上有空間的話，請把電線推上去。

tip **如果還有電線露出來，請再用壓線條做最後處理。**

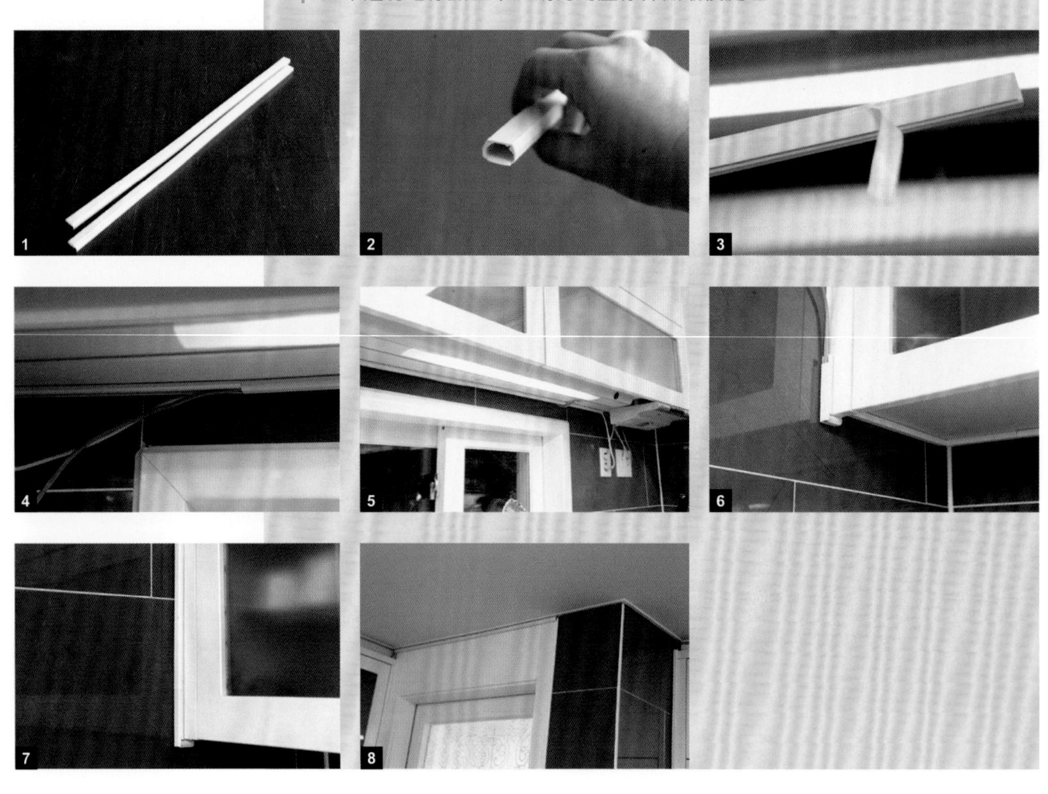

▶ 用紮線帶固定電線

如果想要長期固定長度較長的電線，就使用紮線帶吧。只要把電線捲成圓圈，再綁上兩條紮線帶就可以了。滑鼠線也只要用同樣的方法，就能收得很整齊。如果讓電線呈之字形，而且只綁一條紮線帶的話，可能會妨礙電流的流動，並且會有引發火災的風險，請多注意。

▶ 利用電線整理夾細綁電線

如果家中到處都能看到一團團電線反而顯得更亂。這種時候，只要用電線整理夾把電線綁在一起，這樣看起來就整齊又不混亂了。

▶ 用活頁環整理常用的電線。

一天要又綁又拆好幾次的相機接頭電線，就用活頁環夾住收在文具收納盒裡。而像電腦電線這種電線超多的時候，就請先用紮線帶捆住，然後再把幾根電線收在一起，用活頁環綁起來，就連看不見的地方都變乾淨啦。

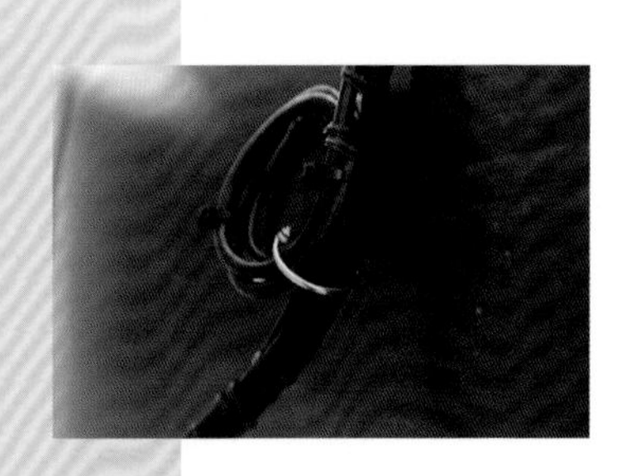

▶ 用橡皮筋綁

電線不多的時候，用橡皮筋綁也沒問題。沒有橡皮筋的話，可以把破洞的橡膠手套剪下來使用。

▶ 利用紙盒整理各種電線

雖然可以買到現成的紙製電線盒，不過如果自己動手做，就可以依照自己想要的空間調整大小。因爲要收的電線比想像中還要多，如果將電線收成之字形的話很容易短路，所以還是繞成圓圈，再鬆散地放進盒子裡吧。

1 拿一個一般紙盒，像照片一樣把外盒與內盒的側面剪開。

2 完成之後，把盒子可見的部份貼上紙板。

3 把剩下的多餘電線捲成一圈，用紮線帶固定後放進盒子裡。

4 把插頭插到延長線上之後，再用麵包袋封口夾子替電線標籤。

5 從盒子裡拉出需要的電線長度，再把盒蓋蓋上。

6 這樣電線就全收在盒子裡，只留下一個插頭插在可控制開 / 關的延長線上。

7 完成的電線整理盒，請放在電腦桌上。（參考135頁）

tip **耳麥只要在旁邊掛上一個小掛鉤，就能簡單整理好。**

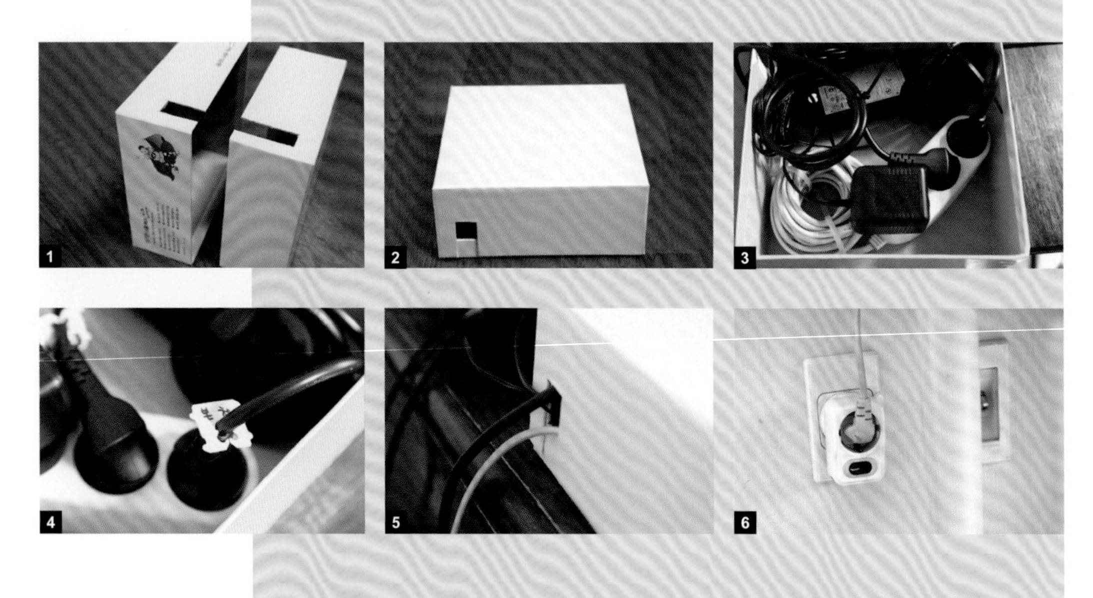

7

▶ 摺疊收納箱隱藏電線

電線全束在一起的話，會因為強大的靜電而吸引一堆灰塵。只要把用紮線帶束起的電線，都收進小摺疊收納箱就能夠防止這狀況。將電線放在摺疊收納箱中，再把拉鍊拉上，清潔時也超方便。

▶ 替電線標籤

要同時插好幾個插頭時，延長線就可以派上用場。不過如果插著好幾個插頭，有時候會搞不清楚到底哪個是哪個。為預防這種狀況，只要在延長線上貼標籤就能有效解決。電線如果是黑色的，那就寫在延長現的開關按鈕上，或用麵包袋封口夾標示區別即可。簽字筆可用高科技泡棉或去光水擦乾淨，供大家參考。

tip 使用每個插座都有開關控制的延長線，可以節省5%的電費。Casamami把延長線擺在電腦下面的收納櫃牆邊，這樣電腦用完之後，坐著就可以直接把延長線電源關掉了。

▶ 用鐵絲捆綁

1 剪下長度足夠的鐵絲。

2 將電線收在一起，再用鐵絲一圈圈纏繞綁起。

tip 只要把鐵絲塞進電線之間，電線就不會散開可以收得很整齊。

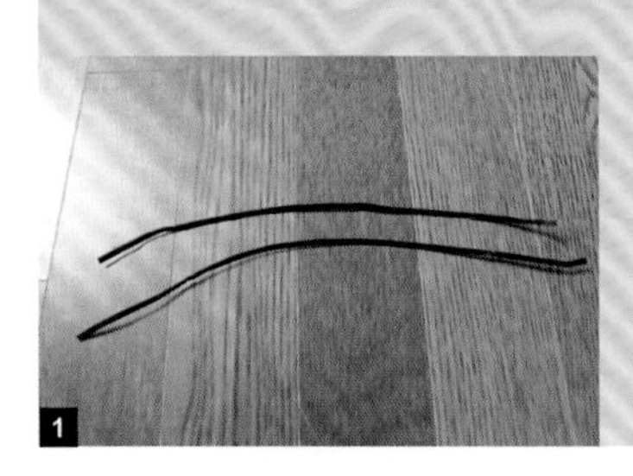

1

2

冰箱

一天會開幾十次的冰箱，對主婦來說是個大到不能再大的問題。如果東西亂放的話，就會搞不清楚什麼擺在哪裡，最後就會有一大堆弄壞、丟掉的東西。整理冰箱的首要原則，就是購入適量的必備食材，並經常補充。二是冷藏食品要盡快料理食用。還有，三是請將材料收整齊，才能最容易、最快找出需要的物品。

為此，我將冷藏室與冷凍室分為隔板、抽屜、門做整理。依據使用頻率的高低，來決定收納的位置，運用籃子和其他收納工具，就可以方便我們整理。還有一點，只要在收納籃上貼標籤，就能一眼掌握什麼東西擺在哪裡。這樣不僅看起來清楚，也可以減少食材碰傷或壞掉，比較經濟實惠。

廚房收納原則

- 即使是冰箱內部的一個小區塊，也要經常整理。
- 考慮冷氣循環，冰箱內物品請裝到70%左右就好。
- 請將食物放在透明容器中，讓我們能清楚看見內容物。
- 使用四角容器，減少閒置死角。
- 東西量多時請分成小包裝，一起收在固定的位置。
- 常拿出來使用的東西，請收在與眼睛同高的隔板。
- 不常拿出來使用的東西，請放在下面或最上面的隔板。
- 運用籃子或其他收納工具將食材分類，不要全混在一起。
- 請將東西直立收納，我們才能一眼辨別物品拿出使用。垂直收納法！

055

冷藏室隔板

如果是600公升以上的雙門冰箱，冷藏室裡一般都有4～5個隔板。從最上面的隔板開始，依序放置醃漬物、每天要吃的小菜、泡菜、零食材料、備用蔬菜和雞蛋等。沒收在容器裡的材料就收進籃子，不僅拿取方便，也不會全部混在一起，可以隨時維持整齊。

tool 籃子、標籤、簽字筆、小盒子

how to

1 把醬菜這類的醃漬物放在第一層隔板，貼著兩邊壁面前後擺成一排。

tip 因為是溫度變化較小的地方，最適合放置醃漬物。請在每個瓶子上貼標籤，把第一罐的標籤轉向前，第二罐開始都轉向中間，這樣就清楚辨別了。

2 隔板中間請空出來，方便我們拿取東西。

tip 中間空出來的話，就可以在不移動其他瓶子的情況下，輕鬆將後方容器取出。

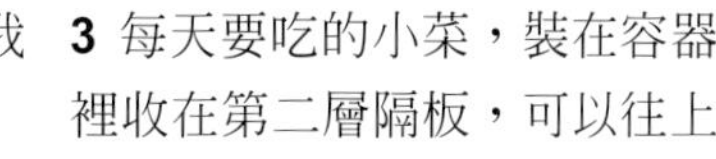

3 每天要吃的小菜，裝在容器裡收在第二層隔板，可以往上疊2～3層。

tip 只要裝一餐可吃的分量，並將這些小菜容器放在最前面，要拿出來就很方便。考慮到冷氣循環，容器後面請留一些空間。

4 裝了一整顆的泡菜、烤肉、湯汁等食物的大密閉容器，就放在小菜下面的隔板。

tip 將泡菜整顆裝進容器裡，然後再另外裝到小容器裡拿到餐桌上吃。

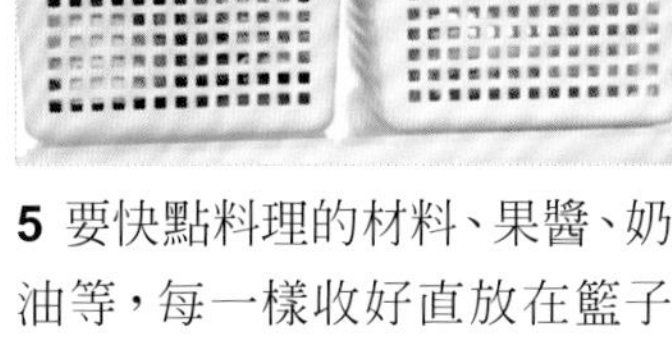

5 要快點料理的材料、果醬、奶油等，每一樣收好直放在籃子裡，然後放到泡菜下面的隔板。

6 剩下的蔬菜盒、雞蛋盒、營養品籃等，就放在最下層隔板。

7 冷藏室隔板收納完成的樣子。

Casamami的收納tip

在冰箱上面放個空籃子

請放一個有提把的空籃子在冰箱上面。要同時拿好幾種蔬菜時，就可以裝在籃子裡一次帶走，移動時也不會讓髒東西掉到地上，造成環境髒亂。不光是蔬菜，要一次帶走很多其他物品時，也可以用這個方法。因爲籃子有提把所以不容易掉到地上，帶著一堆物品移動很方便，也不會有髒東西掉出來。只要顏色跟冰箱一樣，這樣就超完美了吧。

⊕ 想將果醬、奶油、食材收整齊？

「按照產品類別收在籃子裡」

1 準備2個符合隔板尺寸的籃子，左邊的籃子將果醬、奶油等物品垂直收入。

2 籃子裡可以放個小盒子，裝一次用果醬或奶油盒。

tip **在籃子裡做其他隔間的話，小的圓桶容器就不會滾來滾去，可以保持整齊。**

3 將要料理的食材直放入右邊的籃子裡。

tip **直立放置拿起來比較方便。**

4 在籃子上貼標籤，收到隔板上。

⊕ 想有效收納多的蔬菜和營養品？

「活用密閉容器與籃子」

1 把料理過後剩下的蔬菜，裝進有接水盤的密閉容器裡，這樣就能避免食材熟透並保持新鮮。

tip **這樣下次要料理的時候，也可以一次把這些蔬菜拿出來。**

2 裁剪營養補給品的外包裝盒，剪得比收納籃更低一些，做成籃內的小隔間，再將營養補給品收進盒子裡。

tip **用這些小盒子做整理，那就可以直接抽出一包來喝，剩下的也不會因此倒下。**

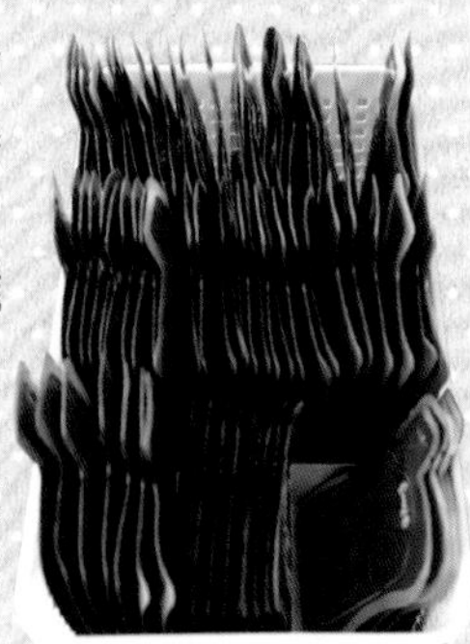

056

冷藏室抽屜

抽屜是個就連收在最內側的東西，都能一次看清楚並取出使用的有用空間。所以Casamami把醬料和調味醬瓶收在第一個抽屜，另一個抽屜則拿來放蔬菜，水果則收在蔬菜葉冷藏室。如果要收的食材有很多種，就請在抽屜裡放籃子或做小隔間，將空間分割使用，東西才能保持整齊不亂成一團。

tool 籃子、塑膠桶、標籤、簽字筆、厚保麗龍板、熱熔膠槍、尺、刀子

how to

1 把體積大又重的醬料和調味醬收在第一個抽屜。

tip 將小瓶的調味醬放在又長又深的塑膠桶裡，它們就不會倒下。可以在瓶蓋上貼標籤，這樣由上往下看時就能很快找到東西。

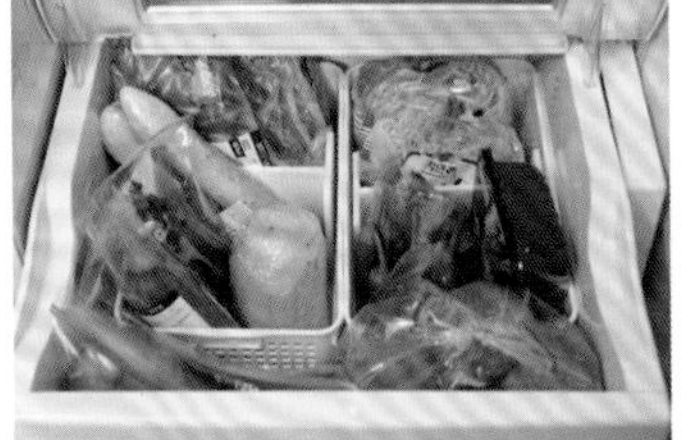

2 在第二個抽屜裡放籃子並放入蔬菜。

tip 綠黃色蔬菜要直放，且塑膠袋口不要封起來，這樣才會新鮮。

3 冷藏室抽屜收納完成的樣子。

Casamami的收納tip

用籃子分割空間

在整理小東西時經常會用到的籃子，可以用來當隔間。在冰箱抽屜中間放個籃子，抽屜就很自然分成3個空間了。靠左或靠右放則變成兩個空間，依照要分類的數量調整籃子的位置，收納就變輕鬆簡單了唷。

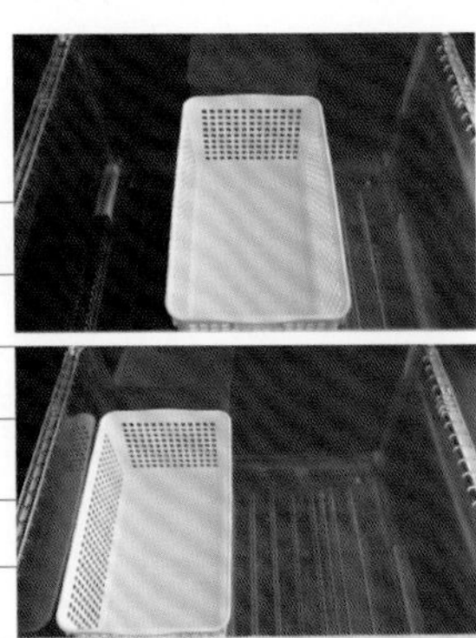

如果放在抽屜裡的籃子，物品東倒西歪該怎麼辦？

「用厚保麗龍板將籃子分區隔開」

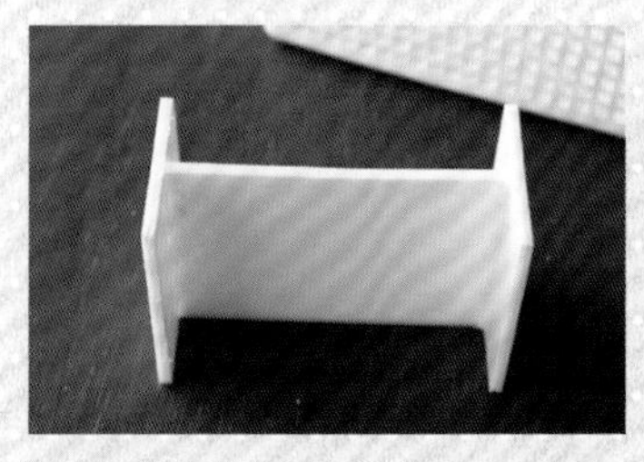

1 剪下符合籃子尺寸的保麗龍板，用熱熔膠槍黏成H字形。厚保麗龍板可在文具店買到。

tip 裁切要用刀子別用剪刀，這樣裁切起來才俐落。

2 等到熱熔膠完全冷卻後，把保麗龍板放進籃子裡當隔板用。可依照要收納的物品大小與數量，移動隔板調整空間大小。

3 請把材料直立放入，讓物品不會混在一起或倒下。

tip 如果不方便做小隔間，那只用籃子和寶特瓶也能做好整理。把體積大或長度較長的蔬菜放在籃子裡，再把小一點蔬菜的放進寶特瓶裡即可。

製作移動式抽屜隔板

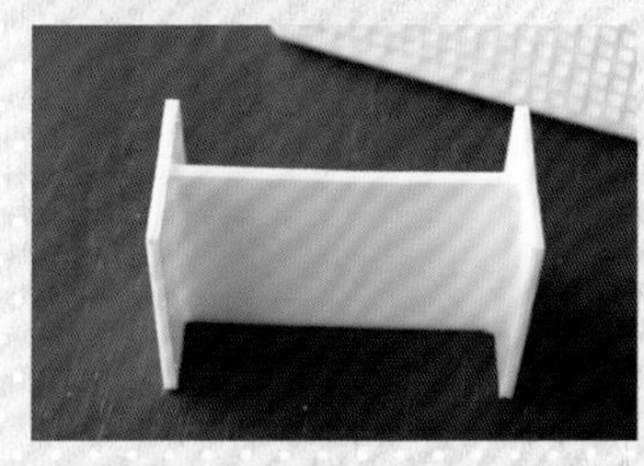

1 裁下符合抽屜尺寸的保麗龍板，然後用熱熔膠黏成H字形。

2 熱熔膠完全冷卻之後，放進抽屜裡當隔板使用。

tip 依據要收納的物品大小移動隔板，就能夠調整空間大小。

057

冷藏室門

冷藏室門上的隔板，主要用來放調味醬和沾醬、飲料等物品。活用寶特瓶整理管狀的調味醬，再把小紙盒當成起司盒使用，這樣看起來不僅整齊，還能提升空間的活用度。

tool 寶特瓶、魔鬼氈、盒子、紙板、襯衫固定夾、鉛筆、尺、刀子、夾子

how to

1 把小調味醬收在靠冰箱門邊上面的隔板。

tip 芥末這種包裝呈管狀的調味醬，可以收在剪開的寶特瓶裡，或直接放在不用的杯子裡再收進隔板。因為隔板跟眼睛同高，所以即使醬料很小罐，也能很快找到東西。

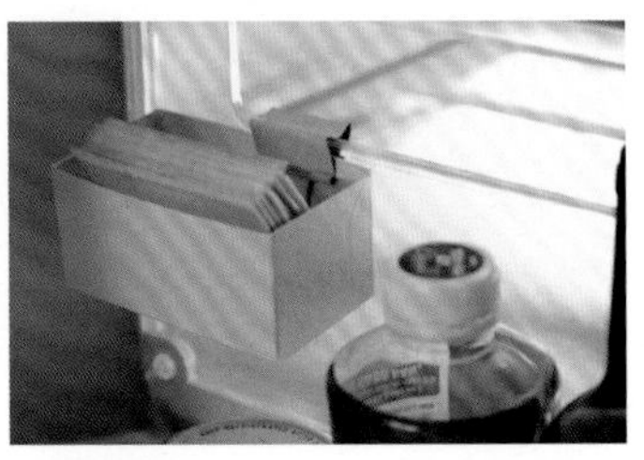

2 把飲料、牛奶、起司等乳製品收在冰箱的Home Bar。

tip 用魔鬼氈做一個起司盒就更方便囉。（參考145頁）

3 長的醬料瓶就依照高度排序，收在最下層隔板。

tip 請把常常要用的裝在小瓶子裡，放在瓦斯爐旁邊。

Casamami的收納tip

冷凍室密閉容器購買要訣

要先仔細量過冷凍室內部的尺寸（夾鏈、內部厚度、內部空間等尺寸），才選擇合適的密閉容器，這樣才能最大限度活用空間並避免死角產生。還有，與其購買各種尺寸兼具的密閉容器組合，不如分別買數個大小合適的容器更爲實用。比起一個高度高的容器，可以好幾個疊在一起的低矮容器更有用。因爲這樣拿出一個容器來用時，就會產生同樣大小的閒置空間，可以收其他新的材料進去。

⊕ 管狀調味醬或容器扁圓的調味醬，全混在一起要怎麼辦？

「利用寶特瓶做收納盒」

1 在牙膏盒外面貼上白紙板，然後再用魔鬼氈固定在寶特瓶上。

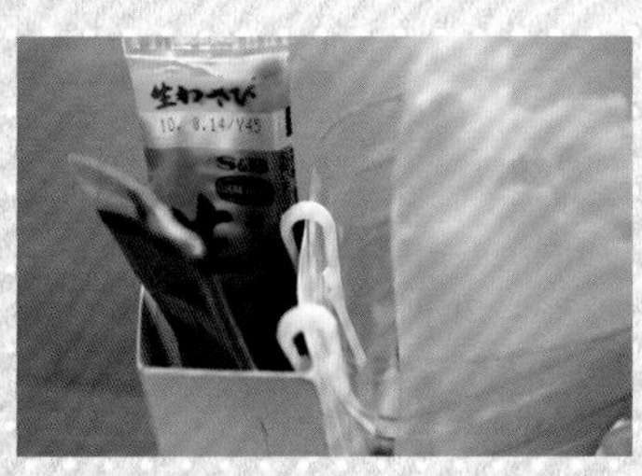

2 用襯衫固定夾再一次把盒子跟寶特瓶夾在一起。

3 把**2**放進門邊的隔板，這樣東西就不會倒下，可以保持整齊狀態。

tip **可以把寶特瓶剪下，把扁圓醬料瓶放進去再放進隔板裡。**

⊕ 製作起司盒

1 剪下一個可以放入起司的盒子。

2 畫出盒子的樣子，把紙板貼到盒子上。

tip **因為冰箱內部是白色的，所以也請準備白色紙板。**

3 把紙板貼到盒子上。

4 在Home Bar上半部黏塊魔鬼氈。

tip **要剪下與盒子同寬的魔鬼氈，這樣才能黏得緊**

5 盒子上也黏魔鬼氈，將盒子固定在Home Bar上。

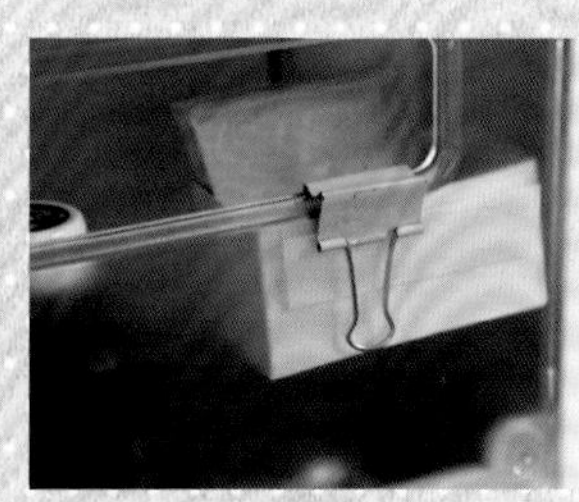

6 用夾子再固定一次，最後放入起司。

058

冷凍室隔板

冷凍室的隔板通常會放野菜乾、堅果類、糕類、水餃等食物。只要活用夾鏈袋、籃子、層架的話，就可以將上下空間利用到極致。因為物品種類很多，請別忘記裝在籃子、玻璃瓶、密閉容器等容器中，再替它們都貼上標籤。上層隔板就放偶爾使用的東西，中間與下層則以常用的為主。

tool 籃子、層架、夾鏈袋、標籤、簽字筆、密閉容器

how to

1 把野菜乾和堅果類裝在夾鏈袋裡，用兩個籃子分裝，放在最上層隔板。

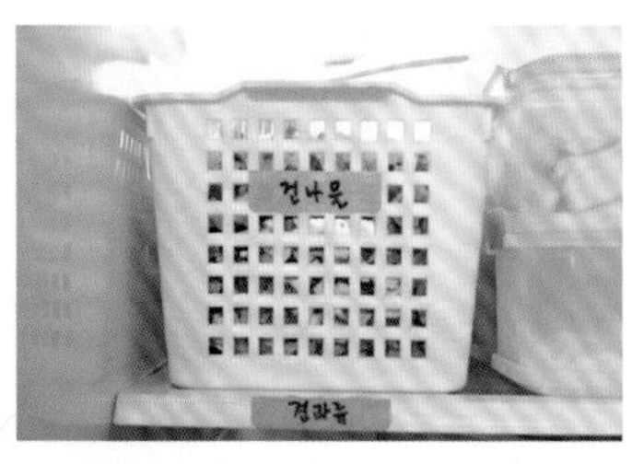

2 前面放較常拿的、後面放拿取頻率較低的，並貼上標籤。

tip 可以把放在裡面的東西名稱，寫在標籤貼在隔板上，這樣不用把籃子拿出來也知道裡面裝什麼。

3 糕類、水餃、炸豬排等食物，取一餐的份量裝在夾鏈袋裡，直放進籃子中收在第二層隔板。

tip 如果這裡加放一個層架，就可以充分使用上下空間

4 依照糕的種類分裝在不同夾鏈袋中，直放在籃子裡。

5 第三層隔板用來放裝了糕類的籃子，還有裝了製冰盒的密閉容器。

tip Casamami把佔空間的製冰抽屜移除，改把製冰盒收在密閉容器裡。這樣冰塊裡就不會發出冷凍庫特有的味道了。

6 海苔和冷凍柿子請裝在密閉容器中，放在最下層隔板。

tip 密閉容器請選擇最符合冷凍庫的大小，放進去才不會留下任何多餘空間。

059 冷凍室門

使用頻率低的東西放在上下兩端的隔板，常用的則收在中間隔板。如果把東西裝在玻璃瓶或透明容器裡，使用起來比較方便。還有打開冷凍室時，容器會因爲溫度差異而起霧，這樣就很難辨別內容物是什麼，所以放進冷凍室的東西最好都貼上標籤。

tool 玻璃瓶、密閉容器、標籤、簽字筆

how to

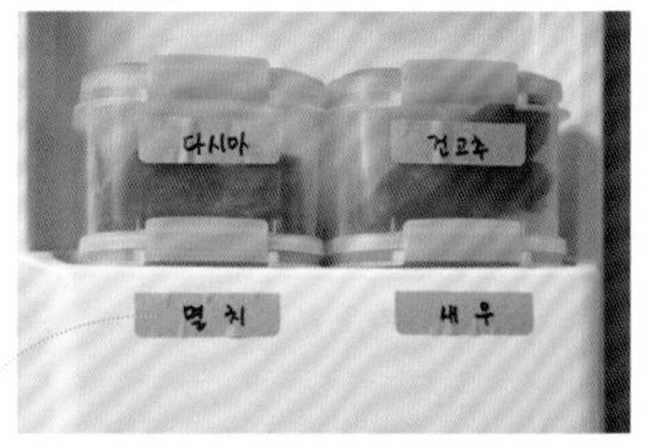

1 將最常用來熬湯的鯷魚、昆布、乾蝦等，裝在四角密閉容器中，放在拿取容易的中層隔板。

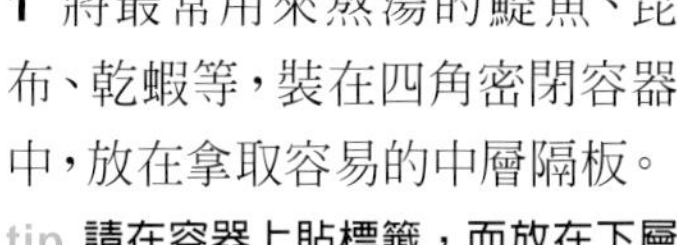

tip 請在容器上貼標籤，而放在下層被隔板遮住的物品，就把寫上名字的標籤貼在隔板上面，這樣我們找東西才方便。

2 依照種類把調味料分裝在玻璃瓶中，放在上層或下層隔板。

3 穀物粉一類的食品，就裝在玻璃瓶中。

4 最上面的隔板因爲隔板高度較低，所以請把醬料裝在符合隔板高度的罐子裡，再放上去。

tip 如果是常用的材料，就分裝一些放在瓦斯爐旁邊方便使用。

5 冷凍室門收納完成的樣子。

060

冷凍室抽屜

特別需要注意新鮮的肉品和海鮮類，就放在較不會因爲冰箱門開關導致溫度變化而受影響的抽屜裡。Casamami把健康茶和熬肉湯的材料收在抽屜裡。不是隨便亂放，而是在抽屜裡做隔間，依照種類分區收納，這樣就能一眼找到需要的東西了。

tool 厚保麗龍板、熱熔膠、尺、刀子、夾鏈袋、標籤、簽字筆

how to

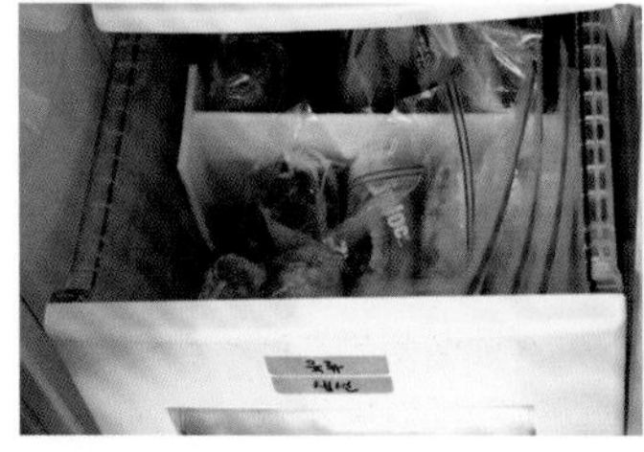

1 用厚保麗龍板替抽屜做出隔間，將裝著肉與海鮮的夾鏈袋直立放入。

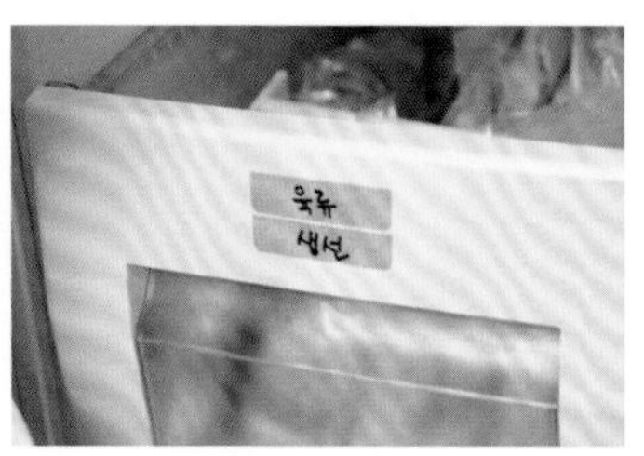

2 在抽屜正面貼標籤。

tip **貼標籤時請定好一個原則。Casamami是把放在前面的貼上面，放在後面的貼下面。**

3 也替第二個抽屜做好隔間，把健康茶的材料和乾貨依照種類裝在夾鏈袋中，直立放進抽屜中，一樣在抽屜正面標籤。

tip **如果在抽屜裡的側邊再貼一個標籤，這樣東西找起來就更容易。**

Casamami的收納tip

好用的夾鏈袋收納標籤

把包裝過的產品收進夾鏈袋時，不需要另外貼標籤，只要把產品包裝紙上的產品名稱、有效日期剪下一起放進去即可。這樣就可以少在夾鏈袋上塗塗寫寫，夾鏈袋回收再利用也方便許多。

⊕ 肉要怎麼收才方便吃？

「分成一餐的量分裝起來」

1 把一整包肉分成一餐可吃的量，分別裝在塑膠袋中。

tip **買的時候直接請老闆幫忙分會更方便。**

2 裝在四角容器中，壓一壓擠成方形。

3 把裝著肉且呈現四角形的袋子綁起來，收進冷凍室隔板。

4 將冰成扁平狀的肉，寫上部位、購買日期、用途等，依照種類放進夾鏈袋裡。

5 做個隔板放進冷凍室抽屜中，並把夾鏈袋直立放入。

tip **海鮮也請依照種類分裝入夾鏈袋。長度較長的海鮮，只要移動隔板讓空間變大就可以了。用厚保麗龍板製成H字形隔板的方法，請參考143頁。**

⊕ 製作固定式抽屜隔板

1 把冷凍室的抽屜拆下來。

2 用厚保麗龍板做個隔板。

tip **高度要比抽屜矮約1～2mm，這樣隔板放進抽屜裡面就像被夾住一樣，很牢固。**

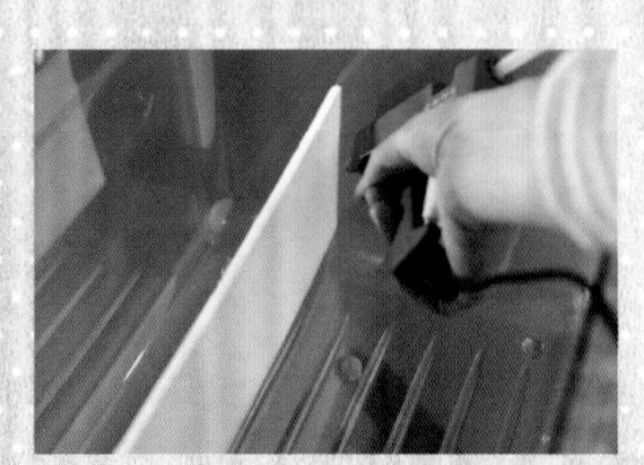

3 用熱熔膠把保麗龍板黏在抽屜上，側面多黏一次讓它更牢固。

tip **將隔板擺在中間，這樣左右兩邊都能放兩排常用的夾鏈袋，避免留下死角。**

從小地方開始，至少撥一星期的時間整理

不知該從哪裡開始整理時，就會希望能有個偷偷幫我的小精靈。由於我經營收納部落格，所以有些人會對我有期待，認爲只要經過我的雙手，再怎麼雜亂的家都能井然有序一塵不染。但比起整理速度有多快，更重要的還是這種整潔能維持多久吧。雖然當下看起來整理得很好，但如果無法記住一大堆東西到底放在哪裡，那回到原本雜亂無章的樣子也只是時間問題。所以我常常強調不要太貪心，從小地方開始自己慢慢整理，一個地方整理好一直到自己習慣整齊，至少也需要一個星期。舉例來說，今天只想整理內衣抽屜，那只要整理內衣抽屜就好。這樣接下來一個禮拜，要拿取內衣時就要特別注意，要維持原本整齊的狀態。摺內衣時要儘可能整齊，放進去時也要放得好看。旁邊的衣服倒下來的話，就努力照原樣放回去、摺好的衣服長度大小等也盡量一致。這樣做一個禮拜之後，就能確實記住衣櫃整齊的樣子，也會習慣要這樣收了。

老公和小孩也需要這段時間。因爲不是整理的人，所以老公和小孩會更生疏。所以一星期內在拿內褲、襪子的同時，也要一邊提醒他們「這裡是放內褲的地方、這裡是放襪子的地方」，讓全家人下意識記住這些事情。一星期，是把生疏變成熟悉所需的最短時間。熟悉了內衣抽屜之後，接下來就是整理短袖T恤抽屜。冰箱也別想一天就整理完，請將抽屜、隔板、門分區整理。這樣把空間細分，大約花6個月到1年左右整理，不僅不會有壓力，家裡也很自然就整理好了。

如果我這樣說，應該會有人問：「這樣每天做一點是要做到民國幾年啊？」但是大家想想吧。現在沒整理的東西，一年前也是一樣，如果不從現在起慢慢改變的話，一年後也不會有什麼差別。只要丟掉想要一天整理完的貪心和焦躁，多投資一點時間，不必當成是個工作，大家都能有個乾淨整齊的家。跟Casamami一起一天整理一點點的收納趣味，說的就是這個！

RED DEER
LITTLE BRIDE

part

04

衣服與時尚配件

託四季之福，我們家的衣服種類與數量無敵多。所以整理衣服對主婦來說是個大壓力，也是常常再三拖延的工作。因爲麻煩不想做所以拖延不做的話，很快就會不知道什麼衣服放在哪裡，衣服都沒穿到那個季節就過去了。請仔細想想吧！常穿的衣服就那幾件，因爲覺得某天可能會穿的消極想法而留下，但卻一次也沒拿出來穿過的衣服一定很多吧？這種無法讓衣服物盡其用的原因，可是多如牛毛。像是明明有這件衣服，但要穿的時候又找不到、就連自己有也不知道，穿都不能穿的衣服、不知道衣櫃已經有，重複購買的衣服，還有不合身或褪流行，還傻傻留在衣櫃裡佔空間的衣服等。

收納的基本是留下需要的東西之後，再開始做整理。只要記住這點，無論哪個空間都能整理得很整齊，詳細的收納訣竅才是次要問題。如果你已經下定決心只留下必需品的話，那接著就來告訴你，如何在換季時也不用整理衣櫃的收納訣竅吧。從節省空間的摺衣服方法開始，到如何收進抽屜的整理法，我都會仔細介紹，讓大家能輕鬆跟著做。所以不要一開始就擔心自己的衣服種類太多，跟我一起一樣一樣慢慢整理吧。「365天與Casamami一起整理，每天只要一點點！」只要活用Casamami的收納小撇步，不光是衣服，就連小配件和包包都能輕鬆解決。

不合身或褪流行的衣服，請全部挑出來
可以分給朋友、贈送或回收等，用各種方法處理掉。

確定可支配的空間後，請先設計如何擺放
掌握抽屜或衣櫃的大小與個數後，接下來就是考慮動線並決定哪些衣服要放在哪裡。

決定在有限空間內，要如何分類、放置衣服
請先決定內衣、短袖上衣、長袖上衣、短褲、長褲、運動服中，哪些類型的衣服要擺在一起。

先把衣服摺好，再一件件直的放進衣櫃
衣服直放在衣櫃裡，這樣就能一次看到所有衣服，找起來也很方便。

活用各種收納工具，維持衣服的整齊狀態
利用籃子、隔板等物品，讓衣服不會在抽屜裡混成一團。

摺衣服的原理
摺成四角形　不管摺什麼衣服，不變的首要原則就是把衣服摺成四角形。只要知道這點，等於是學會一半的摺衣要領了。舉例來說，連身裙或裙子的樣子很像三角形，但摺起來收到抽屜裡時，要一邊把想著如何把它變成四角形一邊摺。

隨收納空間彈性改變摺法　配合收納櫃的大小或櫃子裡的隔間大小，調整自己摺衣服的方法也非常重要。就算是同樣的衣服，隨抽屜的大小或高度等條件的改變，有的要摺四次、有的只要摺三次，需要這樣彈性地調整摺法。舉例來說，褲子的基本摺法是先對摺然後再對摺，但如果摺好的褲子比抽屜還要高，那就要再摺一次讓褲子能剛好收進抽屜，其他衣服也一樣，只要用這種方法，就能找出最適合自己的收納要領唷。

先決定房間的功能

每個房間在放家具或物品之前需要先思考的事情，就是決定該房間的功能。舉例來說，夫妻房間究竟要用來睡覺、聽音樂，還是要用來睡覺、換衣服、讀書，這點要先決定好。

想想適合房間功能的家具

如果夫妻房間決定要用來看電視、換衣服、看書的話，那就需要床和電視、放書的小書桌、收衣服的小衣櫃等家具了。像這樣，在擺設家具之前，先決定房間的功能並想一下要怎麼擺設，就可以知道需要哪些家具。

不要重複，盡可能將家具量減到最少

一開始雖然會貪心想要一堆家具，但仔細想想，會發現有些是重複的、有些是根本不需要的。把這些東西都刪掉，只要有床、兩個小床頭櫃、衣櫃、抽屜這樣就夠了。

購買適合房間風格的家具

隨個人喜好不同決定房間的風格，再依照房間的風格，從現有家具中找適合的或另外購買，就可以有效阻止自己衝動購買。Casamami喜歡選擇自然風的家具，和顏色儘可能簡單自然的織品風家具。

配置收納空間

這部份閱讀時請特別注意。只要能充分理解這段內容，原本複雜到不行的衣櫃整理，不僅會變簡單，大家還能夠享受收納的樂趣唷。就是這麼重要的一個部份！

首要之務，不穿的、要丟掉的衣服，請裝在顯眼的袋子裡。不要想著一次整理完，請分好幾次，隨時區分出未整理的東西、整理中的東西。

想想家裡要放衣服的空間在哪裡。抽屜、隔板、壁櫃、吊桿、穿衣間等，請決定哪裡要用來放老公和自己的衣服。「靠近門的地方放老公的衣服，離門較遠的地方放自己的衣服」，用這種方式來決定各自的收納空間。

再來依照類別，決定哪些衣服要放在哪。舉例來說，「西裝和外套掛在吊桿上，休閒服則收在抽屜裡」。

接下來考慮穿著頻率擺放衣服。把老公的西裝依照穿著頻率，掛在吊桿上容易拿到的地方，第一個抽屜放短袖與長袖襯衫、第二個抽屜收針織衫……請用這種方式，決定不同類型的衣服要放在哪裡。

那，以Casamami家為標準，來看看收納空間吧？

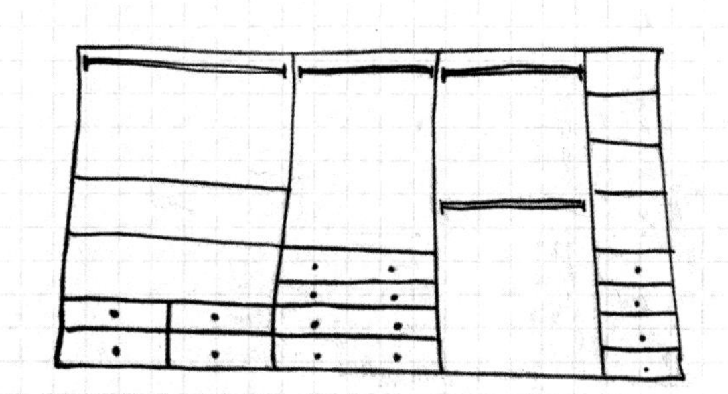

Casamami家的收納空間

壁櫃（寬度315公分爲準）

離門最近的壁櫃，放老公的衣服方便他拿取，可以幫助維持整齊。

● 結構：吊桿4根、寬度40公分的抽屜8個、寬度100公分的隔板2個、寬度45公分的隔板4個。

抽屜櫃

放在浴室入口，用來收內衣和睡衣等與浴室相關的衣服。

這樣洗完澡後換衣服很方便。

● 結構：寬度120公分的抽屜4個。

穿衣間

要再過一道門的穿衣間，用來收納主婦的衣服、包包、圍巾、頭巾、手套等時尚小配件，讓主婦們能一次就備齊所有東西。

● 結構：吊桿3根、寬度40公分的抽屜8個（包括梳妝台收屜）、寬度45公分的隔板3個。

如果只有壁櫃的話，就把西裝掛在吊桿上、休閒服飾收在抽屜、衣櫃裡的隔板則放時尚配件，確實建立這種分類收納的原則。可以在抽屜裡做隔間用來放配件，或是將同類型的配件放在盒子和籃子裡，收在衣櫃的閒置空間。不過在此之前，還是需要先把不喜歡或褪流行的衣服處理掉吧？

衣櫃很小的話，就請儘可能活用抽屜櫃。如果收納量相同，那高抽屜櫃比寬的好。把兩個款式一樣的櫃子並排，看起來有整體感又整齊，可以提高空間的效率。如果原本就有較寬的抽屜櫃，那可以在抽屜櫃上面放個隔板，用來當成梳妝台，或將衣物配件等收在這裡。不過請注意，千萬別把小東西收在抽屜櫃外的隔板上，看起來會很亂。

現有的衣櫃抽屜不夠，而又需要另外在現有衣櫃裡裝抽屜的話，可以買便宜的塑膠抽屜櫃放在衣櫃裡，或是在隔板上放籃子或盒子，盡量利用各種工具代替。吊桿不夠的時候，可以在牆上黏個簡易吊桿，或用延伸吊桿做補強。

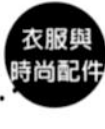

抽屜&隔板

放在抽屜櫃與隔板的衣服，收納效果會隨衣服摺法而有極大差異。不過摺衣服的原理卻意外簡單。就是把衣服摺成四角形，並配合抽屜高度調整摺的次數。放衣服的時候，只要利用隔間或是整理盒等空間，就可以避免衣服混在一起，也能夠減少死角，有效收納衣物。只要在隔板上擺幾個收納盒，就可使收納效果倍增。還有，將類似的物品、顏色相似的物品整理在一起，不僅找起來方便，看起來也很整齊。那，接著就來看看不同衣服的摺法、抽屜與隔板的有效收納方法，還有整理衣服必備的Casamami收納工具製作法吧。

Casamami的收納tip

抽屜收納要領

如果把衣服摺得很整齊，就會想要仔細收好不留一點空間對吧？讓我來告訴你如何200%活用壁櫃裡的抽屜跟抽屜櫃吧。

第一，先想想放衣服的空間

如果抽屜有6個，就把衣服分成6種，依照穿著頻率決定位置。如果抽屜數量不夠，可以把長短袖放在一起，或是另外以自己的標準分類。

第二，隨抽屜大小與高度決定摺與放的方法。

第三，利用書擋維持整齊狀態。

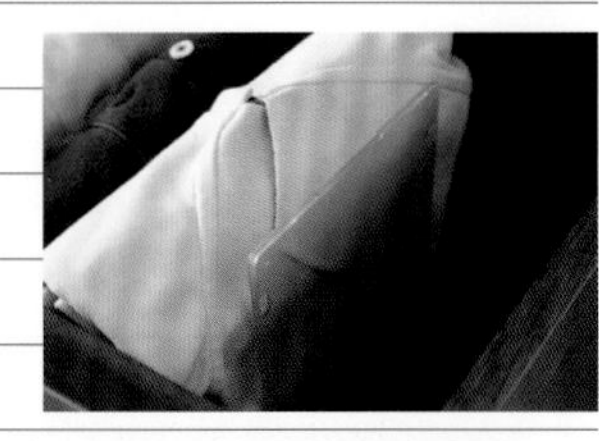

抽屜裡如果有剩餘空間，直立放置的衣服就很容易倒下。這種時候只要用書擋就能解決問題。把抽屜裡的衣服立好，並在衣服與衣服之間放一個書擋，這樣就不需要另外把衣服挪到其他地方了，當然也不會有遺失的問題囉。

第四，按照顏色整理。

從左到右按照深淺做整理，樣子看起來漂亮，找起來也方便。舉例來說，如果想找有黑貓圖案的黃色短袖上衣，那只要先打開短袖上衣抽屜，找到黃色，再找出黑貓的圖案就可以了。實際做一次，就會感覺找衣服的時間縮短了唷。

第五，把同類的物品擺在一起。

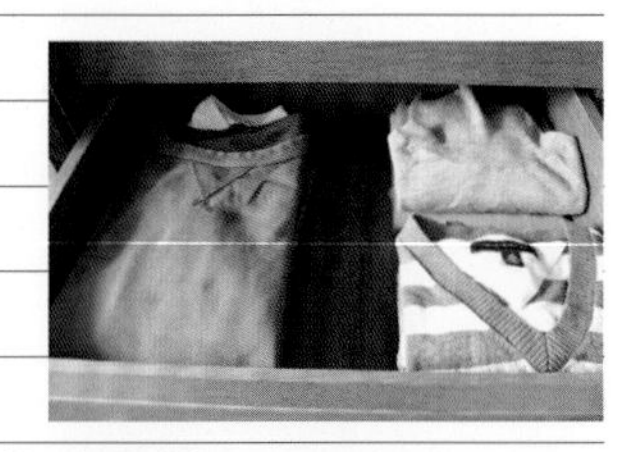

同樣的抽屜裡要放2～3種物品時，左邊放T恤、中間放無袖上衣、右邊放褲子，要用這種方式區分，衣服找起來才方便，也才能維持整齊。

第六，請把商標往前露出，讓拿取的人能看清楚。

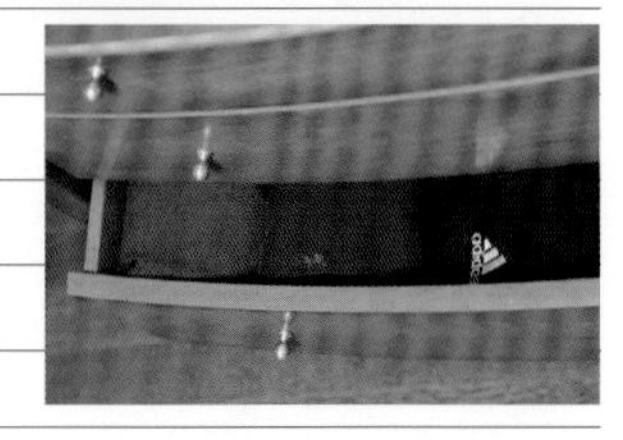

如果把商標放在靠近抽屜門較容易看見的地方，那只要把抽屜打開一點點，也可以馬上知道這是什麼衣服。爲了不細心的老公或小孩做這樣的整理，比較容易維持整齊。

▶ 直放

像放書一樣直立將衣服放入衣櫃，不僅找起來方便，也很容易拿取。前排放常穿的衣服，後排則放偶爾才穿的，或是其他季節的衣服。請別忘記按照抽屜的大小和深度，調整衣服摺疊的次數，長褲則直式平放較好。

▶ 捲起來

要摺疊很多次，或是材質太軟容易散開的衣服，就捲成一團收起來。

▶ 平放

如果抽屜高度不高的話就請平放。上衣先分成圓領和有領兩種，再依照顏色做整理，找起來就很容易。褲子則分成牛仔褲與非牛仔褲做整理。不過，請注意別疊超過3～4層，這樣找衣服時才不容易塌下來。

▶ 疊放

這是指蓋住前一件衣服的一半，重疊放置的方法。適用於因爲抽屜較小，可收納衣物較少的情況。收納數量的多寡排序是直放＞捲起來＞平放＞疊放。

製作Casamami式的衣物收納工具

爲了那些衣服摺太寬或嫌摺衣服麻煩的人，在這裡跟你們說個簡單的方法。就是把閒置的檔案夾拿來再利用，因爲檔案夾體積小又簡單、收藏方便，是最容易直接拿來使用，而且在部落格也獲得良好迴響的一個工具。Casamami做了大人用（20x30公分）、兒童用（18.5x25公分）、無袖上衣用(10x20公分)三種。製作之前的最大重點，就是要先量好抽屜深度，以便不留下任何死角，然後再決定摺衣板的大小。

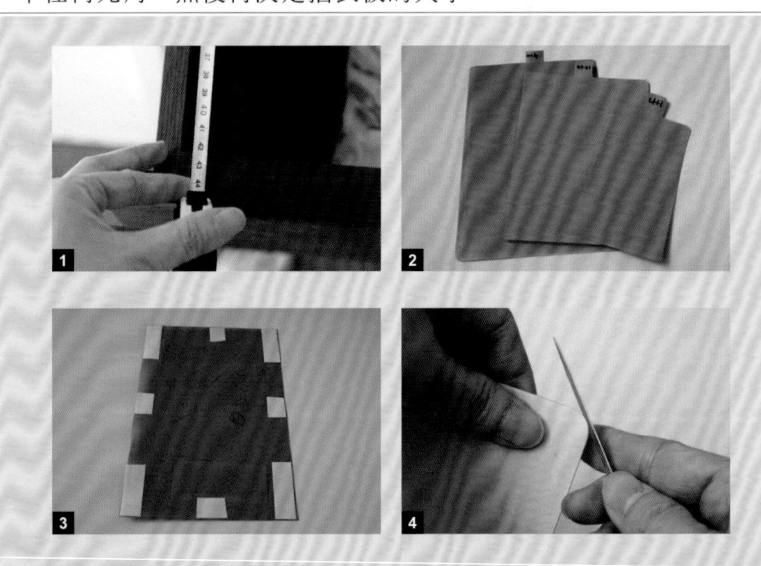

▶ **簡單又方便！製作摺衣板**

tool 檔案夾、刀子、剪刀、尺、白板筆、雙面膠

how to

1 先量好抽屜深度，以決定工具的大小。舉例來說，42公分深的抽屜要能橫放兩排的話，兩排之間要留2公分的寬度，然後將40公分除以2得到20公分，就是摺衣板長度。寬則是30公分。

2 把檔案夾剪成長20公分、寬30公分的大小，在握柄的地方用白板筆寫下「大人用」或「兒童用」等做標示。

3 如果檔案夾很薄的話，就用雙面膠把兩張黏在一起，握柄也要黏。

4 將檔案夾的四角剪成圓弧狀，以避免傷到衣服。

tip **用指甲剪修成圓弧狀，或用剪刀將四角部分剪成圓角。**

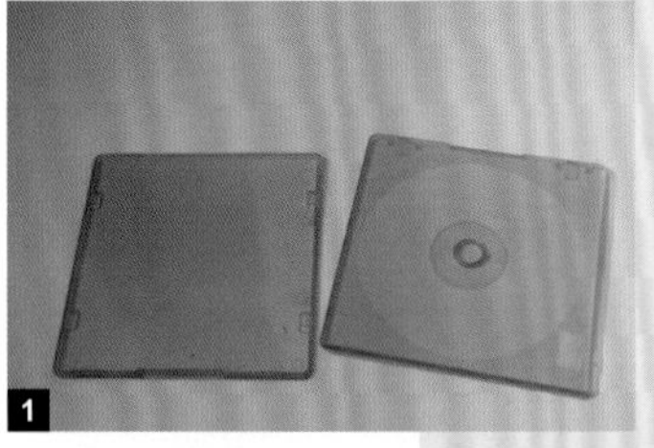
1

2

3

4

5

6

▶ 效果滿分！製作Casamami式「衣擋」

tool CD盒、剪刀、熱熔膠、橡膠膠帶（磁條膠帶）

how to

1 將CD盒打開用剪刀剪開。

2 像照片一樣把CD盒的其中一邊立起來，並用熱熔膠固定。在盒子兩邊都黏上熱熔膠，讓盒子更堅固。

3 請在CD盒底部貼上磁條膠帶，將磁條膠帶當成防滑墊使用。

4 也在抽屜底部貼上磁條膠帶。**3**的衣擋和抽屜底部的膠帶間隔要一致，這樣才能夠好好撐住衣服。

5 請把衣擋立在抽屜裡，跟書擋的原理一樣。

6 要移動時把衣擋底部稍微往旁邊推一點，再把衣服放進去就可以了。

tip **改用書擋的話，請務必確認跟抽屜高度一樣再購買。**

061

三角褲

如果三角褲隨便摺一摺就收起來，拿出來時就很容易散掉。但是如果把最後一摺塞進鬆緊帶裡面，就可以固定住，收起來也方便。

tool 塑膠整理盒

how to

1 將內褲直分成三等分，依序先摺左邊再摺右邊。

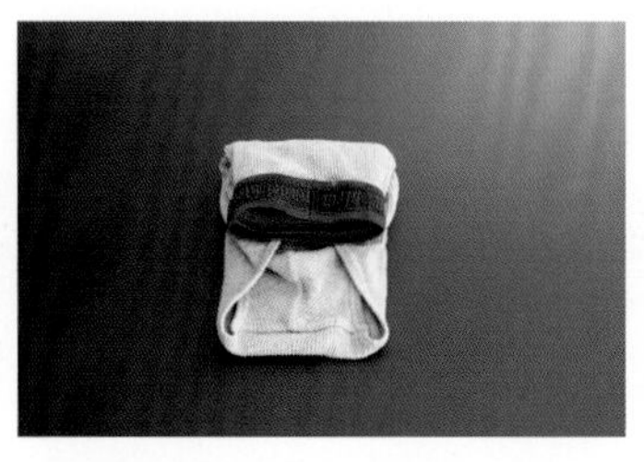

2 再來橫分成三等分，先把有鬆緊帶的上面往下摺。

3 再把下面往上摺，塞進鬆緊帶裡面。

4 這是三角褲摺整齊的樣子。因為塞進鬆緊袋裡固定，所以不會散開，整理、收納都方便。

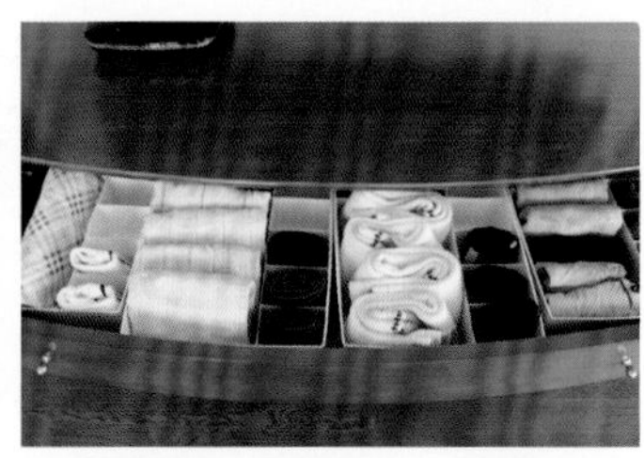

5 把塑膠整理盒放在抽屜裡，將內褲打摺處朝上直放入盒子裡。

tip **也可以用寶特瓶或牛奶盒代替塑膠整理盒。**

062

四角褲

因為是基本的四角形，所以摺起來反而容易。基本的摺法跟三角褲很像。

tool　塑膠整理盒

how to

1 把內褲攤開，先直的對摺。

2 把中間往外突出的部份向內摺進來。

3 再直的對摺。

4 橫分成三等分，將有鬆緊帶的褲頭往下褶。

5 將褲腳往上摺，塞進鬆緊帶裡面。

6 跟三角褲一樣，將打摺處朝上直放進抽屜內的整理盒。

063

胸罩

一般的胸罩和運動胸罩都是拉住肩帶，摺半之後收起來。有鋼圈的胸罩，則是維持罩杯原本的形狀放進籃子裡再收起來，這樣才能維持形狀。

tool 塑膠整理盒

how to 一般胸罩・有鋼圈胸罩

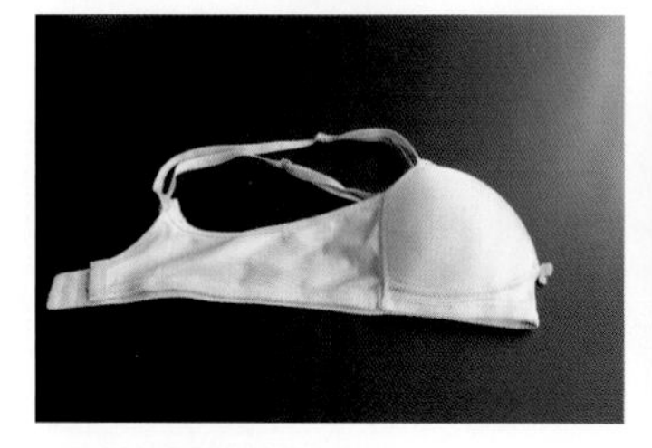

1 將一般胸罩對摺成一半。

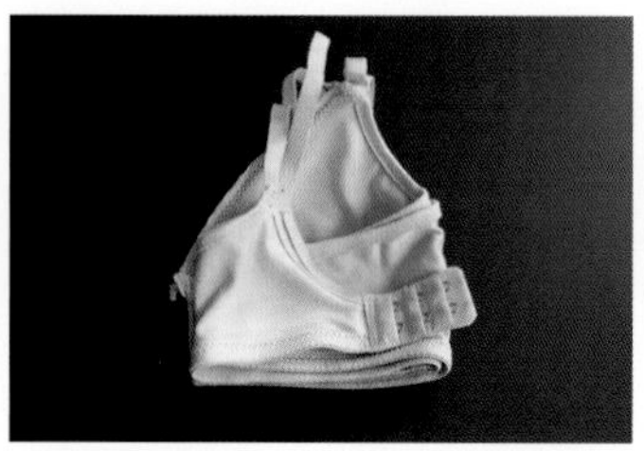

2 將背扣摺起來塞進罩杯裡。

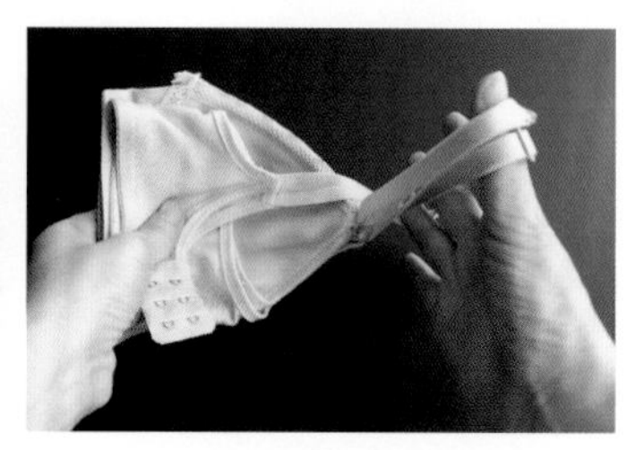

3 再把手放進肩帶之間並扭一圈。

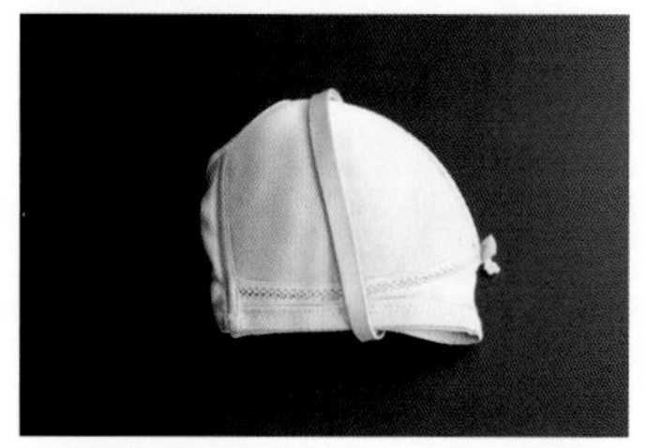

4 肩帶維持轉了一圈的狀態，並繞過罩杯將內衣固定，最後放進收納盒裡。

5 有鋼圈胸罩則把背扣收好，並依照罩杯原有的樣子收好，這樣才不會導致內衣變形。

tip **如果用跟一般胸罩一樣的方法，可能會導致胸罩變形，這點請多加留意。**

6 備用的胸罩背扣請依照顏色分類，放在收納盒裡。

tip **胸罩背扣要放在胸罩的旁邊，這樣需要的時候就能直接找，以便拿來使用。**

⊕ 運動胸罩就這樣摺！

1 把胸罩摺半。

2 把上面的肩帶整理好，塞進罩杯裡。

3 直的摺好並放進整理盒裡。

tip **橫摺後再放入的話，罩杯的樣子會變形。**

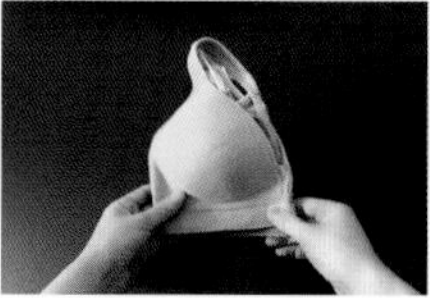

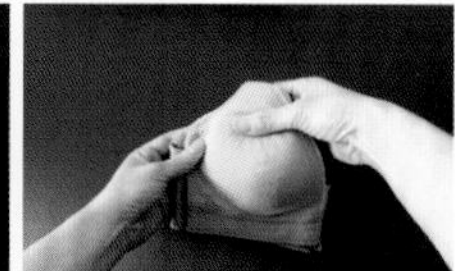

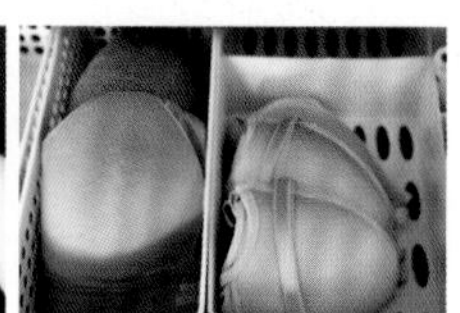

064

貼身背心

又薄又軟的貼身背心，要摺得又小又牢固才能保持整齊不散開，比摺得又大又薄好。

how to

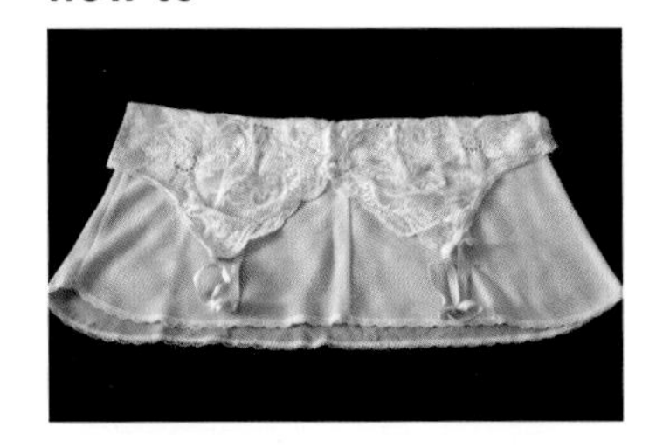

1 把貼身背心攤開，橫的對摺。

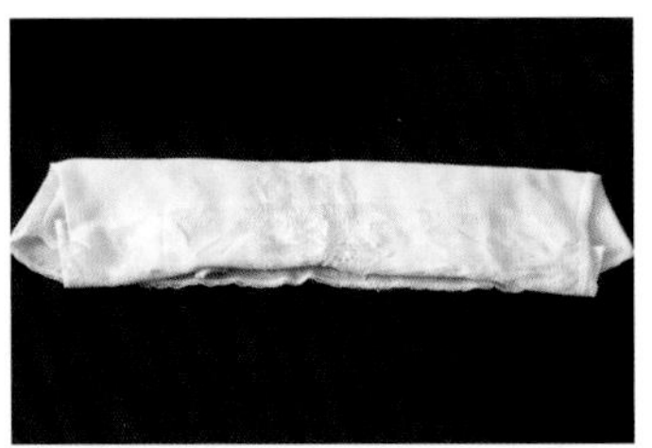

2 再橫的對摺一次。

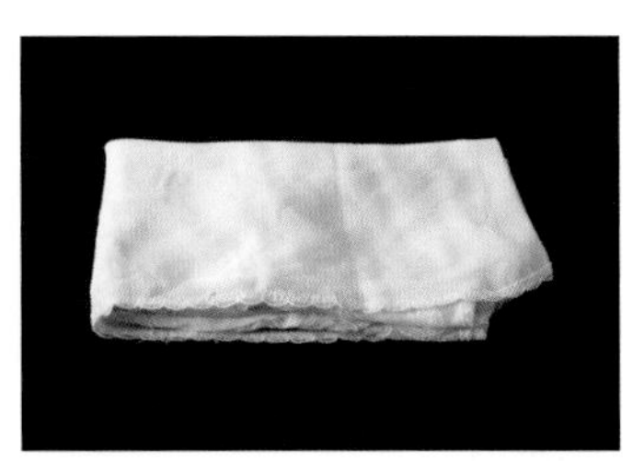

3 接著直的對摺。

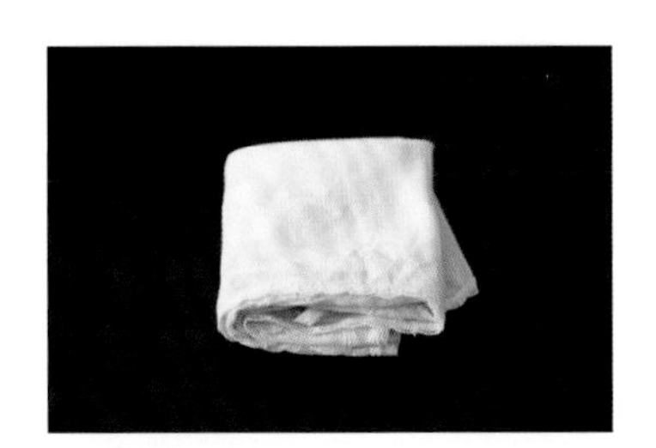

4 最後再直的對摺。

整理內衣須知！

- 利用塑膠整理盒、寶特瓶或隔板，整理起來更乾淨整齊。
- 把相同的內衣收在一起，找起來較方便。
- 衣服要摺得看不見縫，這樣整理起來更乾淨。

065

襯裙

襯裙的重點就是要把三角形摺成四角形。如果像摺內褲一樣，把裙襬整個塞進鬆緊帶裡面固定的話，裙子就會產生縐摺，穿的時候會不好看。因此，只要把鬆緊帶稍微往裙襬裡塞一點點固定就好。

tool　塑膠整理盒

how to

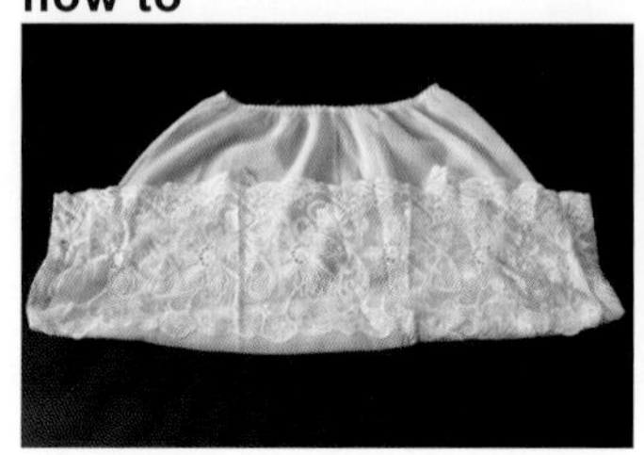

1 將裙襬往上摺一摺。

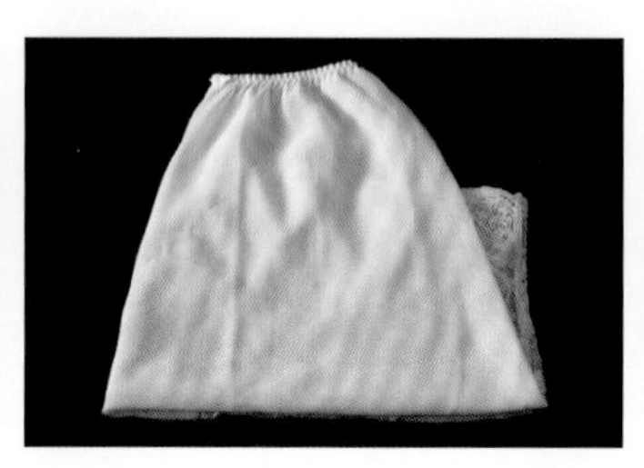

2 從左邊往右邊對摺。

3 從右邊往左邊再對摺一次。

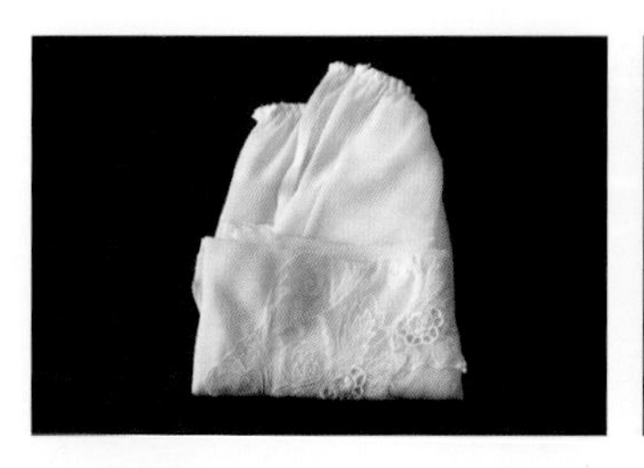

4 將裙襬往上摺。

5 把有鬆緊帶的部分往下褶，塞一點到裙襬裡面固定。

6 把塑膠整理盒放在抽屜櫃裡，將裙子直放進去。

066

襯褲

一般的襯褲只要用跟三角褲一樣的摺法就可以了。不過，有蕾絲的襯褲，則不要把褲管塞進鬆緊帶裡，而是要像襯裙一樣反過來將褲頭塞進有蕾絲的褲角，這樣縐摺才會比較少。

tool 塑膠整理盒

how to

1 將襯褲攤開，直的對摺。

2 把中間往外突出的部份向內摺。

3 再直的對摺。

4 將有蕾絲的褲腳往上摺。

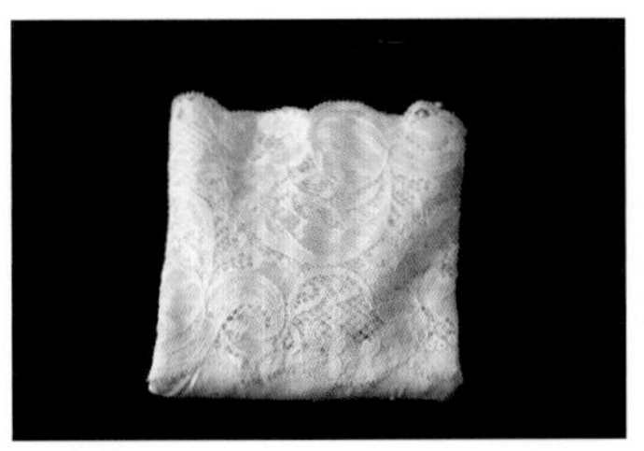

5 將有鬆緊帶的褲頭往下摺，並塞進有蕾絲褲腳固定，然後直放進塑膠整理盒裡。

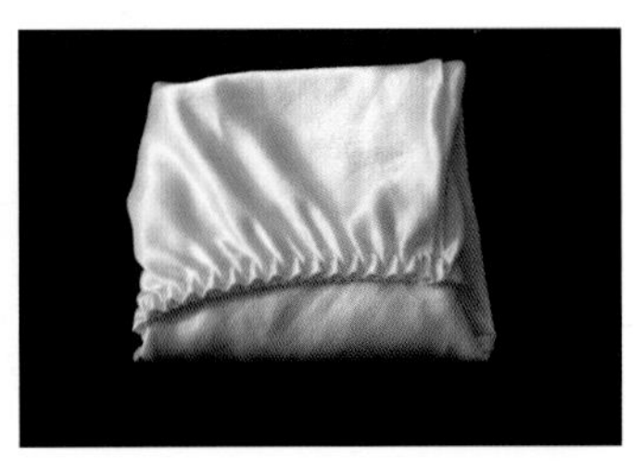

6 沒有蕾絲的襯褲就像三角褲一樣，把褲腳塞進鬆緊帶裡。

067

襪子

不同的衣服配的襪子當然也不同。有西裝襪、踝襪、運動長襪等各種款式，摺法也有點小差別。還有用來收襪子的收納工具不大，放的時候最好是採用拿取方便的直放。

tool 隔間整理盒

how to 一般襪子

1 將襪子摺一半。

2 將摺半的襪子分成三等分，從腳踝部份開始往上摺兩次。

3 如果整理盒裡面有細分隔間，可以捲一捲直接放進去，不會散開。

4 摺好的襪子直放進有隔間的整理盒裡。

how to 踝襪、運動長襪

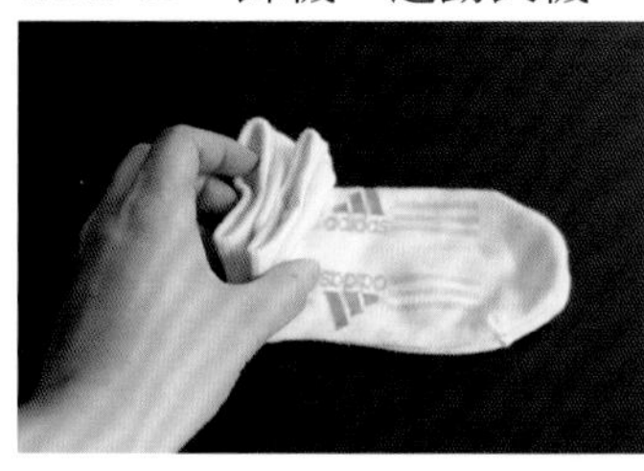

1 將襪子分成三等分，把腳踝的部份往內摺。

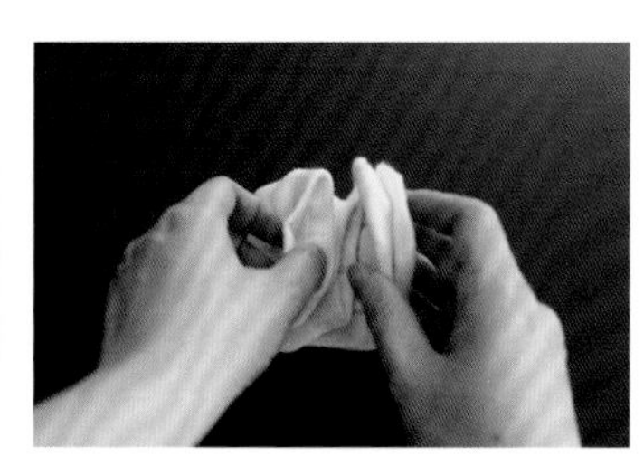

2 把腳趾的部份摺起來，塞進腳踝處的鬆緊帶。

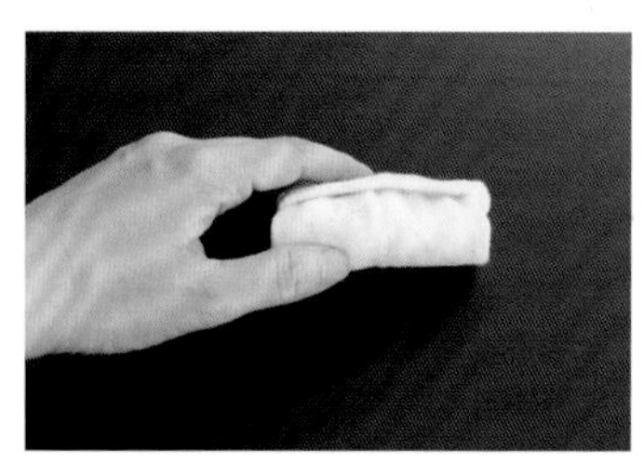

3 完全摺好的樣子。

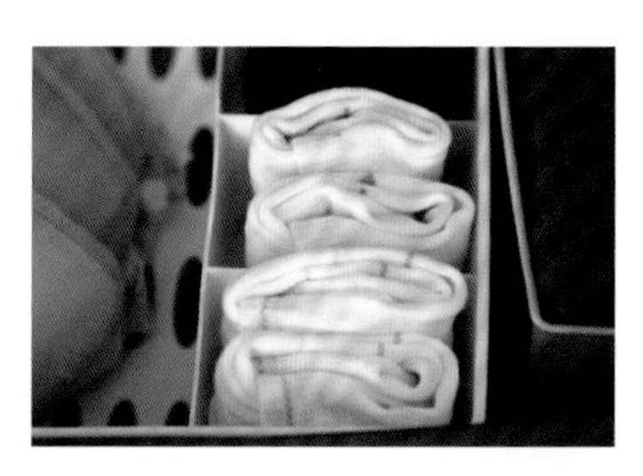

4 將摺好的襪子直放入隔間整理盒。

5 一般襪子也可以用一樣的方法摺。用這個方法摺，就算收納工具裡沒有隔間，襪子也不會散開，可以維持整齊狀態不會亂七八糟。

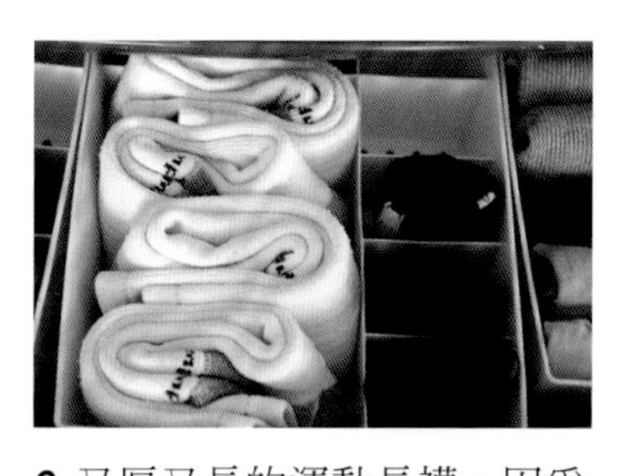

6 又厚又長的運動長襪，因爲體積較大的關係，所以摺成一半之後再摺一次，然後以之字形放進整理盒。

tip **要交錯放置，這樣才不會有一邊特別擠，也會比較整齊。**

068

鞋墊、鞋套

鞋墊和鞋套的體積又小又薄，一般都是一雙整理在一起比較好。

tool 隔間整理盒

how to 鞋墊

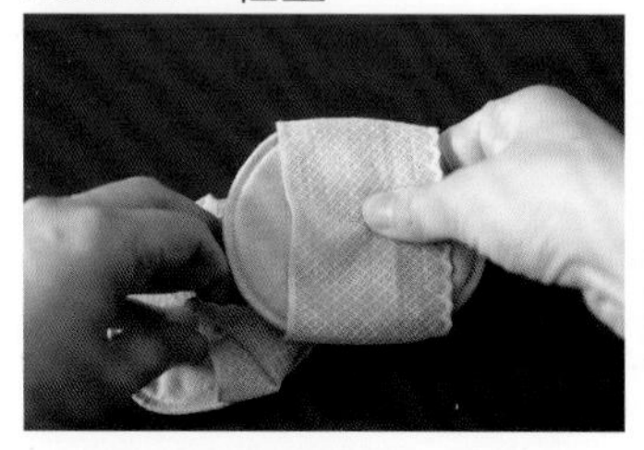

1 把一只鞋墊塞到另一只裡面。

2 這樣收成一個，直放進整理盒。

3 這是收在抽屜裡的樣子，跟鞋套收在一起。物以類聚收納法！

how to 鞋套

1 把一邊的鞋套塞進另外一邊。

2 將鞋套底部向上，分成三等分後先將其中一邊往中間摺，然後再摺另外一邊。

3 接著往前捲一捲反摺起來，反摺的地方要用手拉平整。

069

絲襪

絲襪本來就很薄，難以維持摺好的狀態。根據長度不同，摺的方法也多少有些改變，不過最後塞進鬆緊帶裡這部分都是一樣的。

tool 隔間收納盒

how to 踝絲襪

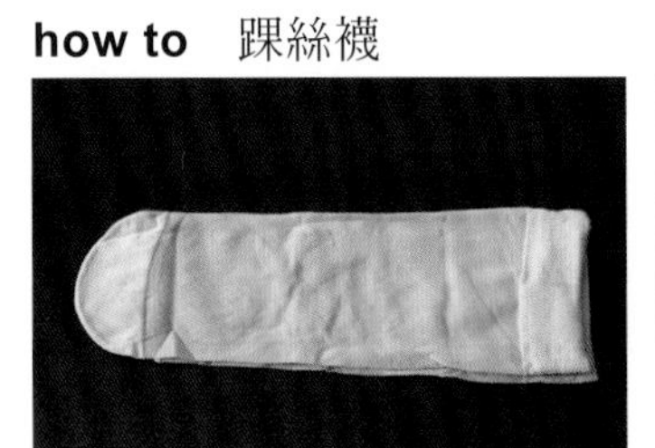

1 這是長度短的踝絲襪。

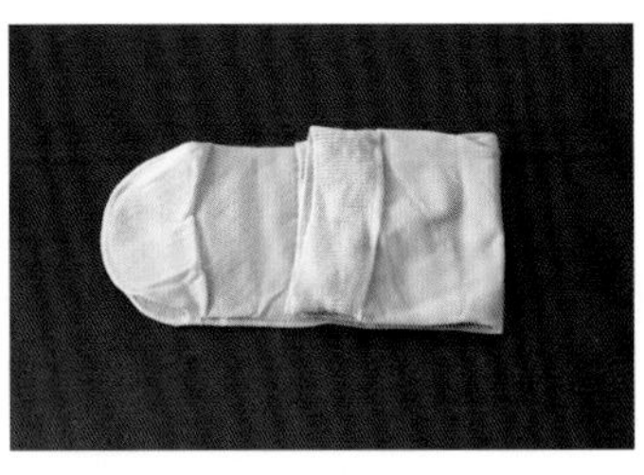

2 將絲襪分成三等分，先把腳踝部份往內摺。

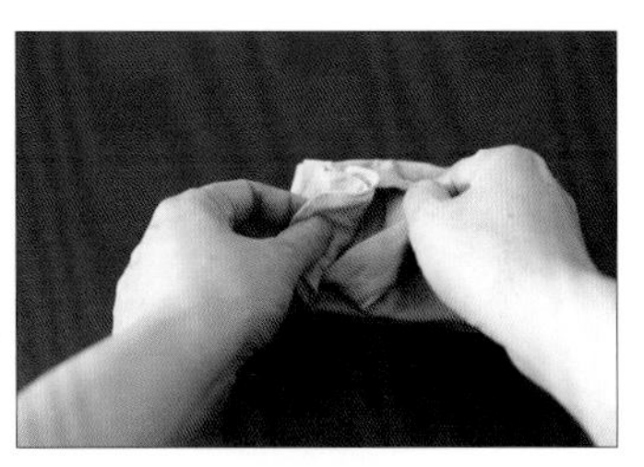

3 將腳尖的部份往上摺，塞進腳踝的鬆緊帶裡固定。

how to 半筒絲襪

1 把絲襪對摺。

2 維持對摺狀態將絲襪分成三等分，先把腳踝部份往內摺。

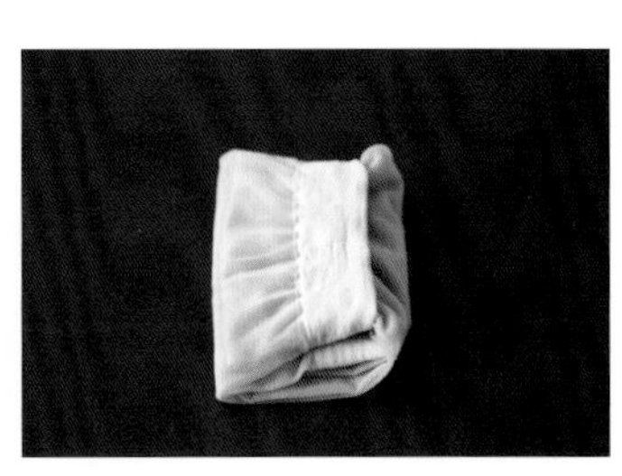

3 接著把另一邊也摺進來，塞進鬆緊帶裡。

how to 褲襪

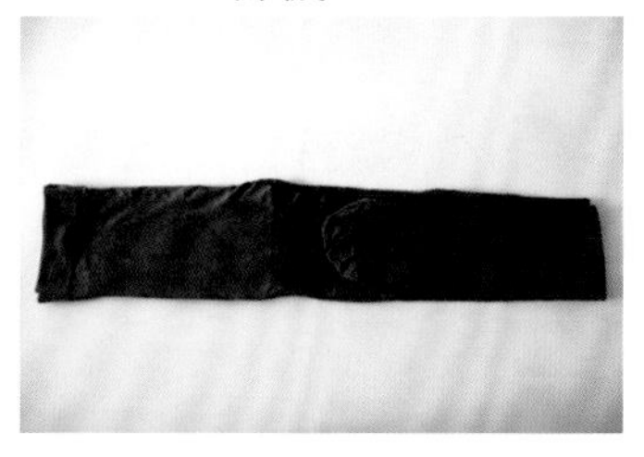

1 把褲襪對摺後分成三等分，並把腳尖的部份往上摺。

2 然後再往腰部鬆緊帶的地方摺一次。

3 再分成三等分，這次先把鬆緊帶的部分往內摺。

4 另一邊也往內摺，塞進鬆緊帶裡。

5 直放進抽屜櫃裡的整理盒。

tip **都摺好之後，就請放在絲襪區。物以類聚收納法！**

Casamami的收納tip

摺衣服時也需要手藝！

前面有說過，別因爲沒工具就遲遲不肯動手整理對吧？摺衣服也是一樣唷。就算沒有摺衣板，只要用同樣的方法按順序摺就好了。當然摺起來的樣子會有點不同，不過不會有太大的問題。部落格上有人問我：「爲什麼我沒辦法摺得像Casamami一樣漂亮？」我只能回答：「多做就會進步了！」除了多練習以外沒其他方法。用同樣的方法，老公摺出來的和我摺的也不一樣。我會用手掌稍微壓一下整件衣服，這最後的動作就會造成差異。我也不是一開始就知道，而是花了很多時間摺衣服才體會出來的要領。這麼說來，並不是只有做菜需要手藝呢。而就算照同樣的方法做，完成品還是會有點不同，所以我想收納也需要手藝，這種手藝並非是天生的，是透過經年累月的經驗所產生的。

070

無袖上衣

無袖上衣只要用摺衣板就可以輕鬆摺成固定的樣子。但如果沒有摺衣板的話，可以像貼身背心一樣，橫摺兩遍、直摺兩遍即可。馬甲背心或細肩帶背心也能用同樣的方法，只要稍微摺小一點就可以了。

tool 摺衣板

how to

1 把摺衣板放在背心中間。

tip 直摺的方法也一樣。

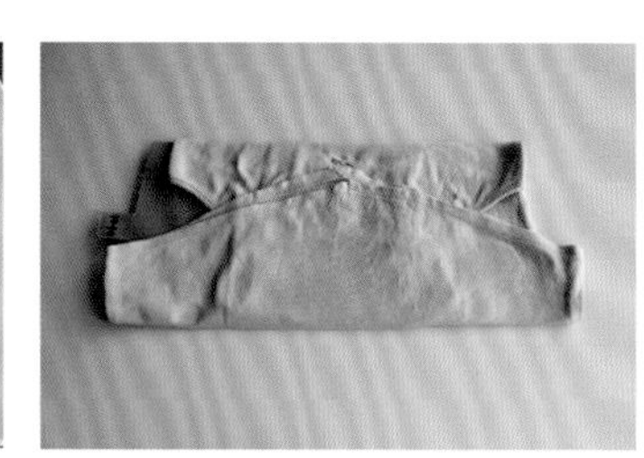

2 把上下摺起來。

3 將摺衣板抽出1/3，然後在衣服1/3的地方往上摺一摺。

tip 摺的次數請依照抽屜的大小與高度做調整。

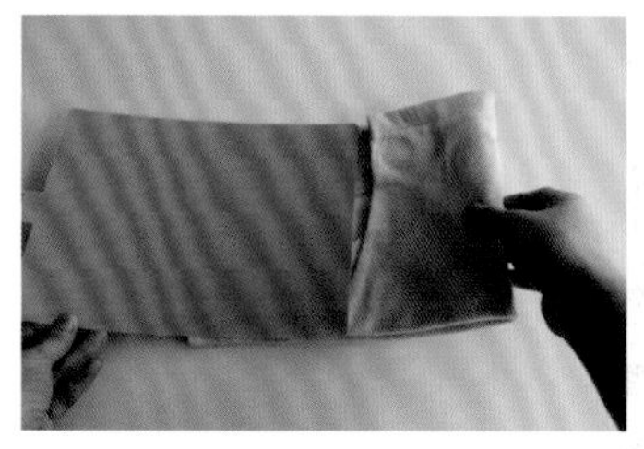

4 再把摺衣板抽出一點，將背心再摺一摺。

5 背心摺好的樣子。

tip 不用摺衣板，用手像劃線摺，也可以摺得很整齊。

071

圓領T恤

摺衣板要放在衣服背面，這樣衣服摺起來時正面才會露出來，之後找衣服也比較容易。還有，要把袖子摺整齊，這樣衣服摺好的樣子才會好看。如果抽屜還有空間，可以把衣服分成長袖、短袖、無袖，不過如果抽屜數不多的話，收在一起也是可以的。

tool 摺衣板

how to

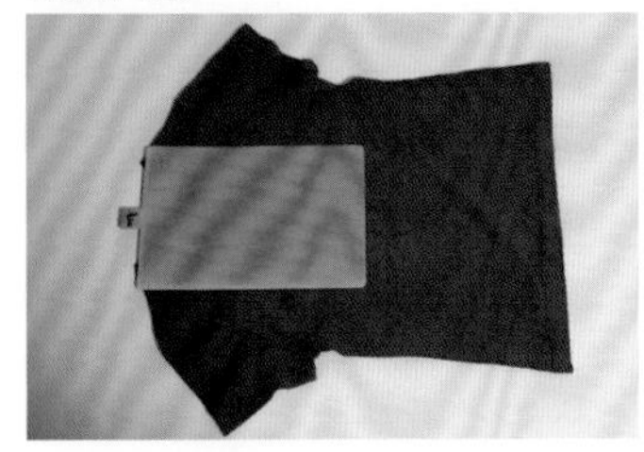

1 把摺衣板放在衣服背面。

2 把袖子的部份摺起來，蓋到板子上。

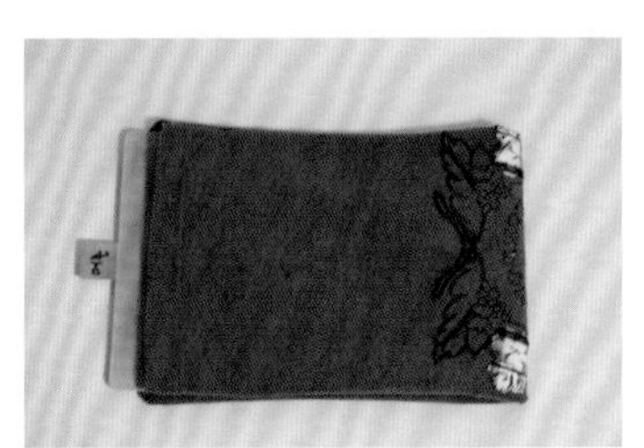

3 將衣服下襬往上摺疊到板子上，接著再把板子抽出來。

4 最後再將衣服對摺一次，然後直收到抽屜裡。

⊕ 袖子摺法

短袖

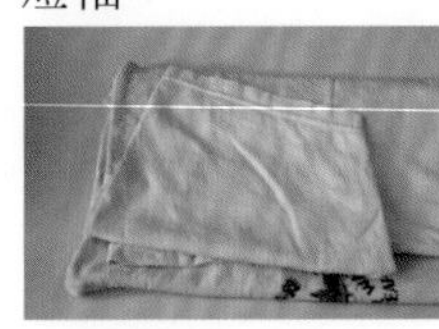

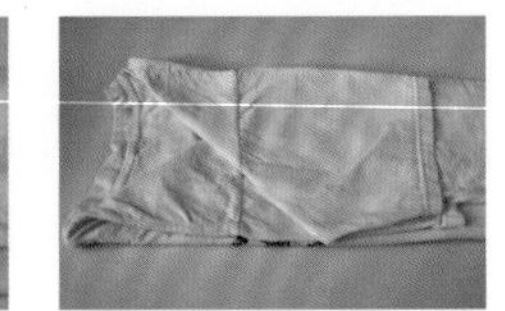

長袖

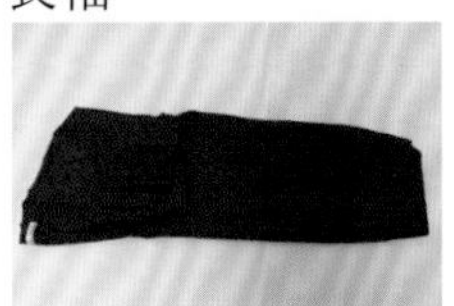

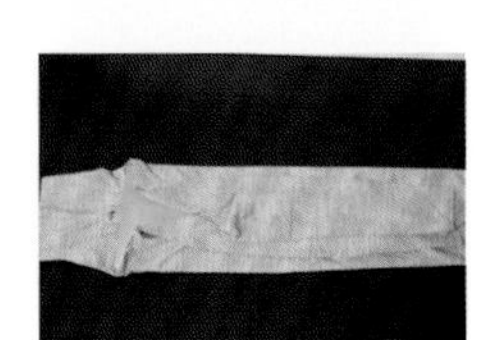

072

POLO衫

摺法和一般的T恤一樣。不過如果希望釦子不會掉的話，就要把摺衣板擺在有釦子的正面。

tool 摺衣板

how to

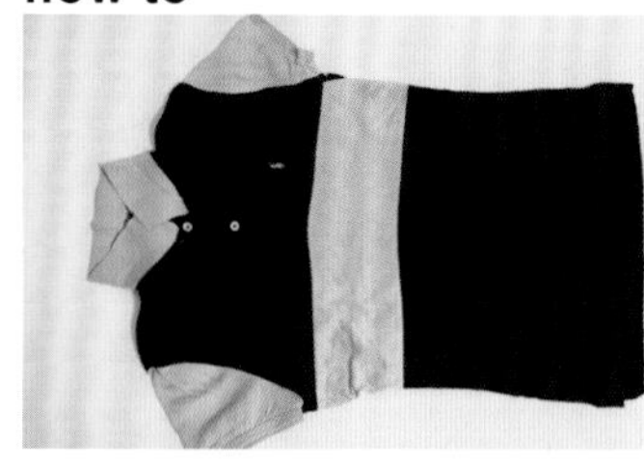

1 先把衣服正面朝上攤平放好。

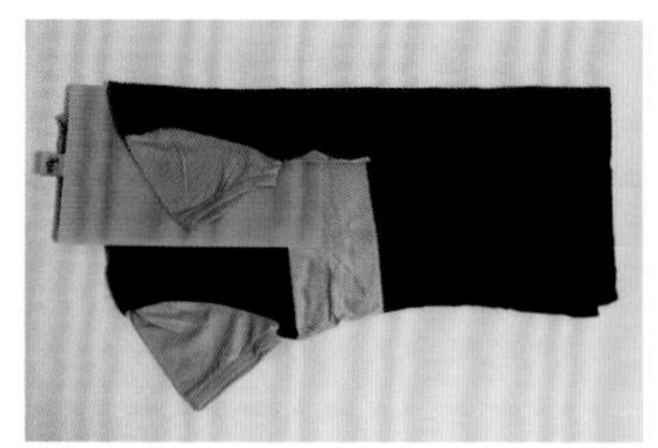

2 將摺衣板放上去，再把兩邊的袖子摺進來。

3 把衣服下襬往上摺疊到板子上面，然後再把板子抽出來。

4 最後再對摺一次。

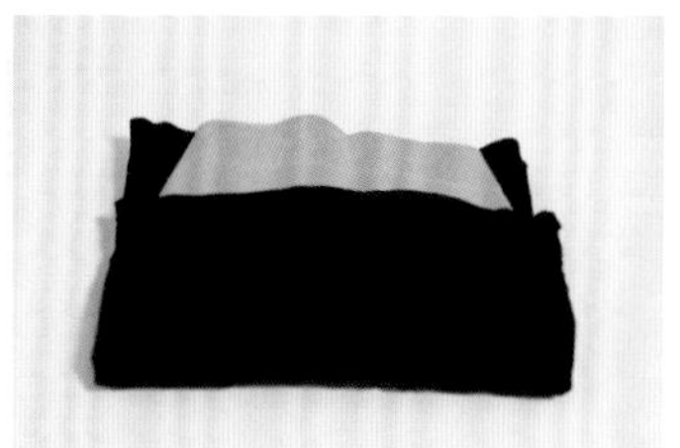

5 摺疊完成的衣服正面，現在可以直放進抽屜裡了。

tip 如果是單色的衣物，這樣摺在區分上可能會有些困難，所以也可以把板子放在衣服背面摺。

073

套頭內衣

套頭內衣的摺法跟T恤一樣，重點是不要讓脖子的部份露在外面，這樣整理起來才方便，之後要拿衣服出來穿時也不會縐縐的。

tool　摺衣板

how to

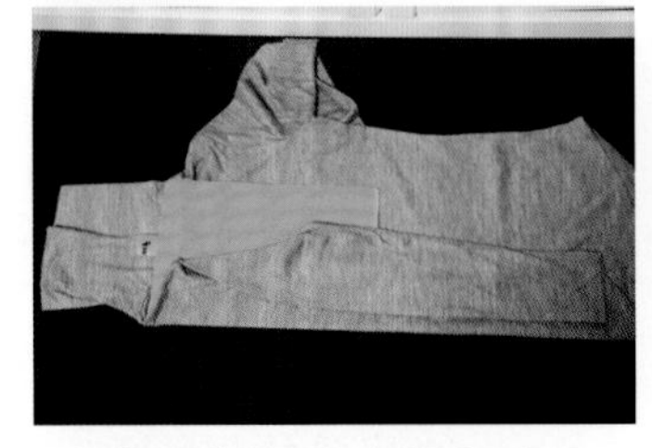

1 把摺衣板放在衣服上面。

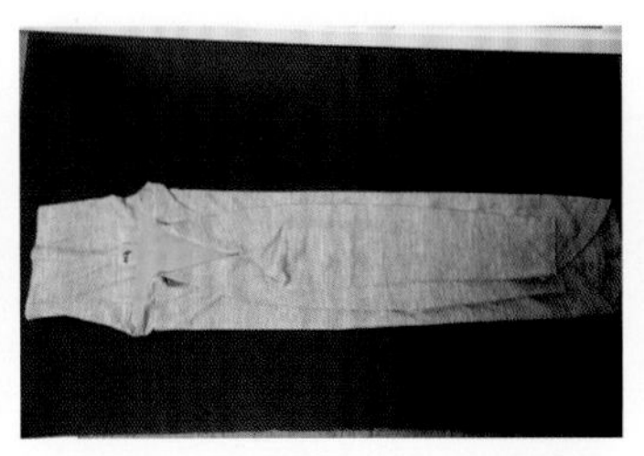

2 將兩邊的袖子依序往內摺好。

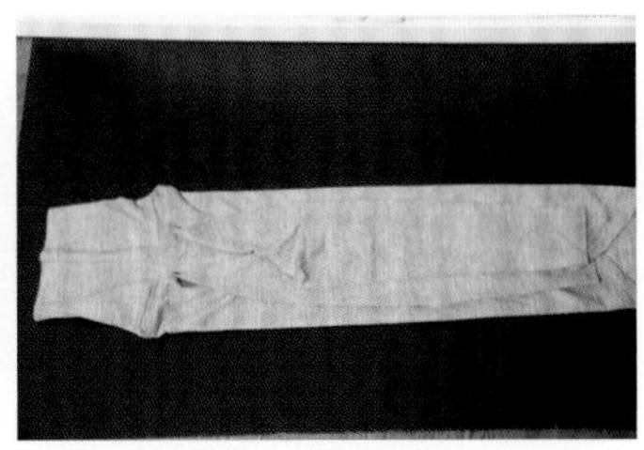

3 然後把板子抽出來。

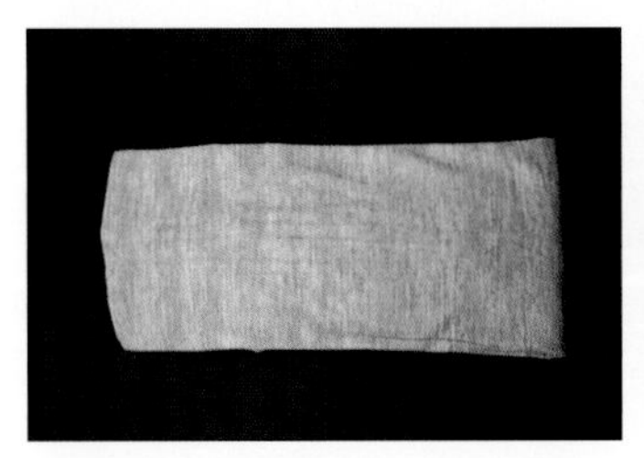

4 將衣服下襬摺到衣服頸部的地方。

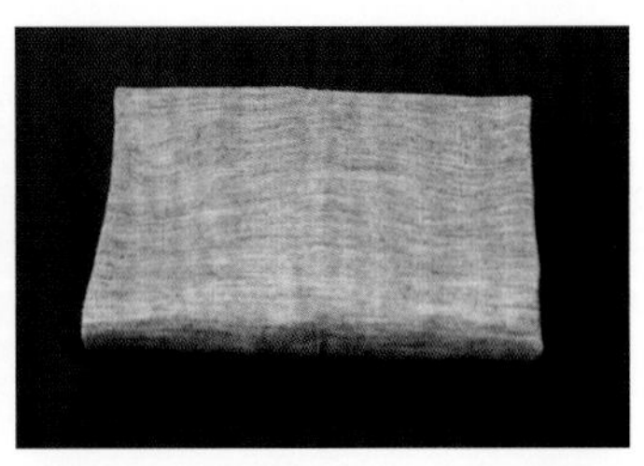

5 最後再對摺一次，這樣放進抽屜裡就很整齊。

074

V領針織衫

體積比T恤稍大的針織衫，收的時候要摺好，衣服縐摺才會少。針織衫的摺法有兩種，一是一般T恤的摺法，另一種則是捲成圓筒型的摺法，這裡介紹的是捲起來的方法。摺好針織衫之後，接下來捲成圓筒狀，直立收入抽屜中。

tool 摺衣板

how to

1 將針織衫直的對摺。

2 以之字形將袖子摺起，與衣服同寬。

3 將下襬往上摺。

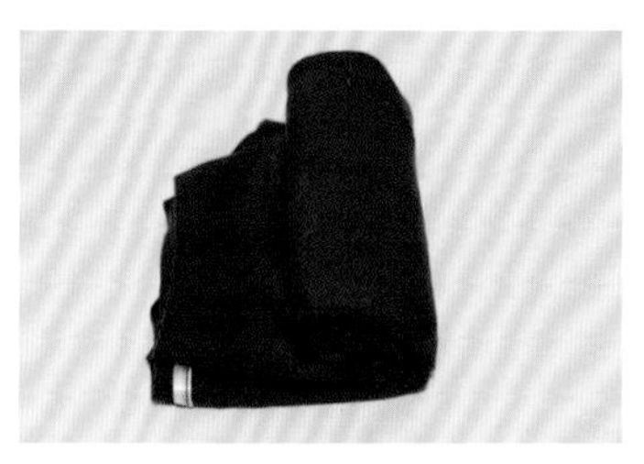

4 從打摺處開始將衣服捲起來。

tip **這樣衣服才不會散開，收在抽屜裡的時候，就算把旁邊的衣服拿出來，衣服也可以維持捲好的滾筒狀。**

5 捲成跟照片一樣的滾筒型。

6 直立放入收納盒中，收進衣櫃的隔板。

075

毛衣

毛衣有釦子露在外面與收在裡面兩種摺法。將釦子全部扣上，並使用一般T恤的摺法，摺起來的樣子最乾淨整齊。不過如果覺得要一一把釦子扣上很麻煩，那可以選擇將釦子藏起來的摺法。這裡介紹不需要把釦子全扣上的摺法。扣上釦子的摺法，就跟一般的T恤摺法一樣，直接參考即可。

tool 摺衣板

how to

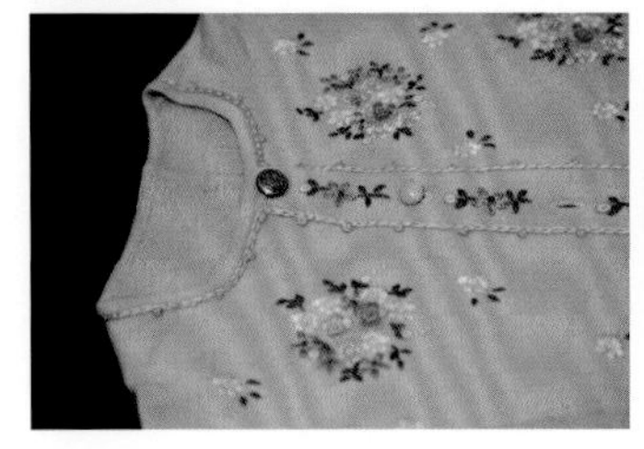

1 扣上1～2顆釦子。

tip 將釦子扣上衣服比較不會縐。

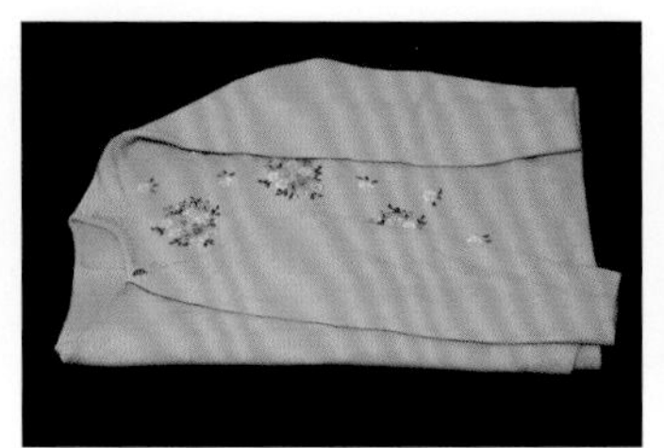

2 跟照片一樣，把兩邊的袖子摺起來。

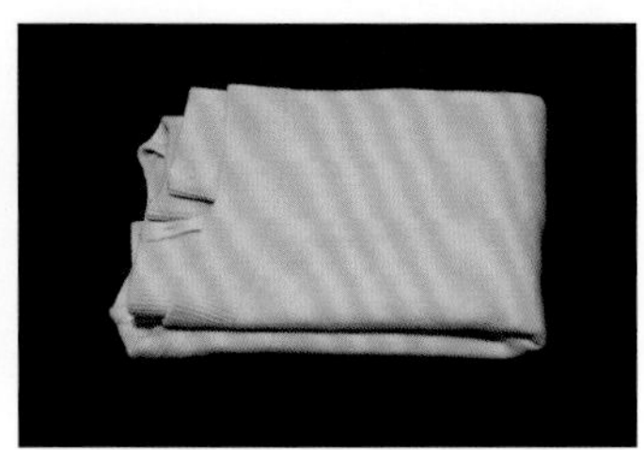

3 將下襬往上摺就完成了。

Casamami的收納tip

365天每天都整齊的衣櫃

每次換季的時候，要找個日子來整理衣服可不是件容易的事情。這時有個很方便的方法。請想像一下，現在是夏季，而且T恤都收在抽屜裡，前面放短袖的T恤、裡面則放長袖的T恤。可是從夏天轉變成秋天時，不是會將長短袖多層次穿在一起嗎？這時如果衣服洗好要收進衣櫃，就把短袖收在後面、長袖放在前面。會有一段時間長袖跟短袖混在一起，最後長袖就很自然地都整理在前面了吧？用這種方式來收，就算不另外撥出時間整理，衣櫃也可以365天都維持整齊。

076 裙子

基本上，只要把裙子想成是把三角形摺成四角形就行了。如果把喇叭裙攤平跟褲子放在一起，就會擠在其他衣服中間產生縐摺。所以收裙子的時候最好把裙子捲起來。

how to

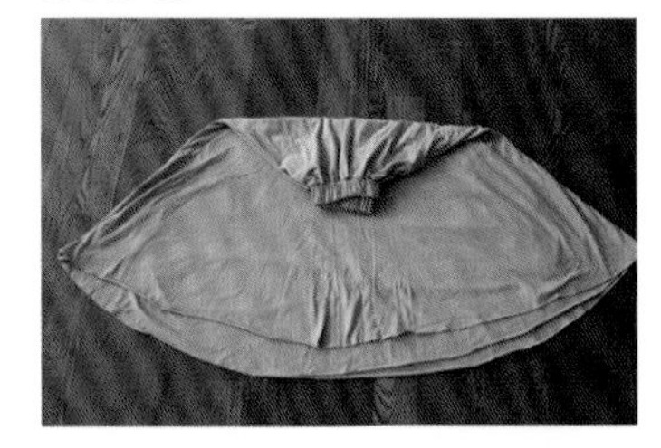

1 把裙子攤開，將腰部橫摺一次。

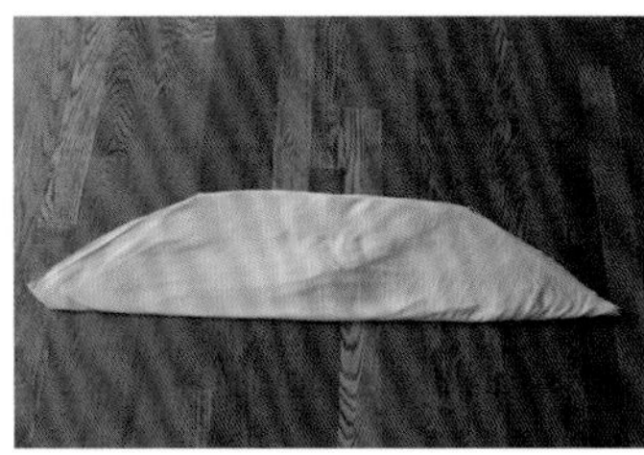

2 再橫摺一次。

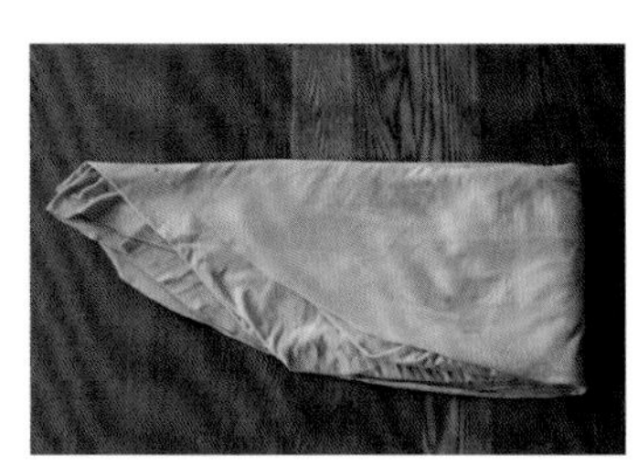

3 接著左右對摺。

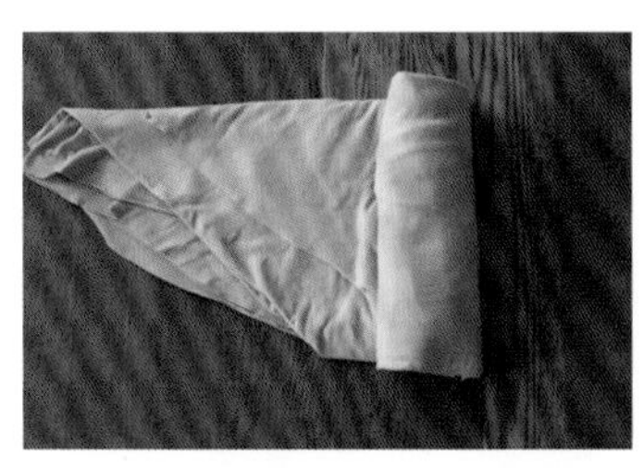

4 從打摺處開始捲，像捲紫菜包飯一樣整個捲起來，非常整齊。

5 把捲成圓筒狀的裙子，直立或橫放進抽屜裡收起來。

077

長褲

因爲褲子的背面比較寬，可以依照衣服的種類或風格，調整衣服的摺法，只要讓屁股的部分露在外面即可。不過，要配合抽屜的高度調整摺法與摺數，這樣收納起來才更有效率，開關抽屜也比較容易。

how to 基本摺法（28公分）

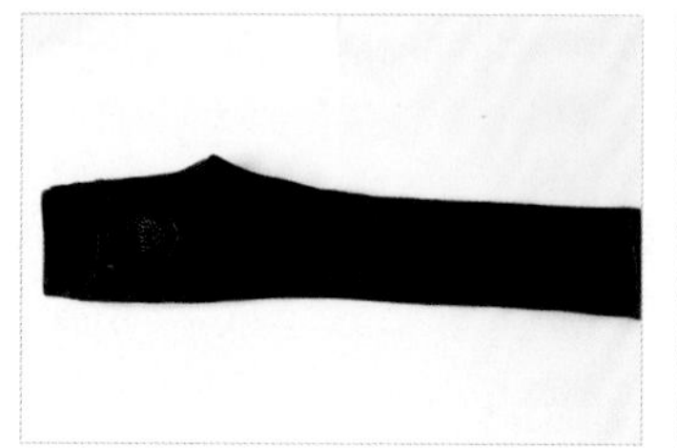

1 直的對摺一次，並讓屁股部份向外露出。褲頭在左邊、褲腳在右邊。

tip **我總是讓褲頭在左手邊、褲腳在右手邊來摺褲子。這樣才能看見在屁股那邊的標籤，橫放入抽屜的時候找起來也比較方便。**

2 再對摺。

3 跟照片一樣，要把屁股最突出的地方往內摺起來，才會變成一個整齊的四角形。

tip **嫌麻煩的話也可以省略這個步驟。**

4 再對摺一次。

tip **如果將褲子都摺成一樣的尺寸，收起來也更整齊吧？**

5 將摺好的褲子放進收納盒，再把收納盒收到壁櫃的隔板上。

how to 摺小一點（23～21公分）

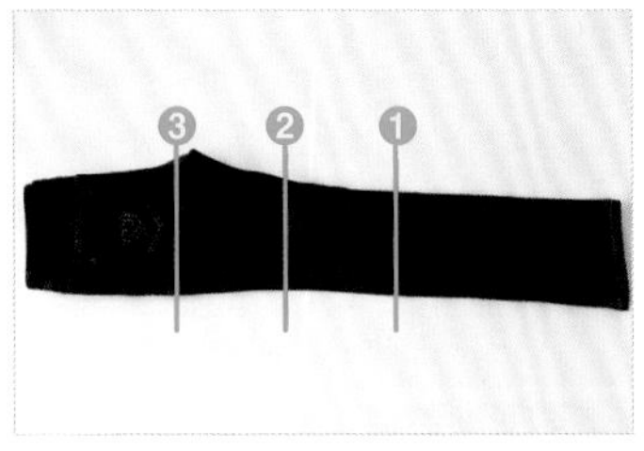

1 像基本摺法一樣，先直的對摺以後，再像照片一樣畫出三條線，想像將褲子分成四份。

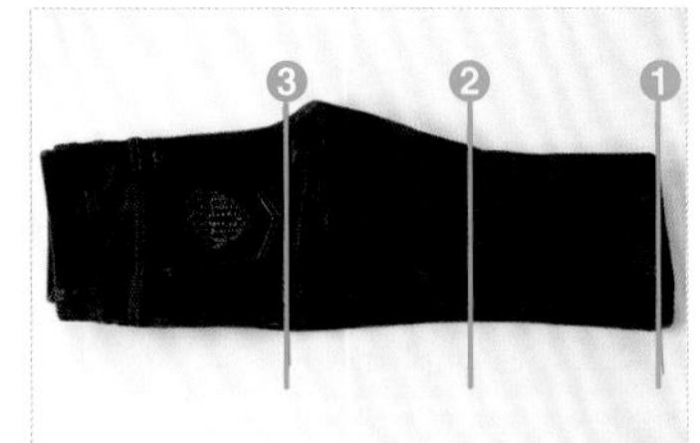

2 以線 ① 爲支點摺一折。

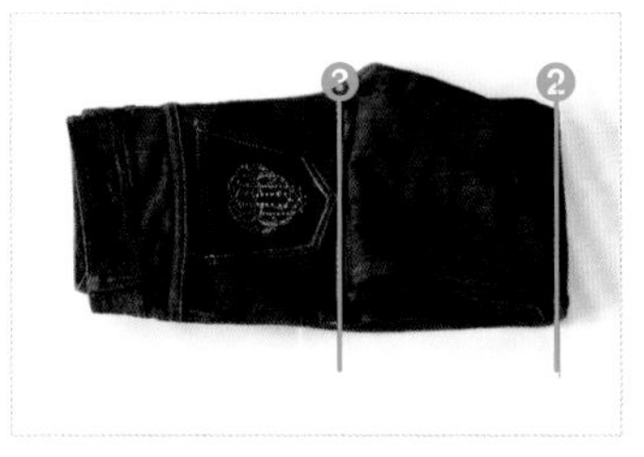

3 以線 ② 爲支點再摺一折。

tip 如果褲子很硬無法順利摺起，就用手稍微畫一下線，這樣比較容易摺起來。

4 以線3爲支點摺一折。

5 把褲子突出的部份往內摺起，這樣就變成一個整齊的四角形。

tip 這樣的長度，比用基本摺法後再多摺一折更短，收進抽屜裡也不會卡住了，對吧？

Casamami的收納tip

Casamami的盒子&隔板收納要領

摺好的衣服如果直接放在隔板上，每次要拿在後面的衣服就會很麻煩。還有，要拿出墊在下面的衣服時，上面整理好的衣服也會倒掉。這樣倒一次，就要再花很多心力重新整理，心情會變很差，最後造成開始少穿後排衣服的惡性循環。這種時候，只要利用籃子或收納箱，無論前排還是後排、要拿還是要放都變得很方便。還有換季時也不需另外整理衣服，只要移動盒子就可以迅速更換衣服。現在就來看看超級好用的隔板收納法吧！

▶ 一般盒子收納法

是把摺好的衣服整齊收好的普通方法，在收普通的褲子或針織衫等衣物時非常有用。請看著照片仔細跟著做看看吧。

1 先準備可做出隔間的盒子或籃子。

Tip **準備符合隔板大小的紙盒或籃子，以盡量把隔板的閒置死角減到最少。**

2 盒子直放或橫放。

3 把摺好的衣服分成兩排收進盒子裡。前排放常穿的，後排放偶爾才穿的衣服。

tip **如果褲子的堆放方式是往上疊，會因為褲子重量的關係而往下壓，反而可以收得很整齊。**

4 衣服都收進去之後，就把盒子放倒置於隔板上。

5 其他衣服也用同樣的方法，依照使用頻率決定要放在隔板的哪裡，就能整理得非常整齊。

tip **如果在盒子上貼標籤，就可以很快區分出衣服的種類，換季時也只要改變盒子的位置就好了，非常方便。**

▶ 方便從上面抽出衣服的盒子收納法

這是適用於吊桿下面的剩餘狹長空間，或隔板上多餘狹長死角的方法。這是以冬季爲例子的方法，夏天只要反過來做就可以了。

1 將夏季的衣物放進收納盒裡，把盒子蓋上之後收在下層（多季節用的保管盒）。

2 把體積較大的衣服或針織衫等衣物，捲成圓筒狀直的放進其他盒子裡（該季節常用收納盒）。

3 把2的盒子蓋子打開，放在 **1** 的盒子上面，這樣就能直接從上面把衣服抽出來穿了。

tip **材質又軟又薄的衣物，捲成圓筒狀收起來的話很容易散亂成一團，請多注意。換季時只要更換盒子的位置即可。**

1

2

3

▶ 方便從前面抽出衣服的盒子收納法

這是在隔板上面有吊桿，不容易翻找衣服的時候，就把盒子變成可以直接從前面把衣服抽出來穿的方法。不是把從中間或下面抽出來的衣服，重新放回原本的位置。而是在要拿衣服的時候，可以直接抽出來；放的時候則像自動販賣機一樣的機械收納方式。這方法比較適合用在有體積的衣物。

1 把一般盒子變成上面跟正面都打開的盒子，將摺好的衣服整齊疊進去。

2 要拿衣服時就從前面抽出。

3 放衣服的時候放在最上面。

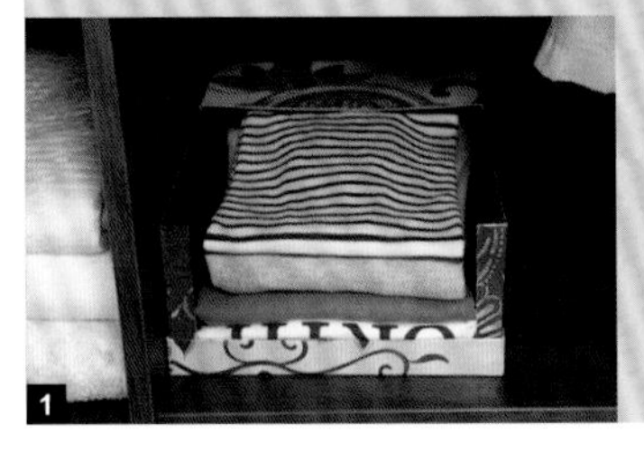
1

2

3

製作機械式收納盒

tool 紙箱、刀子、膠帶、雙面膠

how to

1 拿一個原本用來裝棉被的紙箱來再利用。

2 將箱子正面用刀子割掉。

3 切開來的部份用膠帶貼起來，防止紙屑掉出來。

4 將蓋子裁下1/3或1/5。

5 跟照片一樣，在剪下的蓋子上貼雙面膠。

6 把另一邊面積較小的蓋子貼到盒子上方，面積較大的黏在盒子下方。

tip **用膠帶再貼一次，這樣就比較堅固，盒子不容易掉落。**

Casamami的市售收納盒使用後記

選擇收納盒時，請先想想要用多久再購買適當的來用。如果想要用很久的話，那就購買布盒或塑膠盒；如果只想用一段時間，那用紙盒也沒問題。要收納較銳利的物品，像玩具這種稜角很多的東西時，請使用塑膠盒。收納衣服的時候，透氣性較佳的紙盒則比一般塑膠盒好，請先思考一下每種容器的優缺點再做選擇，這樣就能物盡其用。

078

7分褲

這種褲子的長度比一般褲子短，只要往右摺一次、往左摺一次，這樣就可以摺成跟一般褲子一樣的高度。如果因爲情況不同，而想要摺得長一點，也可以直接用基本摺法。

how to

1 先直的對摺。

2 橫的分成三等分以後，將褲腳的部份往中間摺。

3 再把褲頭往中間摺。把褲頭與褲腳都往內摺起來，然後可以省略掉將褲子摺成完美四角形的步驟。

Casamami的收納tip

想有效活用零碎隔板空間？

把收納盒放在壁櫃裡的零碎空間時，如果高度是在腰部那還好，但如果是放在地上要拿東西就很麻煩。這種時候，就可以把夏季與冬季的衣服分放在盒子裡，將該季節的衣服收納盒放在與腰部同高的隔板上。季節變換的時候，只要更換盒子的位置，就不需要另外做整理了。

壁櫃吊桿

房間裡的壁櫃吊桿大致上都會有2根。通常會分成用來掛外套、罩衫、長外套、西裝外套等衣物的上方吊桿，以及用來掛西裝褲和襯衫的下方吊桿，分辨起來比較方便。西裝要收在離房門最近的壁櫃，這樣才能盡量縮短老公的動線。只要遵守幾個吊桿整理原則，衣服就能掛得很整齊。相同物品、類似顏色、長度等整理在一起，依照同個方向掛著就好。那，現在來掛衣服吧！

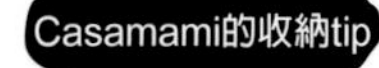

吊桿收納原則

- 朝同個方向掛，把空衣架拿出來。
- 相同物品請收在一起。
- 依照顏色將分類掛好。從左邊開始是淺色，越往右顏色就越深。
- 爲減少死角，請將衣服都控制在差不多的長度。
- 皮衣請收在靠近通風良好的窗戶邊，絲織品與毛織品之間則要稍微留點空間。

079

上方吊桿

分成裙子、西裝背心、罩衫、外套等衣物，相同種類的要掛在一起，找起來才方便。為防止西裝變形，請使用體積較大的西裝衣架。長度差異較大的上衣，則請集中掛在某一邊。

how to

1 西裝背心跟西裝背心掛一起、罩衫跟罩衫掛在一起。物以類聚收納法！

tip 每種衣物的顏色整理成從深到淺。

2 外套請控制在一定長度再掛上。

tip 吊桿下方的剩餘空間，就可以用來放收納盒。

3 長度太長的羽絨外套，可以像照片一樣用兩個衣架來調整長度。

4 將西裝外套掛在離房門最近的壁櫃吊桿。

tip 為防止衣服變形，就算佔空間也要用西裝專用的衣架。

5 當想衣服掛在手搆不到的地方會用衣叉，我們可以將衣叉掛在衣櫃邊，這樣要拉衣服拉鍊或扣釦子時，就可以把衣服掛在上面進行。

6 皮製的衣物請掛在靠窗戶的地方。

080

下方吊桿

西裝褲和襯衫比西裝外套更難辨識，所以就掛在挑選方便的下方吊桿上。不過要掛在西裝外套的正下方，這樣動線才能縮到最短。也可以把換季時常穿的羽絨外套和毛衣、圍巾等掛在這裡，這樣忙碌的早晨就可以快速準備上班了。掛襯衫的時候需要的熨斗與燙衣板，也可以一起收在這。

how to

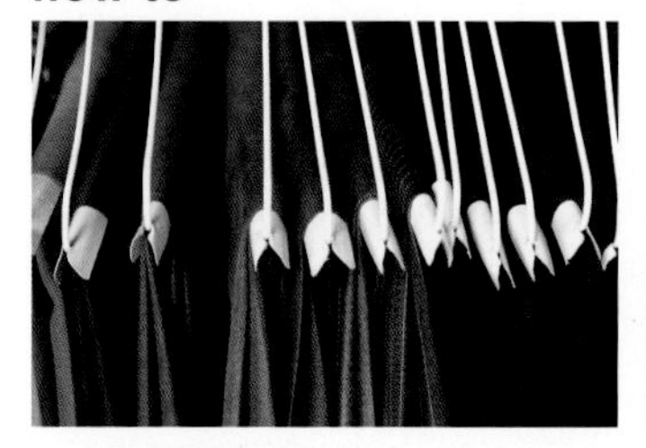

1 在西裝褲裡夾一張紙，然後掛到衣架上。

tip 如果掛在一般褲子的衣架上，夾子會互相纏在一起，反而更不方便。

2 襯衫要燙時先把衣領立起來，將最上面兩顆鈕子扣好掛起來，這樣衣領下面就不會產生縐摺了。

tip 扣鈕子的時候，可以把衣架掛在衣櫃旁的掛勾上，這樣扣起來超方便。

3 把熨斗與燙衣板立在襯衫旁邊，噴水器也裝在籃子裡收在一起，這樣最方便。

Casamami的收納tip

衣架選擇要領

Casamami會依照衣服的種類選擇不同的衣架。像西裝這類需要硬挺的衣物，就算佔空間也會選擇厚的西裝衣架來用。選擇適合衣服的衣架，這也是效率收納法其中之一。以下是不同衣物適合的衣架種類。

❶ 西裝衣架：西裝、套裝、夾克等外套

❷ S字型塑膠衣架：襯衫、一般上衣

❸ 褲架：褲子

❹ 普通褲架：裙子

Casamami的生活tip

燙衣服要領

在這邊跟大家分享一個Casamami的部落格回應超夯的資訊。因燙衣服而感到困擾的人，其實並不少於爲衣物整理所苦的人。如果是新婚對生活還不太上手的時期，就更感到壓力。這資訊就是爲這些人所寫的要領。以後大家要燙衣服的時候，請務必記住以下三個要領。第一，燙衣領時不要只往前燙，要一邊往下壓一邊往前推。第二，要從窄的地方往寬的地方推。最後一個是最簡單，但也是最重要的，那就是要在襯衫還有一點點濕的時候就燙。大家就照著這三點，試著燙一次衣服看看吧！

▶ 襯衫熨燙順序

如果你用的是座式的燙衣板的話，衣服最先燙的部份，最後反而會因爲碰到地板而縐掉。因此穿襯衫時最顯眼的正面，應該要在最後燙縐摺才會比較少。

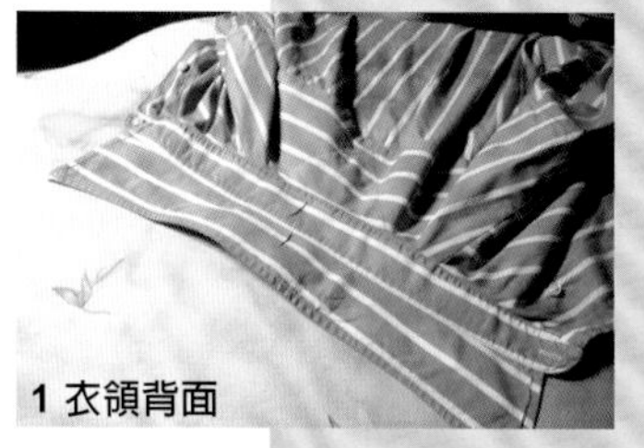
1 衣領背面

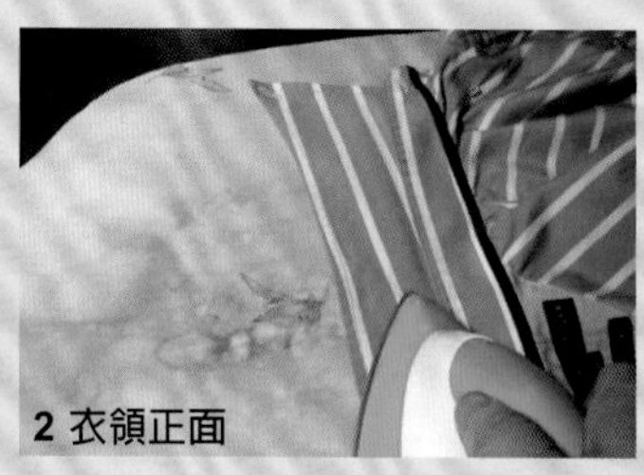
2 衣領正面

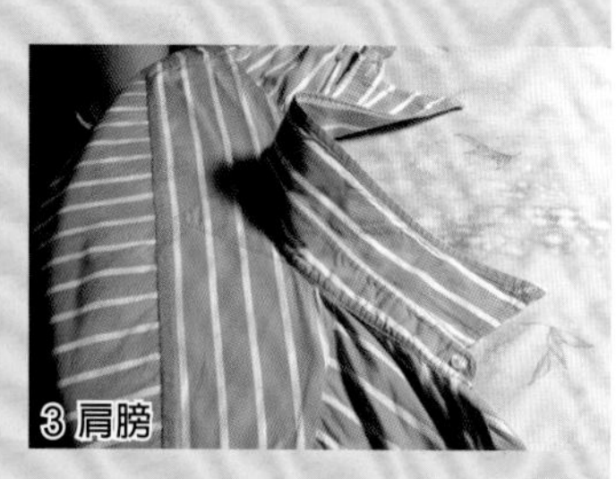
3 肩膀

4 袖子

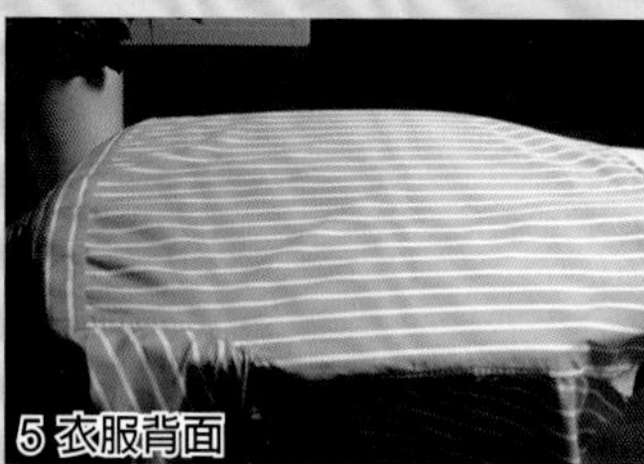
5 衣服背面

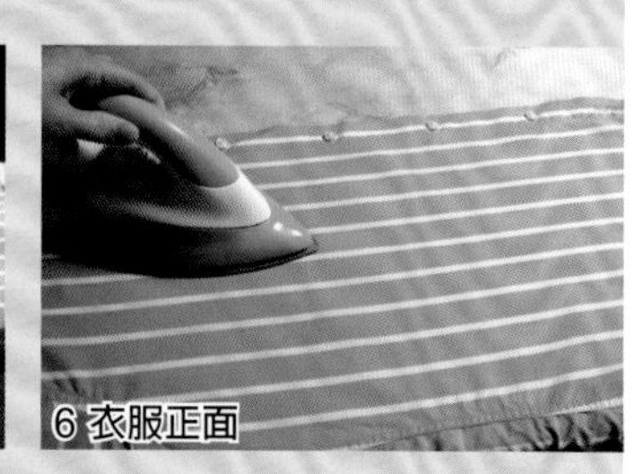
6 衣服正面

▶ 燙衣板選擇要領

選擇哪種燙衣板也會對燙衣服帶來影響。Casamami結婚後的前11年，都使用直立式燙衣板，後來的2年就開始使用座式燙衣板一直到現在。兩種都用過之後，發現直立式燙衣板比較不會讓已經燙過的部份產生縐摺，不過缺點是燙衣板又大又重。座式燙衣板則是會讓先燙過的部分碰到地板，進而產生縐摺，不過燙衣板的體積小又輕，利於收藏。所以如果要燙的衣服很多，或是還在不熟悉這些技巧的新婚階段，那我推薦直立型燙衣板；而要燙的衣服不多或已經是燙衣老手了，那我建議使用座式燙衣板。

穿衣間

要再從房間進入另一個房間的穿衣間，最好用來放使用次數較少的季節衣物、包包、時尚配件、化妝品等，這樣也能方便一次找齊。根據物品種類的不同分放在不同地方，好好運用吊桿、隔板、抽屜的話，就算是小東西也能很快就找到。

081
禮服

請把全家的禮服還有跟禮服相關的配件等，都收在一個盒子裡面。這樣就不需要到每個房間去找，動線變得非常簡單。如果跟每天要穿的衣服放在一起，反而會礙手礙腳，最好是跟其他的季節衣物一起收在穿衣間。到了過年時，只要把裝了禮服的盒子拿出來就好，超級方便。

tool 收納盒

how to

1 將禮服摺好，盡量讓衣服不要產生縐摺，摺好後收在盒子裡。

2 把穿禮服時要拿的包包也一起放進去。

3 流蘇等裝飾品還有固定衣服用的衣夾也一起放進去。

4 其他相關配件也一併放進去。

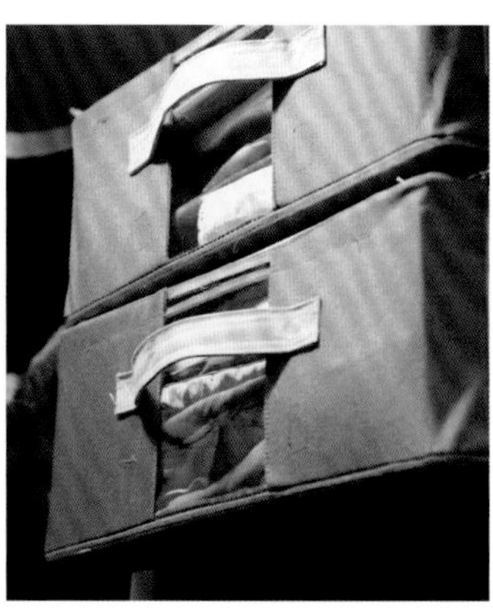

5 把收了全家禮服的收納盒放在穿衣間上面的隔板。

082

泳衣

將泳衣、蛙鏡、游泳圈、海灘球、盥洗用具等相關用品都收在一起，需要時就能馬上找到了。不過要用不同的包包裝起來，讓每一樣用品不要混在一起，分爲女用、男用這樣更方便。去度假時，只要把收納盒整個搬到汽車行李箱即可，也可以減少整理行李的負擔。

tool 收納盒、小包包

how to

1 將女用泳衣、蛙鏡、盥洗用具收在小包包裡。

tip 只要裝在原本在整理浴室時，用來裝化妝品的化妝包裡即可。

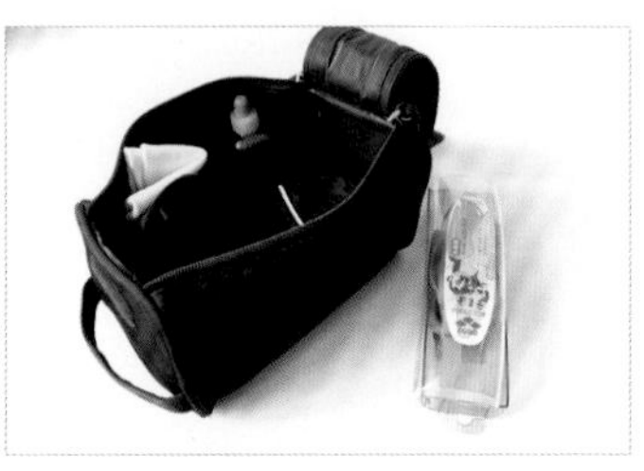

2 將男用泳衣和盥洗用具，裝到另外一個包包裡。

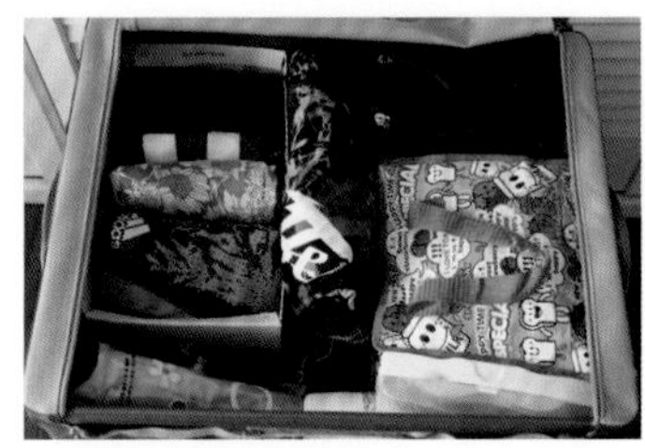

3 將收納盒內部規劃分區，把泳衣包、游泳圈、海灘用具等收進去，不要混在一起。

tip 只要運用小箱子或包包做出隔間，就可以維持整齊了。

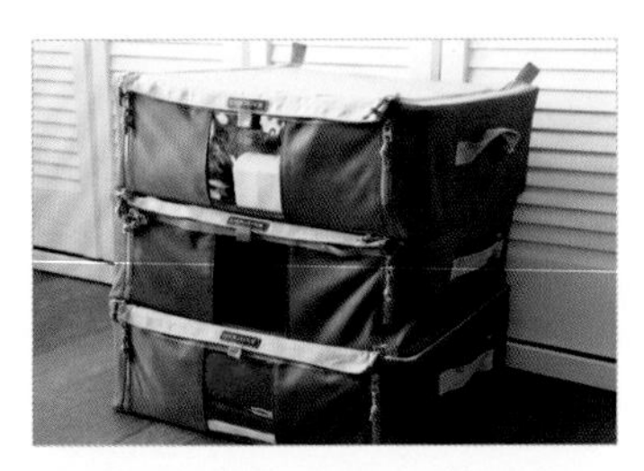

4 跟放了其他季節用品的收納盒放在一起。

一件式泳裝要這樣摺！

1 將泳裝對摺，讓背面朝上。

2 再橫摺一次。

3 直分成三等分之後，將左右兩邊往中間摺。

4 將下襬往上摺，並塞進泳裝上半部。

tip 男性泳褲和女性的比基尼，請參考內褲與胸罩的摺法。

複習配合使用頻率的收納原則

- 使用頻率低的東西收在收納櫃裡面！
- 使用頻率高的東西收在收納櫃前面！
- 使用頻率最高的東西，收在收納櫃右前方！（以右撇子爲基準）

083

滑雪衣

最近的滑雪衣大多也能當一般衣服穿，所以這些可以當成冬天大衣的滑雪服上衣，都會跟日常衣物收在一起。滑雪褲和衛生衣則是像泳衣一樣，都另外收在一起。至於平常也能使用的小物品，最好跟一般的小配件收在一起。

tool 收納箱

how to

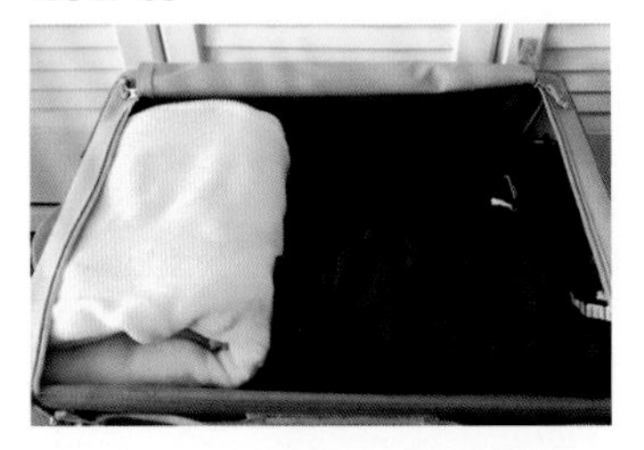

1 把滑雪褲與衛生衣放進收納箱裡。

2 將冬天平時也會用到的手套和圍巾，跟其他物品一起放進抽屜裡。

tip **太陽眼鏡就放進眼鏡收納盒，如果有護目鏡的話，就請放進滑雪服收納箱裡。**

Casamami的收納tip ……

大背包整理要領

空間不夠的時候，可以將一兩個相同顏色的包包放進大背包裡。如果統一包包的顏色與材質，就可以快速用聯想法找到。舉例來說，黑色的麂皮的大背包裡面，要放同樣素材的黑色小包包。聯想收納法！

084

大背包

大背包或中等大小的包包，請利用穿衣間隔板下方的空間整理。把隔板的螺絲拿掉將下方空間拓寬，裝上幾個吊環之後，就可以把背帶掛上去。這樣就算拿出一兩個背包使用也能維持整齊，剩下的背包也不會因此倒下。當然，也很容易一下就找到要用的東西。

tool 毛巾架、衣架或簡易握柄、鉗子、熱熔膠、活頁環、卡紙

how to

1 這隔板是要用來整理包包的空間。

2 把隔板的螺絲鬆開，調整成你希望的高度。

3 在隔板底部黏上毛巾架，請固定在隔板邊緣往內15～20公分的地方。

tip **如果設置得太靠前面，包包掛上去之後就會往前凸出，變得礙手礙腳。**

4 把包包背帶掛到吊環上，再將吊環依序掛到毛巾架上。就算把包包拿下來，吊環也請留在原位。

tip **又小又薄的包包就用活頁環掛上去。**

5 包包裡可以放幾張卡紙，讓包包不會扁掉。

6 較薄的逛街包可以摺成長形，全部收在一個開口較大的包包裡，放在隔板下方。

tip **必須要維持形狀不變形的套裝包，也可以放一些卡紙在裡面以防它變形。**

用衣架做包包吊環

1 用鉗子從衣架底部平坦的地方剪下約20公分。

tip 拿鉗子用力剪下衣架之後，再用手折一下，就可以輕鬆將衣架剪開。

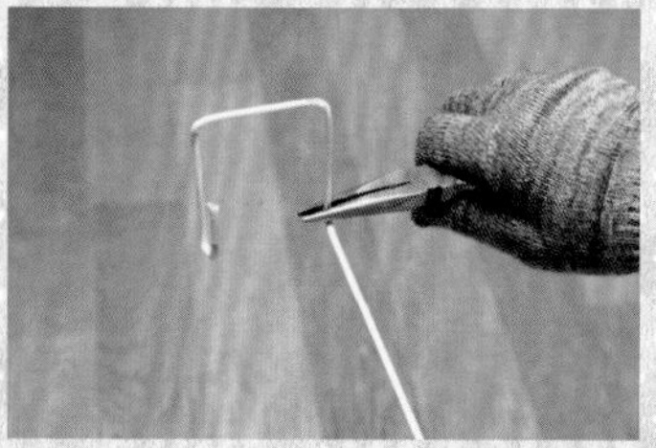

2 留下要掛在毛巾架上的長度（約7～10公分）然後將衣架折成ㄈ字型。

tip 如果背帶很長，那可以把吊環做窄一點，或是一個吊環只掛兩個背包就好。

3 衣架兩端各留下10公分左右，剩下的剪掉，接著將剩下的衣架凹成彎曲的吊環。可以在衣架兩端塗上熱熔膠，這樣手和背包才不會被刮到。

tip 如果背包的材質很容易刮傷，那就剪下塑膠水管，套在吊環會與背帶接觸的部份。

用回收品製作背包吊環

1 準備一個原本裝在包裝盒上的握柄。

tip 這種握柄適合當作籃子的提把，掛在盒子上也能當成是盒子的握柄使用。

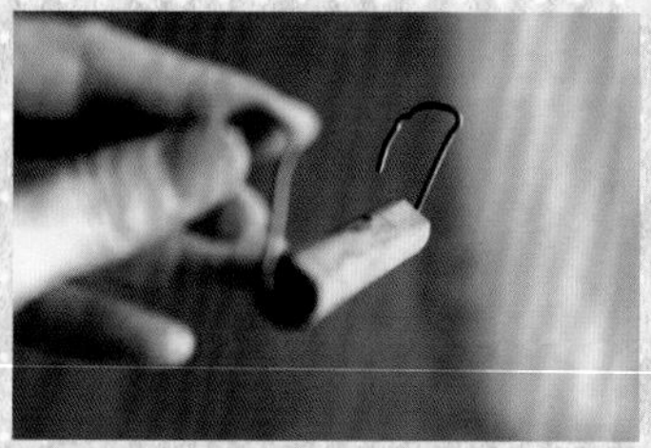

2 將握柄兩端的鐵絲用鉗子凹成吊環狀。

3 最後掛到毛巾架上當吊環使用。因爲與背帶接觸的部份是木頭，所以不用擔心刮傷的問題。

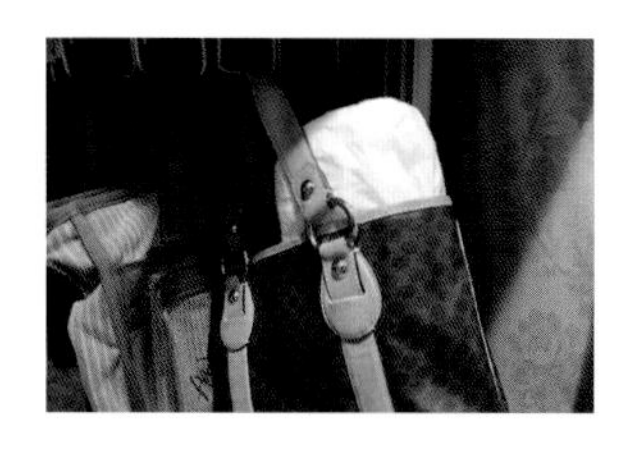

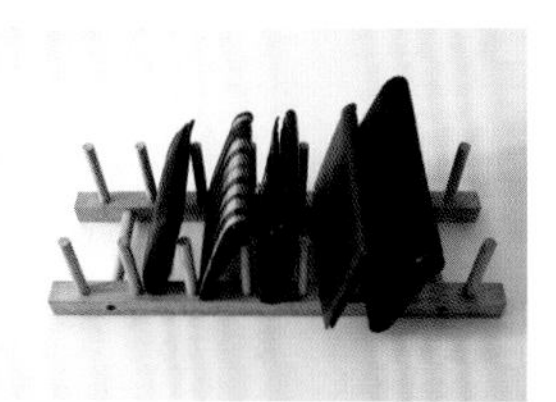

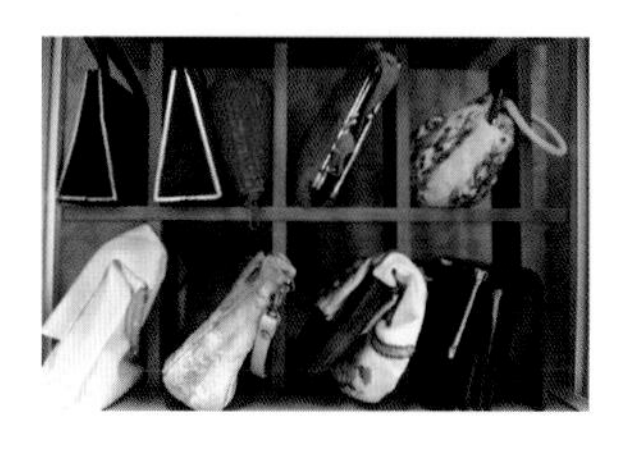

Casamami的收納tip

包包與針織類，最好的保存秘訣就是有智慧的收納！

大家的包包還有針織品都怎麼保存呢？我很想知道，不用做特別保養還是可以使用很久的秘訣是什麼？其實包包變形或產生刮痕的原因，大多是因爲保存上的問題。因爲收包包的時候隨便亂塞而壓到變形，或是拿取放回的時候產生刮痕等等。不過如果在包包之間留下一些空間，就不會有壓到的問題，拿出來的時候也比較不容易產生傷痕。針織品也是一樣。如果用衣架密集掛在一起的話，拿出來時就會拉扯到，可能會讓衣服變長或是脫線。吊桿下方不是會有死角嗎？只要把針織品捲成一團，收在收納箱裡的話，就可以一次解決這問題，衣服就可以保持美麗。還有，與其掛在吊桿上，收在吊桿底下的空間所佔的位置較小，在空間活用度上也比較經濟實惠。做好包包與針織品的收納，就是最好的保管法，現在有同感了吧？

085

小包包

包括晚宴包的小型包包，只要將同種類收在一起，就不會隨便混在大包包當中。還有，只要利用抽屜的隔間做出整理架，就可以像賣場的陳列櫃一樣，收得很有質感，需要的時候也能很快就找到東西。而且如果這樣收，那就算包包用了許多年也不會變形。

tool 抽屜隔間、角鐵（扁鐵）、螺絲、螺絲起子

how to

1 把原本就內建的梳妝台抽屜隔板拆下來。

2 把抽屜隔板放在穿衣間的隔板上面，然後裝上 ┓ 形狀的角鐵，最後用螺絲鎖緊。

3 穿衣間隔板的最外側已經有固定隔板的鐵條，請把鎖在抽屜隔板上的角鐵塞進去固定。

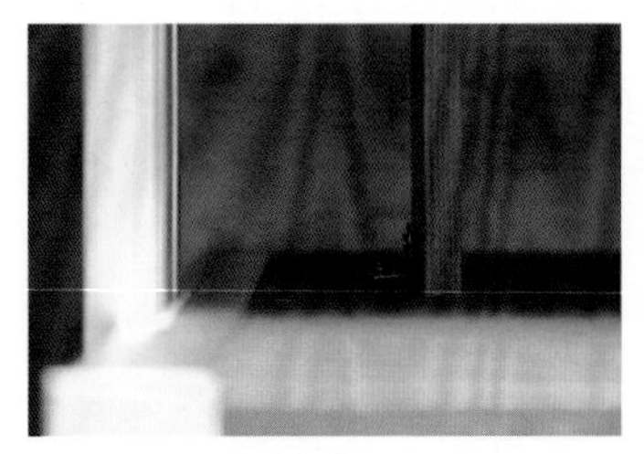

4 另一邊也同樣把角鐵塞進最外側的固定鐵條。

5 這樣就完成一個像書架一樣的包包整理架。

6 像把書放進書櫃一樣，依照大小、形狀、顏色將包包分類，直的收進架子上。

tip **背帶請朝同個方向。空間不太夠的時候，可以把另一個包包倒過來放，就可以塞進去了。**

包包整理原則

整理過包包的人大概都很清楚。要整理好不簡單，而要維持整齊更是難上加難。就算整理好了，只要拿出一兩個來用，原本放置的地方稍微出現一點空間之後，剩下的就會東倒西歪。就讓我來教教大家，在這種時候就算空著，但包包也絕對不會東倒西歪的Casamami包包整理原則吧。

第一，盡可能使用「隱形收納」。

包包的大小、顏色、材質等非常多變，很難收得整齊乾淨，最好使用隱形收納法。

第二，做一個隨時都方便拿取的包包吊環。

對女人來說，包包可以算是一種財產，會小心翼翼地保護並收在防塵袋裡，甚至還有些人會慎重地收起來。但這樣收的話，需要用的時候時拿出來就很麻煩，反而會因此只拿常用的包包。但不管再怎麼好的東西，如果不常用價值就會下降。所以如果我們能做個吊環，再把包包掛上去，那隨時都能輕鬆取用，不僅提升包包的使用率，也讓它發揮原有的價值。

第三，在包包之間留下空間，讓包包不會刮傷或變形。

決定好適合的收納位置，並在每個包包之間留下一定的間隔，這樣拿出要用的包包時，才不會讓包包彼此碰撞，這樣就能夠防止刮傷和變形。那我想大家應該都知道，要先把不需要的東西處理掉，才會有這樣的剩餘空間吧？

第四，包包跟皮夾請收在同個地方。物以類聚收納法！

包包和皮鞋可說是時尚的焦點。想要選擇適合搭配衣服的包包，最好的方法是將它們整理得一目瞭然。如果把皮夾也都整理在一起，要營造出具品味的時尚就更方便囉。

086
套裝用手提袋

要維持固定形狀的手提袋，必須要收在防塵袋裡。這時可以把包包放在鐵網做成的置物架、檔案整理架、檔案盒裡，然後收在衣櫃上方的空間，或吊桿下方的閒置空間。這樣不僅整齊，也可以減少刮傷，更能夠避免包包被壓到，以維持原來的樣子。

tool 鐵網、紮線帶、防塵袋或天鵝絨洋酒瓶套、檔案整理架、檔案盒

how to

1 把包包裝在防塵袋或天鵝絨材質的洋酒瓶套裡，然後收在鐵網製成的置物架上。

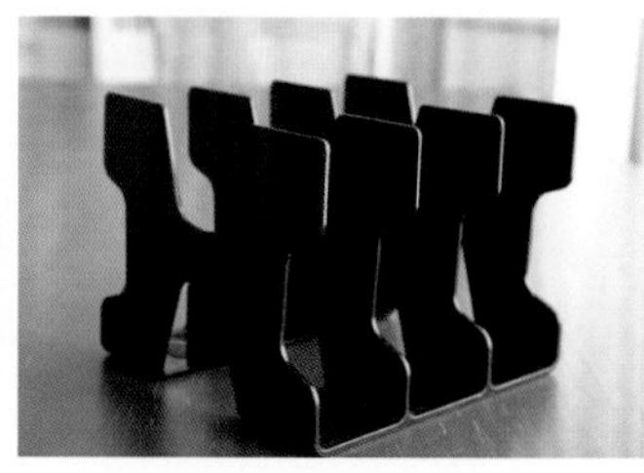

2 如果沒有鐵網的話，就使用檔案整理架。

3 把包包放進檔案整理架裡。

tip **如果檔案整理架的寬度較窄，就請將手提包倒過來放。**

4 將數個檔案盒連接在一起使用，是個超級好方法。

tip **連接檔案盒的方法請參考第84頁，製作平底鍋整理架的方法。也可以將一般紙盒沿對角線剪開，然後再拿來用。如果是像啤酒盒或飲料盒那種，立起來會成狹長狀的盒子更好。**

5 利用鐵網或檔案整理架、檔案盒做成包包置放架，再放進穿衣間的閒置空間。

tip **即使是用紙盒，只要做成這樣利於從前面拿取的樣子就會變得比較方便。**

製作包包置放架

1 要準備的鐵網有背板1個、底板1個、隔板4個。請依照置放架的空間和包包的大小，決定鐵網的大小與數量。

2 先把包包放在底板上，量出適合的間隔距離。

3 用紮線帶把背板和底板綁在一起。

4 留下放置包包的間隔，並將隔板用紮線帶固定。這是背板、底板與隔板三個鐵網連結在一起的樣子。

5 包包置放架完成的樣子。

如何有效的收納側背包？

「摺好收在籃子裡」

1 先把背帶往內摺。

2 將包包分成3等分，上下往中間摺起。

3 接著把左右兩邊也往內摺，並將其中一邊塞進另外一邊的開口，讓摺好的包包不會散開。

4 依序放進籃子裡，然後看是要把籃子直立來，或是照原樣放進抽屜或隔板。

tip 也可以把皮夾或晚宴包直立排列整齊收在籃子裡面。

087

皮夾

皮夾和包包不就像針和線一樣嗎？所以如果把皮夾跟包包收在一起，找起來就很方便了。如果皮夾有很多個，可以立在盤架或籃子裡，這樣就能保持整齊。

tool 木頭盤架、紮線帶、螺絲、螺絲起子

how to

1 把木頭盤架直立起來，固定在包包掛架上面的隔板上。

2 在每一格中間纏繞上紮線帶。

tip 紮線帶的功能，是讓體積較小的皮夾不會從架子中間掉下去。

3 大皮夾放在下面，小皮夾放在上面，一格放一個。

tip 收在這裡的皮夾要比肩線高，這樣才不會影響動線。

⊕ 運用盤架的收納小點子

如果空間不多的話，可以像照片這樣，像放盤子一樣把皮夾放在盤架上，再把整個盤架放到隔板上或抽屜裡。而在收遙控器、CD、DVD這些物品的時候，盤架也可以發揮很大的作用。

088

領巾、圍巾、手套

這些是從晚秋開始到冬天才會用到的配件，因爲使用頻率不高，所以收在穿衣間的抽屜櫃，比收在房間的抽屜櫃更爲合適。特別是領巾、圍巾、手套等不僅體積小又很容易倒下，如果在抽屜裡另外做個隔間整理的話，就可以一直維持整齊。老公的圍巾則可以另外跟衣服放在一起。

tool 窄盒子、剪刀、尺、刀子

how to

1 把領巾和圍巾疊好，收在像錄影帶盒這種窄窄的盒子裡，再放到抽屜裡。

tip 請注意厚圍巾的高度，讓抽屜關上時不會卡到。

2 如果盒子不夠的話，也可以把圍巾塞在盒子跟盒子之間。

tip 這樣只要2個盒子，就可以收5條圍巾了。

3 手套就一雙疊在一起，放在盒子裡面然後再收進抽屜裡。

tip 滑雪手套也可以擺在裝滑雪用品的季節用品盒裡。

Casamami的打掃tip

配件抽屜打掃方法

抽屜裡有好幾個盒子的時候，有個可以輕鬆打掃的方法。將手指放到盒子與盒子之間，這樣就能簡單一次移動所有盒子，也方便我們擦拭抽屜底部。

089

棒球帽、小便帽

這些帽子的收納重點，就是要維持圓弧狀不要被壓扁。可以把報紙揉成一團塞進帽子裡，或掛在吊環上，或者可以利用鍋蓋掛架等工具進行收納。小便帽可以像領巾一樣摺起來，收在寬度較窄的盒子再放進抽屜裡面。

tool 鍋蓋掛架、螺絲、螺絲起子、報紙、毛巾架、帽子吊環、窄盒子

how to

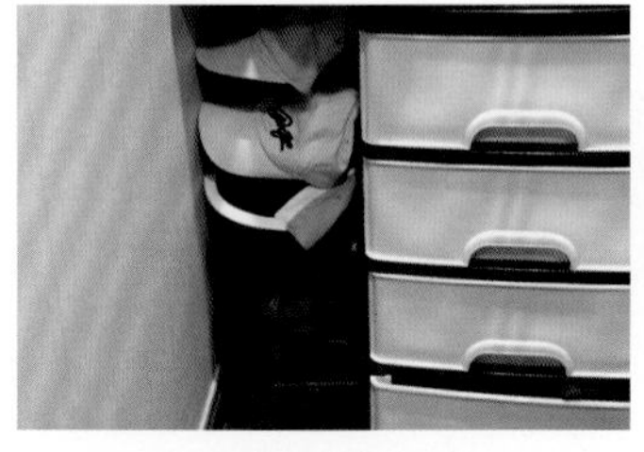

1 用螺絲把鍋蓋掛架固定在橫桿下方，然後把帽子摺成一半塞進去，這樣就能做簡單整理。

tip 使用頻率高的要收在上面，並讓帽子的側面露出來，這樣找起來才方便。

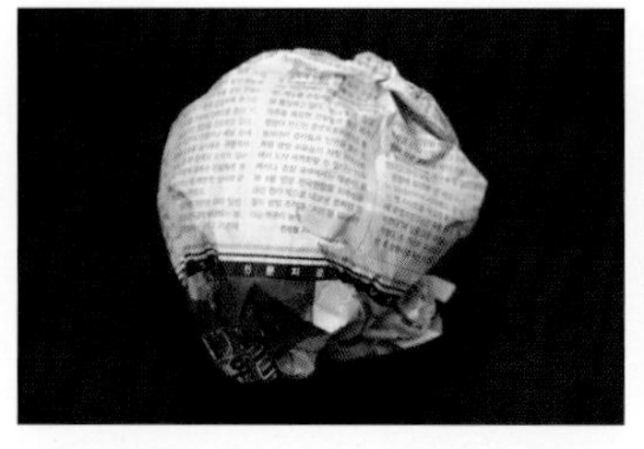

2 把報紙揉成符合帽子大小的圓球。

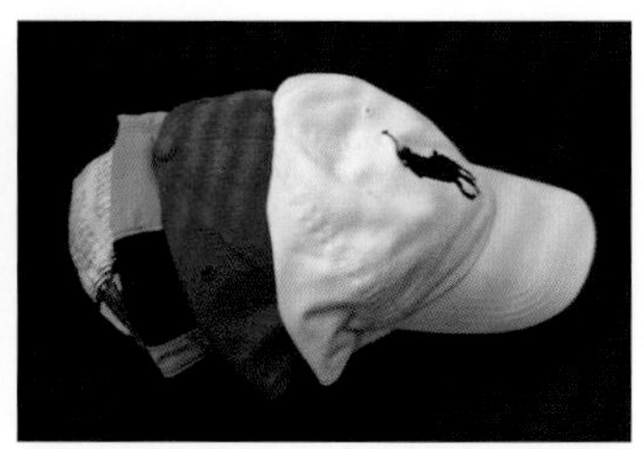

3 將帽子疊在揉成球狀的報紙上面，然後收進隔板或籃子裡。

4 也可以把毛巾架固定在隔板底部，然後做幾個吊環用來掛帽子。

tip 製作吊環的方法請參考198頁，用來收納大袋子的背包吊環作法。

5 小便帽或毛帽，可以用跟領巾一樣的方法，摺起來之後塞在窄盒子裡面，然後放進抽屜裡。

製作收納配件用的隔層

1 將原本用來裝棉被眞空壓縮袋的盒子拆開來攤平，然後裁成一半。

tip 也可以用錄影帶盒代替。盒子的大小要符合抽屜高度。

2 最後再把切半的盒子摺起來變成兩個盒子。

Casamami的生活tip

用褲子做小便帽

最近很多人喜歡戴小便帽吧？我們家的小朋友也很喜歡小便帽，不過他的要求卻挺麻煩的。太緊或太鬆都不行，會有點刺皮膚的也不要，要買到符合他條件要求的帽子超困難。後來在例行整理衣櫃時，我把一條很少穿的褲子剪成七分褲，又覺得剪下來的布料要丟掉很可惜。我想說褲管布料又薄，寬度跟頭圍爲好像也差不多，於是靈機一動把它就做成小便帽，沒想到我們家的小朋友超喜歡。用一條褲子就能做出兩頂帽子，送給兄妹一人一頂剛剛好。

1 剪下長度適中的褲管。
2 把褲管翻成反面，在要縫起來的地方畫一個圈。
3 留下中間約30%左右，然後把褲管兩端往內側縫起來。
4 翻回來以後，把剩下的部份稍微往內摺一點再縫起來。
5 拉住縫線在帽子上做出縐摺，最後打結。
6 從不用的圍巾上拆下一個毛球，縫在帽子上就完成了。

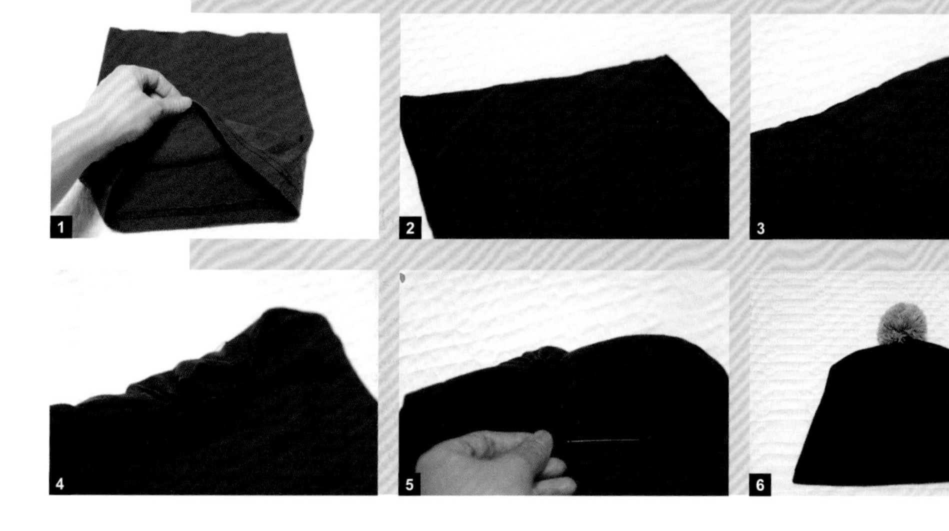

090

寬邊帽

像紳士帽這種寬邊帽，最重要的就是不讓邊緣受到擠壓損壞。我們可以用購物袋做成帽盒，將盒子一個個收在隔板上，不僅方便又好用。製作帽盒可使用一般購物袋，也可以用塑膠購物袋，請選擇自己方便的方法。

tool 塑膠購物袋、紙袋、膠帶、雙面膠、厚保麗龍板或厚紙板、剪刀、打洞器、標籤、吸管

how to

1 把帽子放進塑膠購物袋做成的帽盒，再掛上標籤。（參考210頁）

2 用紙袋做的帽盒也請掛上標籤。（參考209頁）

tip 標籤要長一點，這樣拿的時候就可以當成提把，方便我們把袋子拉下來。

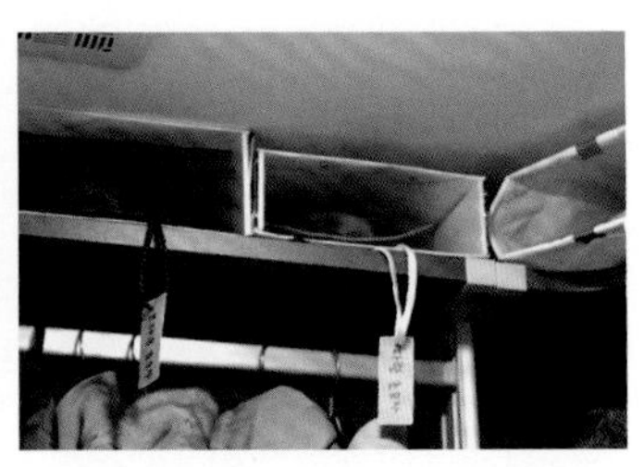

3 將帽盒收在隔板與天花板之間的空隙。

4 要拿的時候可以拉標籤的帶子，收的時候就用衣架把帽盒往裡面推就行了。

tip 不戴帽子的季節，只要用洗衣店的袋子簡單把帽子包起來，然後戳幾個小洞放回原位保存，這樣就不會有灰塵了。

用紙袋做帽盒

1 選擇比帽子稍大一些的紙袋，並把提帶拆下來。

2 帽子放進去以後，將袋子多出來的部份從側邊剪開。

3 把剪開的部份往內摺，然後用膠帶或雙面膠黏好固定。

4 請將厚保麗龍板或厚紙板，剪成符合購物袋側面寬度的大小。

5 將步驟4的板子緊貼在購物袋側面，並用膠帶固定。

tip 只要這樣幫盒子做好襯墊，那數個盒子疊在一起也可以維持堅固。

6 用打洞器在盒子上打洞，然後用提帶把標籤綁到盒子上。

7 完成的帽盒。

⊕ 用塑膠袋做帽盒

1 準備一個厚塑膠袋，並把提帶拆掉。

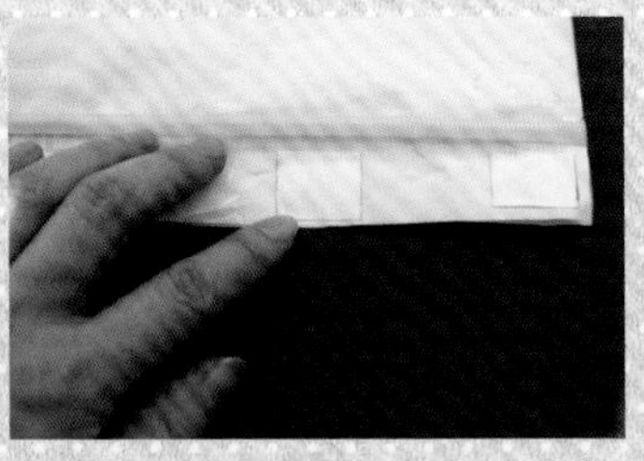

2 將吸管黏在袋口，彎曲的部份朝向袋子的兩端。

3 將塑膠袋口往內摺兩折，然後用雙面膠黏起來。

tip **這樣塑膠袋的袋口才會有支撐力，要記得把多出來的吸管長度剪掉。**

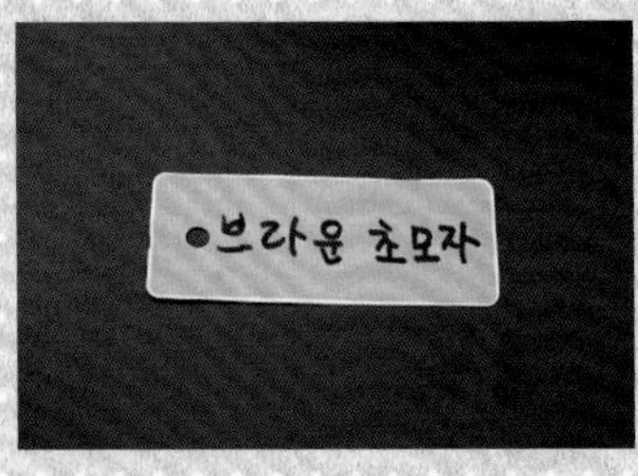

4 做一個寫有帽子種類與顏色的標籤，打洞之後掛到袋子上。

5 吸管可以維持盒子開口的樣子，這樣要拿帽子時比較方便。

Casamami的收納tip

讓老公滿意的一石三鳥領帶收納

領帶收納也是我經過多次的實驗失敗，才終於找出最好用的收納工具。我曾經試過把一條領帶捲成一圈，放進像牛奶盒這種四方形盒子、也曾使用壁櫃內建的領帶架，當然也用過市售的領帶收納工具。問題是一次全拿出來，要把那些沒被選中的領帶收回去，就變成大問題。一般在選領帶時，會一直把領帶拿出來比，不適合的就往旁邊一丟，直到找到適合的爲止。老公上班之後想要整理這些領帶，就要一條條重新捲好或摺起來再放回去。但是如果把領帶對摺，再用夾子夾起來掛著，這樣就能一次看到所有領帶，找也很方便。甚至可以維持掛著的狀態，直接拿來比比看跟衣服搭不搭，整理的時候也只要把吊環掛上去，根本是一石三鳥。用鬆緊帶代替毛巾架也可以唷，是我大力推薦的工具之一。

091
領帶

只要在穿衣間的門內側裝一個毛巾架，然後再用夾環把領帶夾起來掛上去，就可以一次看到所有領帶，挑選的時候也很方便。衣櫃門內側也可以用同樣的方法，不過必須考慮領帶厚度或衣櫃隔板深度，確認衣櫃的門能否順利關上。但最優先的第一要務，還是把過時或不合適的領帶整理出來。

tool 毛巾架、夾環

how to

1 把毛巾架裝在門內側，再將領帶對摺用夾環夾起，掛到毛巾架上。

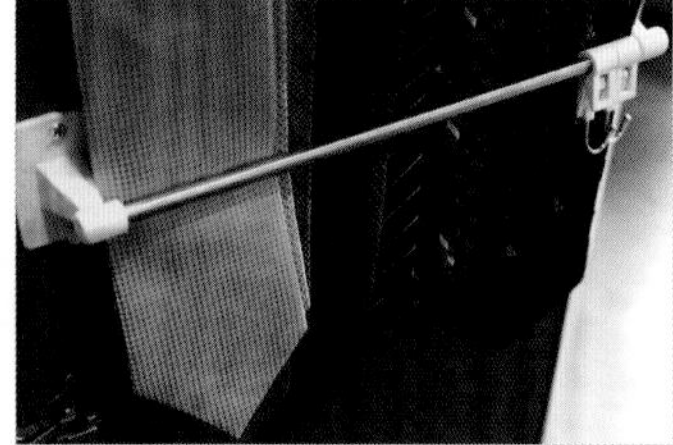

2 門的下半部再裝一個毛巾架，把領帶下襬放在毛巾架與門之間，這樣關門的時候就不會夾到領帶。

tip **可以用鬆緊帶代替毛巾架，把鬆緊帶兩端往內摺並用圖釘固定，也可以達到同樣的效果。**

3 領帶收納完成的樣子。

092

皮帶

皮帶可以用三個方法做整理。首先是跟領帶一樣的整理法，還有用背包吊環或市售皮帶掛架。不過掛好之後，用鬆緊帶固定不要讓皮帶亂晃這點都是一樣的。

tool 毛巾架、夾環、背包吊環、市售皮帶掛架、毛巾架或鬆緊帶與圖釘

how to

1 把皮帶扣掛在夾環上，然後掛到毛巾架上。

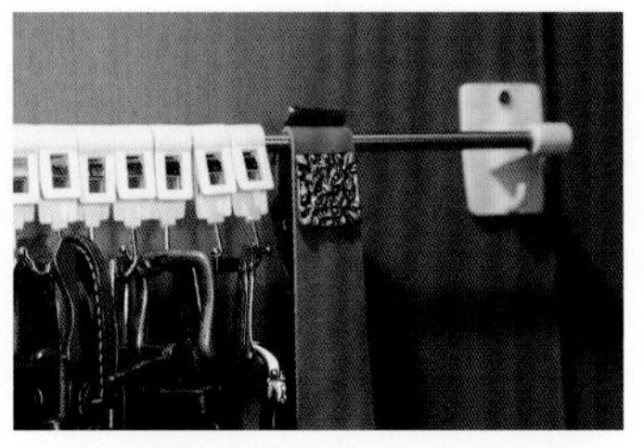

2 無法掛在夾環上的寬腰帶，就直接掛在毛巾架上。

3 也可以用衣架做成吊環拿來掛皮帶，一個吊環可以掛1～3條不同顏色的皮帶。

tip 吊環製作請參考198頁背包吊環製作法。

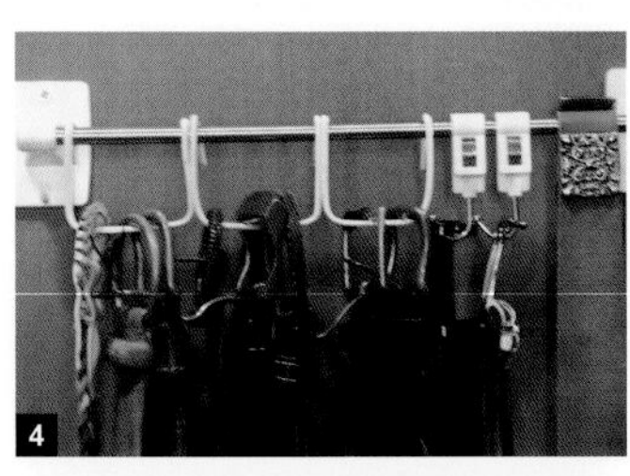

4

5

4 也可以把衣架作成的吊環和夾環混用。

5 也可以利用市售的皮帶掛架。

6 門的下方再裝一個毛巾架，或用鬆緊帶固定皮帶下襬，讓皮帶不會亂晃。

tip 鬆緊帶拉開固定的時候最好拉到最緊。這時候請將鬆緊帶兩側往內摺一折，然後再用圖釘固定，這樣就會堅固了。

6

梳妝台

梳妝台抽屜都是用來收飾品或彩妝品。因爲這些要花很多時間的彩妝和髮妝，主要都是坐著用，所以彩妝品和髮妝品要收在呈坐姿時，正好位於身體旁邊的抽屜，這樣開關抽屜才方便。如果放在中間的抽屜，那要拿東西時就要前後移動椅子和身體，這樣很不方便。而手錶或飾品通常要到化妝結束、衣服穿好之後，站起身才會挑選，所以可以放在靠近椅子的抽屜。這樣身體的移動幅度不需要太大，就可以輕鬆結束外出準備了。

梳妝台收納

093 化妝品、髮妝品

094 飾品（珠寶）

095 眼鏡

096 手錶

093

化妝品、髮妝品

如果像賣場一樣，以階梯式陳列所有的化妝品，這樣小東西也可以一下子就找到，使用起來方便許多。而基本化妝品放在浴室，彩妝品則收在梳妝台。只要利用文具整理盒和籃子來分割空間，所有的保養品就能輕鬆整理完成。但也別忘記，要先把放太久的化妝品整理出來唷。

tool 塑膠名牌座、膠帶、文具整理盒、唇膏整理架、籃子

how to

1 準備幾個塑膠名牌座。然後用透明膠帶把名牌座連接在一起，做成陳列架。

tip 用膠帶固定的時候，請注意讓陳列架在開關抽屜時不會跟著移動。塑膠名牌座可以在文具店買到。

2 階梯數請隨化妝品數量調整，照片裡是用6個名牌座做成3階。

3 剩下的空間就放一個文具整理盒，用來收眉筆、睫毛膏等較長的化妝品。

4 整理盒裡再放一個脣膏整理架，然後可以把脣膏跟棉花棒直放在裡面。

tip 無法放進脣膏整理架的脣膏，就請直立在文具整理盒裡面，不要讓它倒下。

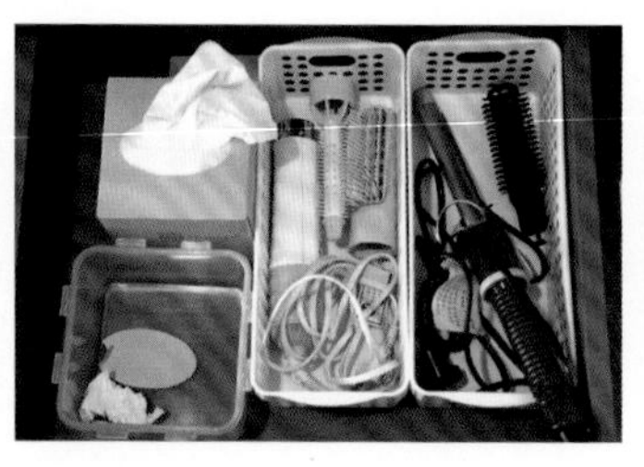

5 吹風機、電棒等整理好裝在籃子裡。

tip 旁邊請放面紙和小垃圾桶。

6 整齊乾淨的梳妝台。Casamami的梳妝台下方剩餘空間，是用來放老公的包包和洗衣籃。

094

飾品（珠寶）

飾品收納只要使用可依照種類分區的塑膠整理盒就很方便。準備2個整理盒，一邊放項鍊和手鐲，另一邊放耳環和戒指。利用眼鏡收納時拆下的小隔板（請參考216頁），還有小塑膠桶等做出更小的隔間，這樣在收小飾品的時候非常有用。

tool 分格塑膠整理盒、底片盒或兒童黏土桶、厚紙板或塑膠板

how to

1 把項鍊放進塑膠整理盒，體積特別小又有繩子的項鍊，就請裝進底片盒。

tip **把有繩子的項鍊另外收在底片盒裡，這樣不僅容易拿取，也不會跟其他東西纏在一起。**

2 如果沒有底片盒，可以用大小類似的黏土桶或塑膠蓋。

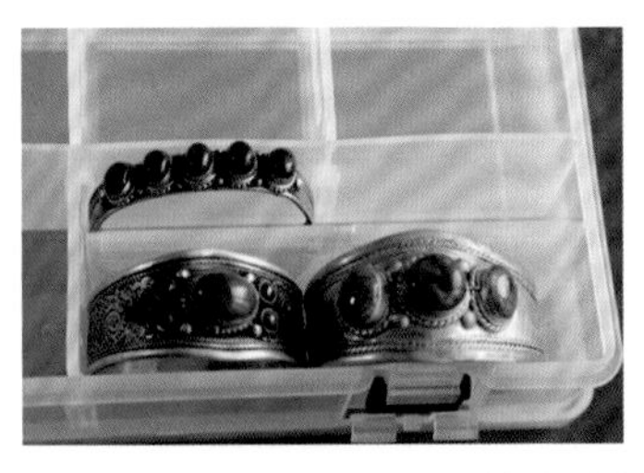

3 把整理眼鏡時拆下的小隔板，用透明膠帶固定在盒子裡之後，把手環直放進去。直立收納法！

4 純金的寶石請裝在小錢包裡再放進去。

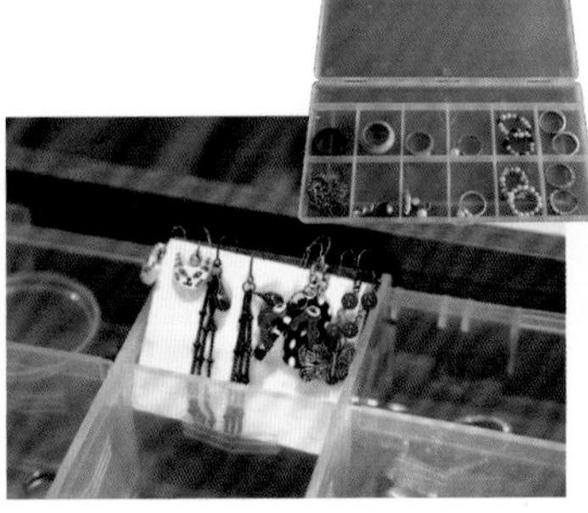

5 用透明膠帶固定小塊海綿或高科技泡棉之後，再把耳環插上去。戒指或墜飾就收在黏土桶裡。

6 體積較大的成套飾品，就直接將盒子放在整理盒旁邊。

095
眼鏡

最近眼鏡也變成時尚配件，大家的使用頻率很高，常常一個人會有好幾副眼鏡。雖然眼鏡收在眼鏡盒裡是很好，不過市面上販售的眼鏡盒價格可不一般。這裡要跟大家介紹只要花50元跟30分鐘，就能完成的Casamami式眼鏡整理盒。只要有一個整理盒，眼鏡收納也能很有品味。

tool 塑膠隔間整理盒、瓦楞紙、刀片、尺、膠帶

how to

1 把分格整理盒的小隔板拆掉。

tip 小隔板在整理手錶或飾品的時候會需要，請別丟掉。塑膠整理盒可以在大創、樂扣、大型超市、文具店等地方買到。

2 用瓦楞紙做出符合眼鏡高度與長度的隔板，放進盒子之後再把眼鏡收進去。

製作Casamami式眼鏡整理盒

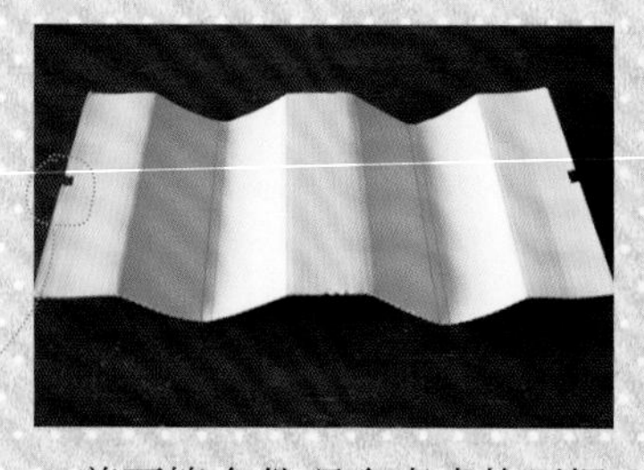

1 剪下符合整理盒高度的瓦楞紙（長29公分，寬14公分，間格4公分，間板厚度5mm）。

tip 瓦楞紙兩端要插進整理盒的位置，請剪出一個大小合適的孔，並調整瓦楞紙的尺寸，以符合整理盒大小。

2 摺一個邊長4公分的正方形，並在正方形左右兩邊各留2～3公分，做成整理盒的ㄈ字側邊。

3 把1的瓦楞紙摺起來，用膠帶把步驟2做出來的側邊黏上去做成整理盒。再把這個放進塑膠整理盒裡，這樣就完成了。

096

手錶

我們可以把手錶收進整理盒放在眼鏡盒旁。只要把錶帶繫好錶面朝上，看起來就很整齊，也可以防止刮傷。手錶請收在小朋友容易拿到的抽屜裡。

tool 分格塑膠整理盒

how to

1 整理盒裡一格就放一只手錶。

2 兒童手錶的格子可以分更小一點，一樣一格放一只。

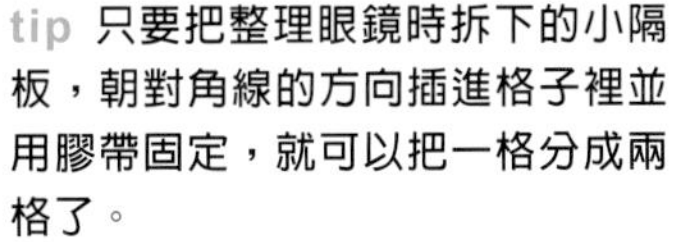

tip 只要把整理眼鏡時拆下的小隔板，朝對角線的方向插進格子裡並用膠帶固定，就可以把一格分成兩格了。

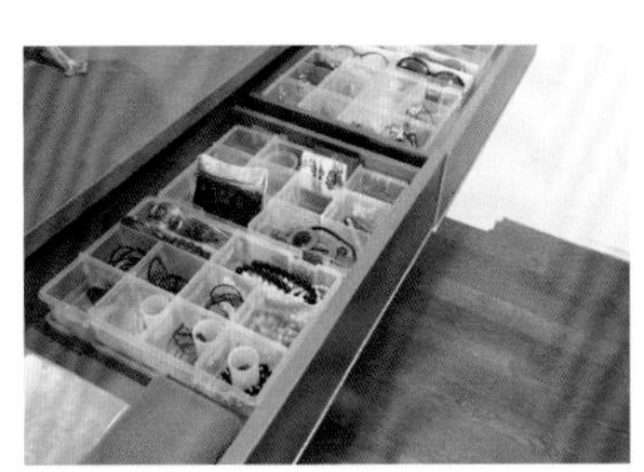

3 穿衣間抽屜裡放有手錶、眼鏡、飾品的樣子。

寢具

收棉被時最不方便的是什麼？Casamami回想了一下，應該是要拿出一條棉被，但卻把下面的棉被一起拉出來，而疊在上面的棉被全部倒下來吧。還有想要找一個枕頭套，但卻要把手伸進棉被之間慢慢摸。還有只要換一次棉被，就要從這個房間把棉被拿出來，再大費周章地搬到另個房間，超不方便。還不只這樣呢。嫁妝必備品「鴛鴦寢具」不僅佔位置，使用率也不高，讓我超鬱悶。想想，棉被櫃造成的不便好像還不只一兩個。應該很多人都跟我差不多，所以我就想出一個寢具收納法。首先，寢具收納大原則就是垂直收納，並把床罩、床墊、枕頭套等分類整理，這樣比一整組寢具收在一起更方便。那，接下來就介紹各種寢具的疊放法吧。

夫妻房間與孩子房間的寢具要分開收

一般的家中都會把所有寢具收在夫妻房的衣櫃裡，不過我想把東西收在實際使用的空間裡，這樣是最方便的。

請把棉被櫃放在靠近窗戶的地方

棉被要常常抖灰塵，並拿出來曬太陽才行。所以收在靠近窗戶的地方，就不需要拿著沉重的棉被移動，只要透過旁邊的窗戶把棉被移到陽台，再打開窗戶就可以撣灰塵、曬太陽了，超方便！

棉被櫃隔板的寬度要夠寬才方便

一般衣櫃的隔板寬度是90公分，但棉被櫃最好是100公分。這樣棉被摺窄一點，就可以一次放兩排，拿出來、放回去都很方便。請將棉被與床墊分開整理。孩子房間的棉被櫃寬度則是50公分，一樣可以收兩排。

隔板間隔密集一點，把相同的寢具放在一起

隔板的適當高度大約是可以放2～4套寢具。這樣拿棉被的時候東西才不會亂掉，收取時也能維持整齊。把類似的寢具收在一起，放在不同的隔板才整齊。

097

枕頭套

橫的摺兩折，再直的摺兩折，最後垂直放進抽屜裡。可以讓每個枕頭套相互垂直，這樣就可以直接把枕頭套當成隔板，看起來超整齊。

how to

1 先把枕頭套攤平直放。

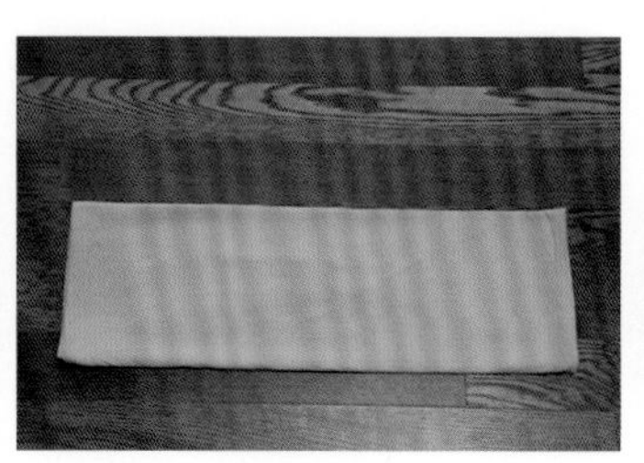

2 然後往上摺兩折。

3 接著橫的分成三等分，再摺兩折。

tip 用手畫摺線，摺的時候可以摺得更整齊。

4 將打摺處朝上垂直放進抽屜或收在籃子裡。

5 將摺好的枕頭套分別直放或橫放在抽屜裡，就可以兼作隔板的功能，枕頭套就不會倒下。

6 枕頭套很多的時候，就全部依序直放即可。

098

床罩

寢具類只要先用手劃線再摺，就可以摺得很整齊。收納的時候則要把打摺處朝上，並把常替換的寢具放在容易拿取的上層。

how to

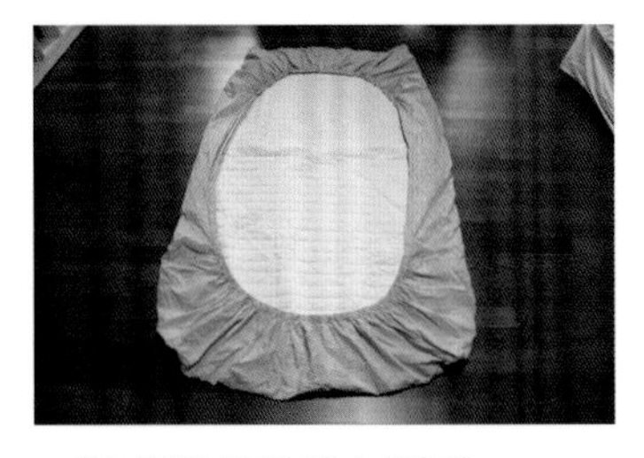

1 將床罩背面朝上攤平。

tip 照片裡的尺寸是Super Single。

2 由下往上對摺。

3 直分成三等分，再將左右兩邊往內摺。

4 然後再往上對摺一次。

5 收進櫃子裡排成兩排，並將打摺處朝外放好。

tip 常替換的床罩，請放在不用彎腰就能拿到的上層。只要依照季節整理好，更換寢具的時候就非常輕鬆。

099

床墊

單人床墊的摺法跟床罩摺法很像，先用手劃線就可以摺得整整齊齊。

how to

1 由下往上對摺。
2 直分成四等分，然後從左右分別向內摺。
3 再左右對摺起來。
4 最後再往上對摺一次。

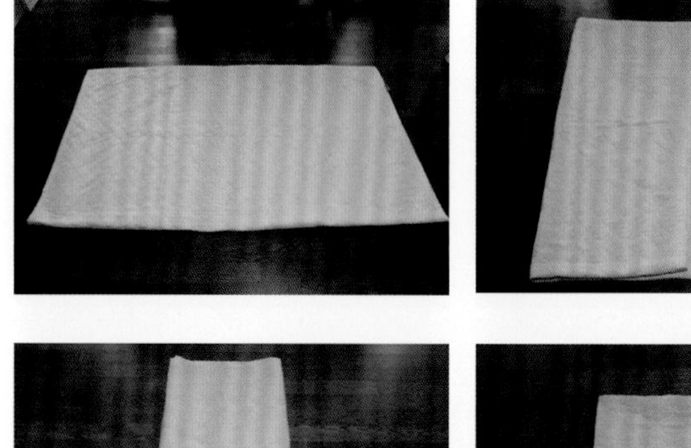

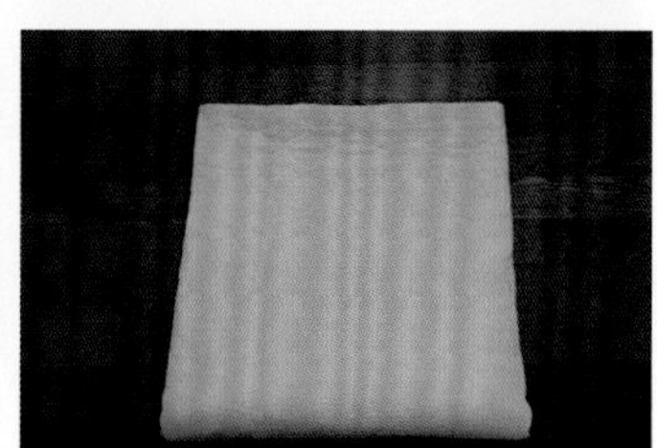

Casamami的收納tip

寢具配件要收在抽屜

一般寢具都是整組購買，所以通常會跟枕頭套放在一起，不過因爲枕頭套更換次數比棉被頻繁，所以我覺得另外整理在一起比較方便。靠墊套、薄被套和大毛巾等，因爲體積小的關係，跟棉被放在一起找起來不容易，放在抽屜裡反而更好。如果抽屜不夠的話，也可以收在籃子或盒子裡。

100

單人床包

四角都有鬆緊帶的薄床罩，要摺好實在不容易。就算摺好了也很容易馬上就散開。但其實只要在摺好之後，像用袋子把床罩包住，一樣整個將床罩翻面，這樣就可以維持整齊。

how to

1 將床單正面向上攤平。

2 由下往上對摺。

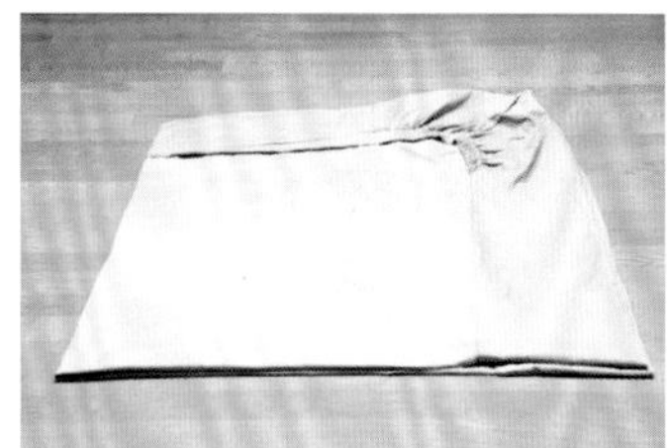

3 由左往右對摺。

4 再由右往左對摺一次。

5 然後再上下對摺。

6 接著再上下對摺一次。

7 然後從開口處翻過來。

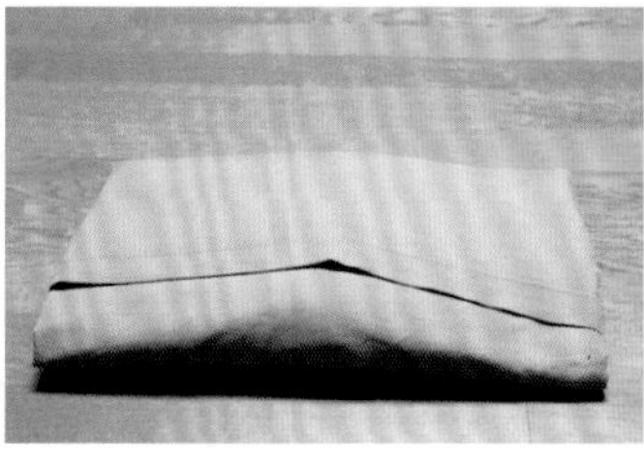

8 摺好的樣子。

tip 這樣就可以維持摺好的狀態，床單才不會散開。

9 最後請收在棉被櫃的抽屜裡。

101
鴛鴦寢具

因爲韓國的鴛鴦寢具是絲質的，保存起來很不容易，而且跟最近的床組風格不太符合，很多人都會束之高閣。但它是純天然棉，質地又輕又軟，優點是對身體好。所以只要換一下床包，就足夠日常生活使用了。讓我來介紹一下，如何把原本占位置的討厭鬼，變成質地優良的好棉被吧。

tool 粗線、針

how to

1 把鴛鴦寢具的緞帶和被單都拆掉。

tip 為了去除塵蟎和灰塵，請先拿到太陽下曬。

2 用粗的線在被套上縫6個堅固的絲線環。

tip 也可以用白色的鬆緊帶、鞋帶來做。

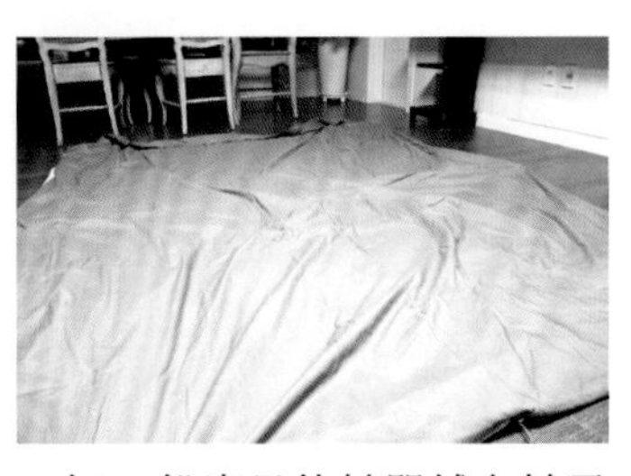

3 把一般寢具的被單鋪在被子上。

tip 被單大小要跟被子一樣大或是稍微大一點，這樣被子塞進去的時候才會剛剛好。一般的鴛鴦寢具都適用雙人被單，Queen Size的被單則是會有比較寬鬆的感覺。

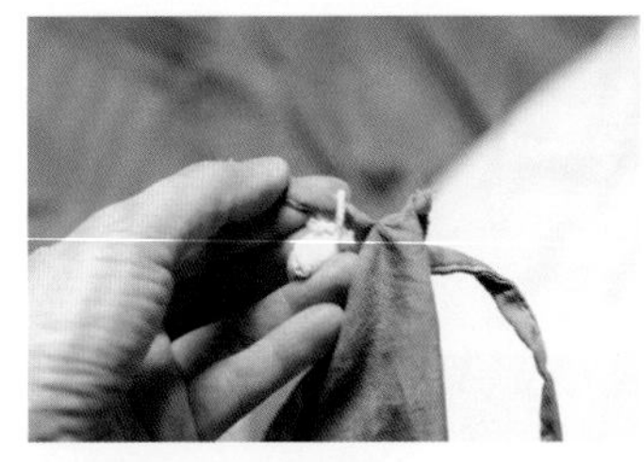

4 把床單上的線穿過被子上的絲線環，然後把線綁好將床單套上。

5 換了床單的鴛鴦寢具，然後放回床上就完成了。

如何縫絲線環

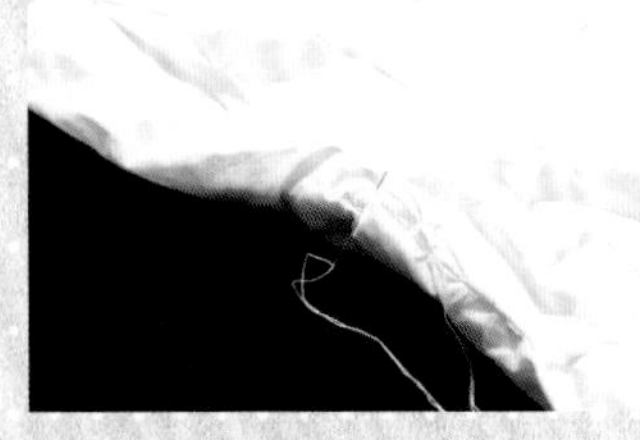

1 拿一條粗的線穿過針孔，然後在被套上縫一針，並將線拉到最底。

2 接著再縫第二針，留下一定長度的線，然後把大拇指跟食指放進去將線撐開。

3 然後大拇指跟食指抓住前面的線，慢慢將線拉過線環。針不需要穿過線環，只要拉線就好，就想成是抓著針的手指，一直維持原動作在原地不動。

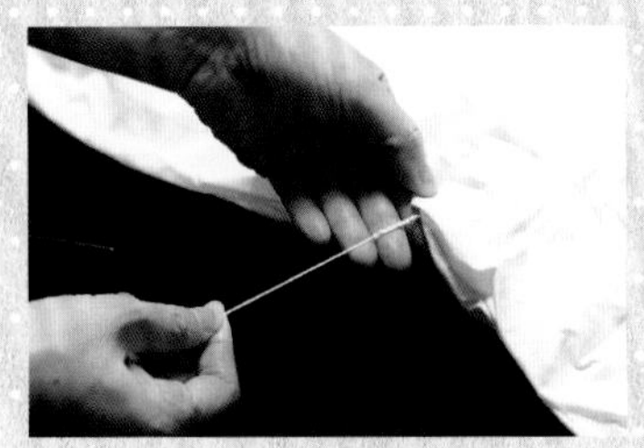

4 這樣反覆做幾次，就做出一條打了好幾個結、非常堅固的線。

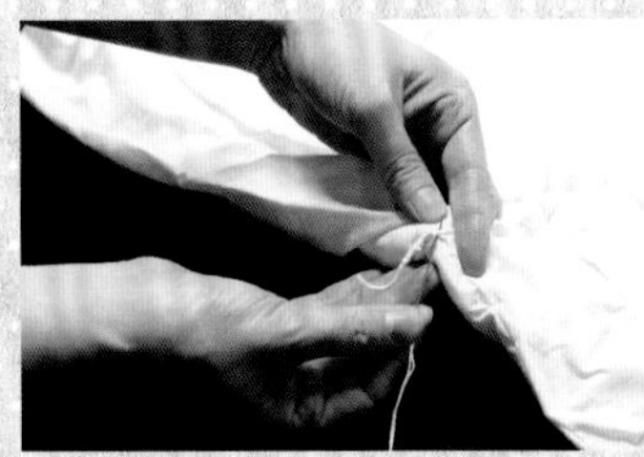

5 等到有了一定長度之後，就在第一針旁邊再縫一針，然後繞一個圈再打結。

6 線環完成了。

Casamami的生活tip

替代鈕釦的線環活用法

當我們不便在小朋友的衣服或圍巾上，穿個洞來扣釦子的時候，就可以用線環代替。小朋友的圍巾掉下來，每次都要重新替他圍上，這樣真的很麻煩吧？這時候，只要在圍巾上縫一個線環，再縫一個鈕釦，圍巾就不會鬆開也不會覺得煩了，小朋友一定超喜歡。

Casamami的籃子禮讚！請相信價值50元的籃子

大家知道我們的收納和日本有點不一樣嗎？日本的重點是擺在實用性，而韓國的主婦們則比較希望能兼具機能與美觀。舉例來說，把內衣收在牛奶盒裡，跟收在籃子裡就有差吧。從實用面來說兩者都OK，不過我個人強力推薦大家使用籃子。不僅看起來美觀，再加上一想到要收集、洗淨、曬乾牛奶盒所花的精力，就會覺得50元的籃子更有效率。還有一點，那就是整理這件事要下定決心時就立刻開始，如果收集工具的準備時間很長，通常會對收納產生反感，然後會因爲很煩而放棄。如果是要跟時間賽跑的職業主婦，那當然更是如此。推薦籃子的最大原因，是籃子本身就有一定的形式，整理東西時可以給人一種整體性的安定感。所以我不只想跟大家推薦籃子，也想勸大家有策略的使用各種收納工具。雖然牛奶盒、寶特瓶都不錯，不過如果使用籃子，可以更快開始進行收納，那節省下來的時間不就能用在自己身上嗎？跟從自己錢包裡跑掉的50-100元相比，到底哪個比較值得呢？請大家想想那個價值吧。

結婚14年來，Casamami家的裝潢與家具雖然都有點改變，不過都一直維持著當初整理好的狀態，我想這完全是籃子收納的力量。因爲不是自己一個人住的家，所以無論我再怎麼勤於整理，如果其他家人不爲我想的話，那乾淨整齊就會像噴泉一樣，轉眼間便化爲烏有。不過如果使用有分格的收納工具，那就沒有這種疑慮了。擁有這種功能的最佳工具，當然就是籃子。我剛結婚時，國內的收納籃還不像現在這麼普及，市面上幾乎是日本製品，購買也相當困難。要搭1個半小時左右的車，到地鐵高速Terminal站去才能買到。去了一次之後我覺得無法常去，就一次買了一堆看中的東西，然後用繩子把東西綁好，再背在肩上去搭公車，還得承受公車司機的注目禮！

如果只是這樣那還好，可是把目測後買回來的籃子，放進收納空間裡卻發現大小不合的話，就得花來回3小時的時間，再跑到原來的賣場更換。而且這種事情更是頻頻發生，有時候車費會比籃子的費用更貴，不過也很有趣啦。14年後的現在，那些籃子都還在服役中。至於現在，只要去特價超市或大創就可以買到，都不知道有多方便多好。不過，希望大家不要可惜這買籃子的錢。當然一次買10個、20個的話是要花一筆大錢，所以我建議不要一次買完，改成這個月買裡屋、下個月買廚房的方式，花點時間一個地方一個地方慢慢買。一個月只要花兩三百元，減少因爲整理房子而帶來的壓力，不就很值得挑戰一下嗎？

part

05

小孩的衣服

小孩衣物的收納重點，是要讓小朋友可以自己找衣服來穿、脫下來的衣服可以自己放到洗衣籃。可以說是讓他們熟悉「自我主導的整理」習慣吧？但請別想得太難。小孩衣物只要用跟大人一樣的收納標準就可以了。Casamami家中的兒童空間，分成寢室跟書房兩個，所以衣服收在寢室可以縮短動線。我也把收納空間分為衣櫃吊桿、衣櫃隔板、抽屜櫃等，分別把物品整理起來。摺衣、收納的方法都跟大人的衣服幾乎一樣。這章主要會介紹只適用於小孩衣物的方法。

先決定房間的功能

Casamami把房間分成書房與寢室，寢室是兩個小孩睡覺跟穿衣服的空間。

只放置少量必須的家具

寢室只放床、小桌子、衣櫃、抽屜櫃2個，還有鏡子。

大致決定擺設與收納物品

兩個小孩共用寢室（Casamami家）

- 衣櫃（寬135公分爲準）：吊桿3根、寬45公分的隔板4個、寬45公分的抽屜4個。
- 抽屜櫃：寬55公分的抽屜2排共6個。

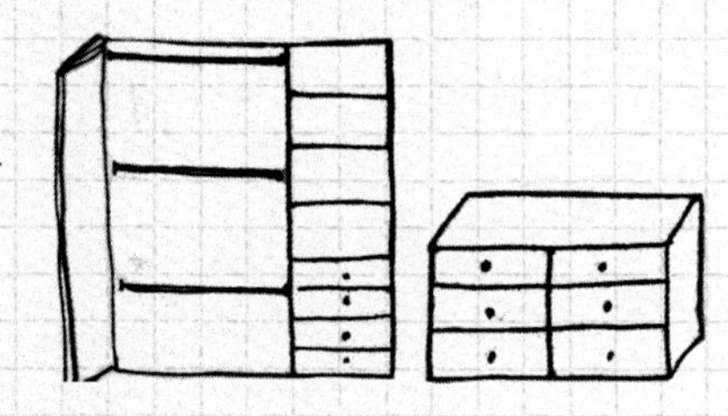

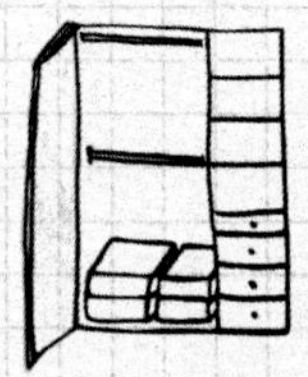

兩個小孩分用寢室

因爲要把寢室跟書房的功能合併在一起，所以每間房間都需要衣櫃、抽屜櫃、床、書桌、椅子。假設一個衣櫃只能收一個小朋友的衣服，那就是衣櫃上下各裝1根吊桿，吊桿下面的空間，就放一些體積較大，而且不常使用的物品。

只有抽屜櫃，沒有衣櫃的小孩房間

夏天時把外套等衣服收在其他房間的衣櫃，將抽屜櫃運用到最大極限。其他季節的話，則在房門上裝幾個黏貼式吊桿，或裝個簡易吊桿來代替衣櫃吧。

小孩的衣服

吊掛衣櫥

因爲小孩的衣服比大人的短，如果只在上下各設置1根吊桿，這樣就會有很多死角。所以我改成上中下3根，這樣收納量就增加了1.5倍。如果小孩子長大，那就把減少爲2根，而下方的死角則放置收納盒來提升空間活用度。之前有介紹過，太長的衣服就用衣架調整長度，請大家自己注意看囉。收法大部分都跟大人的衣服一樣，依照使用頻率決定要掛在哪個位置，再依照物品類別、顏色整理就好。

102

基本吊掛

請把使用頻率最低的掛在最上層，頻率高的掛在中間，使用頻率一般的掛在下面。使用頻率每家都不太一樣，請依照自己的生活模式做調整。還有請考慮每件衣物之間的間隔與使用頻率，將同類的物品放在一起，再依照顏色整理，這樣看起來就超級整齊囉。

how to

1 最上面的吊桿掛厚外套或滑雪衫之類的冬季衣物。

tip 冬天的厚外套或外套只要拿一件出來，就可以穿好幾天，因此可以看成是拿取次數少的衣物。只要把要繼續穿的外套拿出來，掛到設置於房門的簡易衣架上，這樣要穿時就很方便了。

2 中間吊桿則掛換季時常穿的外套、羊毛衫、洋裝等。

3 最下面的吊桿則掛裙子和馬背心。

4 人家送的衣服和要送出去的衣服，因爲不會馬上用到，所以就裝在收納盒裡，放在吊桿下的死角。

5 如果放盒子的空間很窄，那也可以把盒子直立起來。

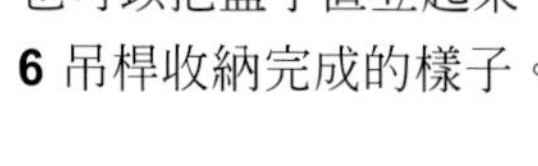

6 吊桿收納完成的樣子。

Casamami的擺設tip　小孩寢室的家具擺設，如何幫助收納更有效率

Casamami在挑選、擺設孩子寢室的家具時，同時也一邊想著未來該如何收納。我選擇的方法，跟一般貼著牆面的擺設有些不同。接著就來看看小孩的寢室組成吧？

首先買2張沒有床頭櫃也沒有床架的床墊，並排放在寢室裡，兩張床墊中間擺一個可以放書的小矮桌。不買床頭櫃跟床架的原因，是因爲找不到喜歡的，還有又貴又佔據很多空間。只買床墊的話，就只要擺一個大枕頭，還可以搭配不同床單呈現出各種風格，不僅節省空間與費用，連家具風格都能自由更換。

還有，如果把抽屜櫃擺在床尾，就可以當成簡易書桌，好處多多。但要這樣做的話，抽屜櫃的大小最好跟床差不多，或是稍微比床小一點，高度則在需要微微彎腰，適合摺衣服的高度最適當，太高的話房間看起來會很擁擠。然後在抽屜櫃的對面裝一個壁櫃當衣櫃，這樣讓兩個櫃子相對，就可以站在原地，同時使用抽屜櫃與衣櫃了，產生跟穿衣間一樣的效果與感覺。

Casamami的收納tip　吊桿收納原則複習

- 依照使用頻率以中間、下面、上面的順序掛上衣服。
- 相同的物品，顏色由淺至深朝相同的方向掛。
- 長度差異很多的衣服，就全部聚集在同一邊。
- 二手衣和要送出去的衣服則裝在盒子裡，收在吊桿下的死角。
- 有拉鍊的衣服請把拉鍊拉起來再掛上去。
- 爲活用空間，請把空衣架拿出衣櫃。

103

長版衣物

因為吊桿上下共有3根，所以像長大衣這種長版衣物，要掛起來實在不容易，這種時候只要用兩個衣架把長度縮短即可。

tool S字形塑膠衣架、褲架

how to

1 把衣服掛到衣架上。

2 把拉鍊拉起來之後，用褲架夾住衣服下襬1～2公分，並把袖子往中間摺。

3 把夾在衣服上的褲架往上提，掛到衣架上。

tip 隨著褲架掛在衣架上的位置不同，就可以調整衣服的長度。

4 衣服最上面的釦子要扣起來，褲架才能固定好。

104

洋裝、裙子

直接把洋裝掛起來，其長度也會跟其他的裙子不合。這種時候只要把洋裝對摺掛在褲架上，那洋裝就不會產生摺痕，長度也會跟其他衣服一樣。至於裙襬較寬的喇叭裙，也是只要稍微把衣架彎曲一下，就可以維持裙子原本的樣子。

tool 衣架、褲架

how to

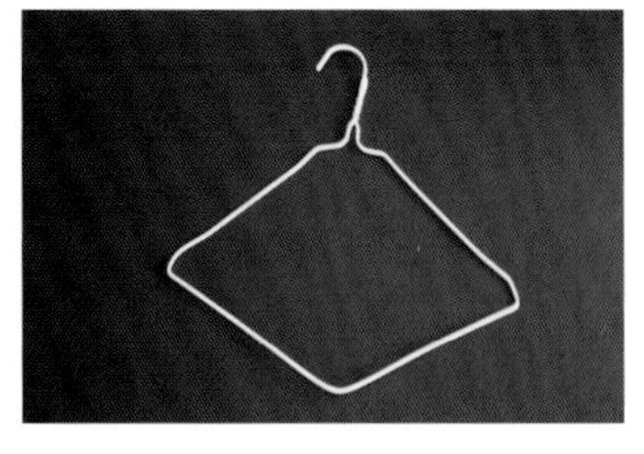

1 把衣架凹成跟照片一樣。

2 把喇叭裙攤開掛上去。

tip **一字裙或牛仔裙，則是改用褲架比較方便。**

3 把洋裝摺半，並在衣架上鋪一張紙，然後再把摺半的洋裝掛到衣架上。

⊕ 活用衣叉

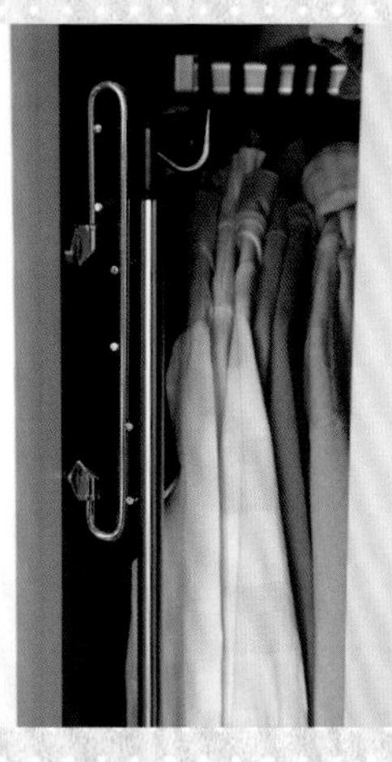

1 要把吊桿上的衣服拿出來時會用到衣叉，請把衣叉掛在衣櫃裡的領帶架上。

2 要扣釦子或拉拉鍊的時候，可以直接把衣服掛在衣叉上進行。

3 沒有衣叉的時候，就在衣櫃隔板的前面裝一個掛鉤代替衣叉。

tip **適合用於整理大人衣物時。**

小孩的衣服

抽屜

床尾的抽屜櫃分別收著兩個小孩的衣服，適合用來讓他們養成自己整理的習慣，就當作是他們擁有一個自己的櫃子。如果無法另外放抽屜櫃，那就各分幾個抽屜給他們，或是在抽屜裡區隔一些空間歸他們管。一個抽屜只要收一種物品，像內衣、褲子、T恤這樣分開放，這樣孩子才能很快找到東西。還有，請從使用頻率高的衣服開始，由上往下依序收納。使用頻率較低的圍巾和手套等冬天配件與寢飾，請收在衣櫃裡的抽屜和隔板。

抽屜櫃收納

105
內衣褲

摺法跟大人的內褲差不多。不過，在摺兒童穿的三角褲時，要將背面朝上露出正面的圖案，這樣小朋友才比較容易找到。摺好的內褲就垂直放進塑膠籃或整理盒，然後收進抽屜裡。

tool 塑膠整理盒

how to 三角褲

1 把內褲背面朝上，直分成三等分，再從左右兩邊往中間摺。

2 然後橫的分成三等分，先將褲頭往下摺，再把褲底往上摺，最後把褲底塞進褲頭鬆緊帶裡面。

3 摺好的樣子。

tip **收納時要把打摺處向上，這樣看起來才整齊。**

how to 四角褲

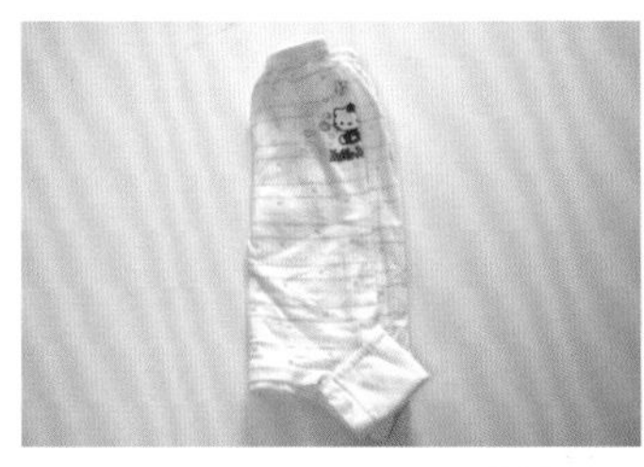

1 把內褲攤平，直的對摺一遍。然後再直的對摺一遍。

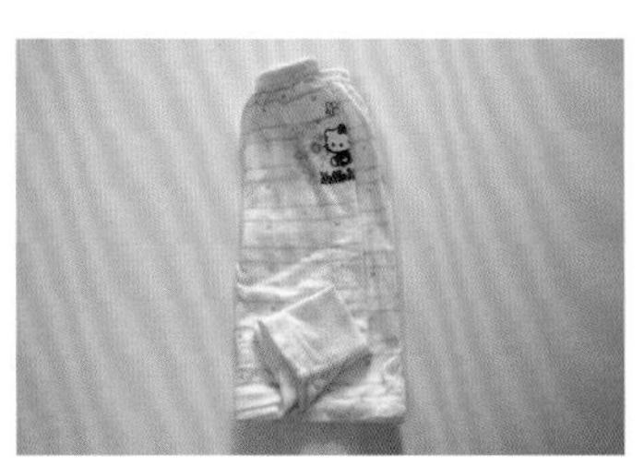

2 把凸出來的部份往內摺。

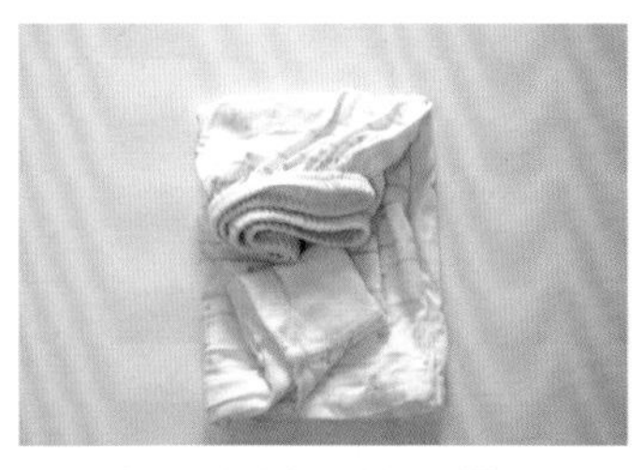

3 跟摺三角褲一樣，橫分成3等分之後把褲頭往中間摺，然後再把褲腳往上摺，塞進鬆緊帶裡面。

106

小可愛背心

像小可愛背心這種小件的內衣，如果摺得又大又薄，在抽屜裡很容易散開，或是夾在其他衣服之間找不到。而如果把摺得小小的背心，收在籃子或塑膠整理盒裡面，不僅可以支撐其他衣服不要倒下，還能維持衣服摺好的狀態。這裡介紹兩種小可愛的摺法，請選擇認爲簡單的使用。

tool 摺衣板、籃子或塑膠整理盒

how to ❶

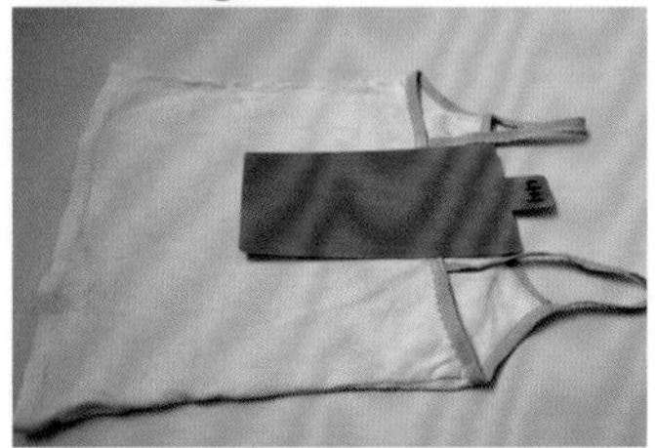

1 把小可愛攤開，將摺衣板放在衣服中間。以板子爲中心，將左右兩邊依序往中間摺。

2 把板子抽出來，然後把小可愛分成三等分，先把有肩帶的那邊往中間摺。

tip 無袖衣物也可以用這方法摺。

3 再把剩下的部份摺起來，摺的跟照片一樣整齊。

Casamami的收納tip

效果滿分，整理內衣的智慧！

剛剛洗好還充滿肥皂香味的乾淨內衣！那些越小越薄的內衣，越不能隨便塞在抽屜裡面，需要一些收納智慧，以突顯這些衣物的潔淨感。Casamami想建議大家使用小籃子或一些隔間。把摺疊整齊的內衣，整齊地裝在籃子裡面收進抽屜；或是在抽屜裡放一些隔間工具，再把內衣收進抽屜。這樣打開抽屜時，內衣不僅找起來方便，從中抽一件出來之後，其他的也不會亂掉，可以長期維持整齊。

how to ❷

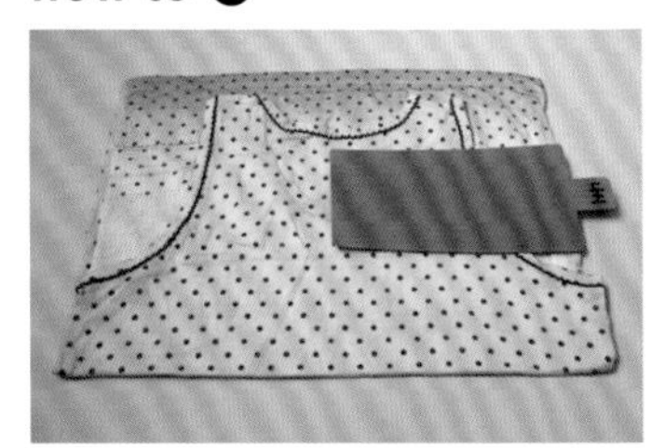

1 把小可愛橫的對摺，然後把摺衣板放在跟照片一樣的位置。

tip 因為小小孩穿的無袖衣服長度較短，要摺之前就不用特地先對摺了。

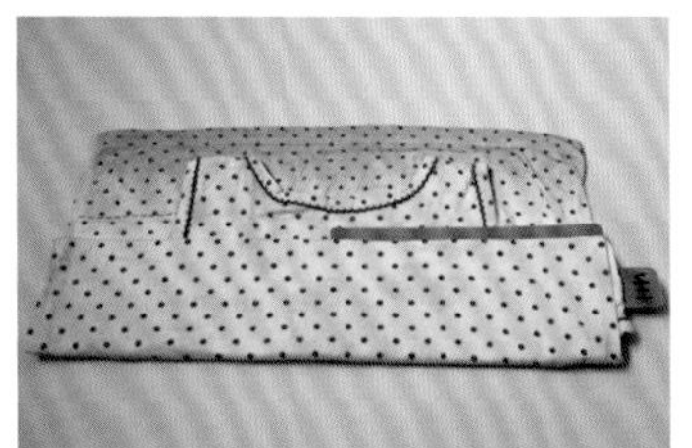

2 以板子爲中心，左右兩邊貼緊板子，將其中一邊往中間摺。

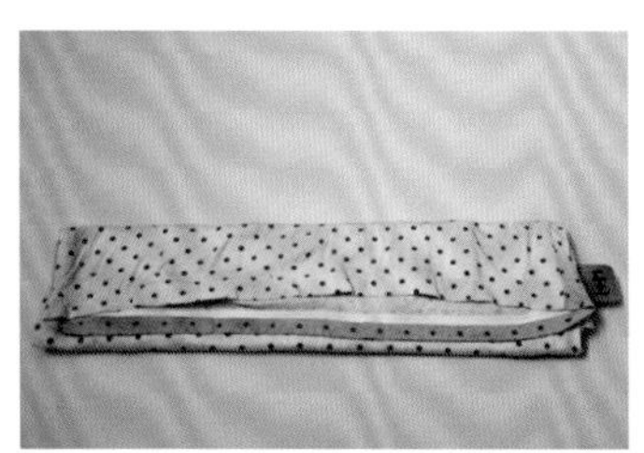

3 把另外一邊也往中間摺進來。

4 以板子的長度爲標準，貼著板子對摺。

5 把板子抽出來之後再對摺一次就完成了。

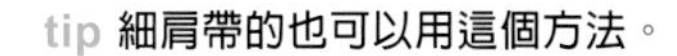

tip 細肩帶的也可以用這個方法。

6 摺好的小可愛就垂直放進籃子或塑膠整理盒，看起來就很整齊了。

tip 可以用牛奶盒或寶特瓶來代替籃子。

小孩的衣服請別收太緊密！

如果想養成小孩自己整理衣服的習慣，那最好不要收得太緊密。因爲小孩的手不像大人一樣巧，所以請盡量整理得寬鬆一點，讓他們不會想要拿一件衣服，結果卻跟著抽出其他2、3件衣服。不只是衣服，小朋友所有的東西都要這樣收，他們才能輕鬆拿出東西來，並自然養成習慣。還有，要把物品確實分類整理，並告訴他們東西分別放在哪，或是也可以使用標籤標示。

107

短袖上衣

摺法和大人的衣服一樣，使用摺衣板會更方便。不過如果沒有摺衣板，可以先用手量一下再摺，這樣就能得到一樣的效果，短袖T恤的基本原理也一樣。

tool 摺衣板

how to

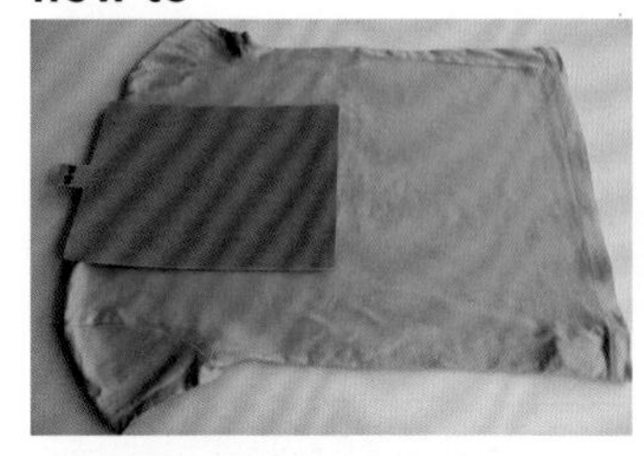

1 把摺衣板放在衣服背面。

2 將左右兩邊往中間摺。

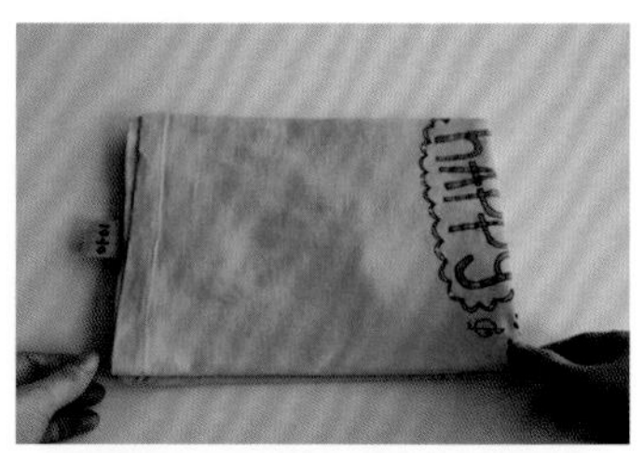

3 像照片一樣對摺一半之後，再把摺衣板抽出來。

4 把摺衣板抽出之後，放在中間然後再把衣服對摺，這樣更整齊。

5 完成的樣子。

6 將用這種方法摺好的上衣，收成兩排在抽屜裡。

tip 常穿的衣服要放在前面才方便。抽屜如果有好幾個，就請依照短袖、長袖、無袖分類收納。

不用摺衣板的話？

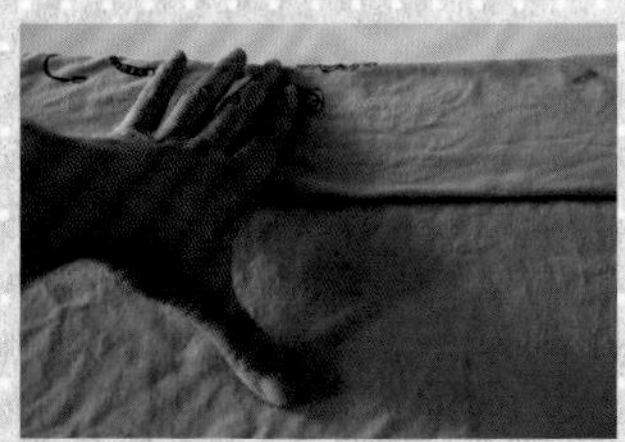

就用手大概量一下大小再摺即可。

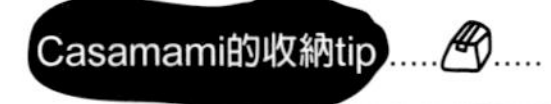

抽屜櫃也請編號！

摺整齊的衣服，要放在適當的位置穿起來才方便吧？穿著頻率高的衣服就放在不需要太過彎腰，也可以輕鬆拿到的最上層抽屜。以右撇子為準，順序是從右邊最上面的抽屜開始，到左邊最下面的抽屜。以下是Casamami的順序：

1號抽屜：內衣
2號抽屜：睡衣與居家服
3號抽屜：短袖上衣與長袖上衣
4號抽屜：短褲
5號抽屜：長袖上衣與背心
6號抽屜：長褲

男孩和女孩的抽屜收納法也不同！

女孩子的內衣和襪子種類，比男孩子多很多。有內褲、褲襪、及膝襪、踝襪等，襪子的種類很多，請分開放讓小孩比較容易找。而且光是這樣，就可以把抽屜整個塞滿了。相比之下，男孩子只有內褲和襪子兩種，多出來的空間就放脫下的睡衣吧。

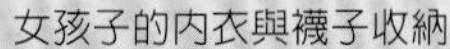
女孩子的內衣與襪子收納

男孩子的內衣與襪子收納

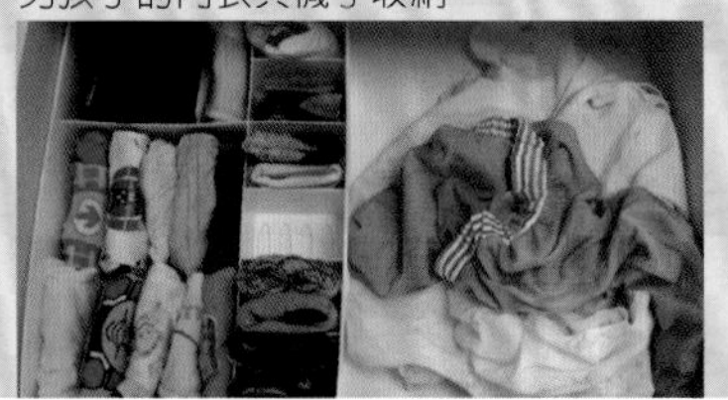

108

短褲

短褲只要把凸出的部份往內摺起來，這樣看起來就更整齊了。還有短褲的長度每條都不同，所以必須依照抽屜的大小調整摺數。

how to 一般短褲

1 請將褲子的正面對摺，讓屁股那一面露在外頭。

tip 因為背面有屁股的部份，所以把背面露在外頭，這樣摺起來才會更整齊。

2 把凸出的部份往裡面摺進來。

3 將褲腳往上摺。

4 再摺一次以符合抽屜高度。

how to 膝上短褲

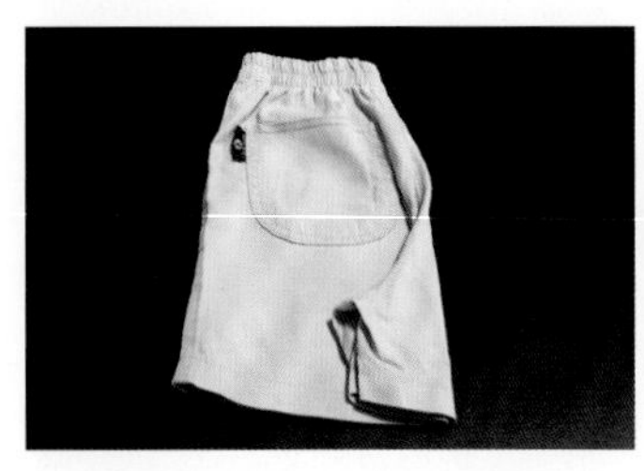

1 將褲子對摺，讓屁股那一面露在外面，然後再把凸出的部份往內摺起來。

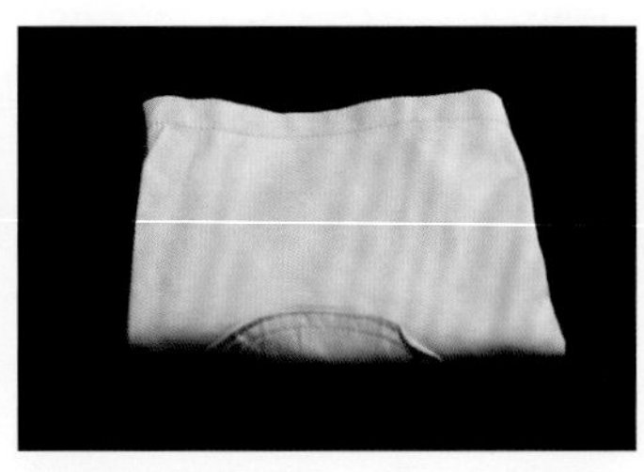

2 因爲長度很短，所以褲腳只要往上摺一次就可以了。

3 把摺好的褲子收進抽屜裡。

tip 如果抽屜裡的衣服摺數不多的話，直放進去衣服會倒下來，請以斜放的方式收納。

Casamami的收納tip

依照情況不同而改變的褲子收納

抽屜櫃收納的基本就是把衣服垂直收在抽屜裡，不過隨著衣服的量與抽屜的狀態，這是可變通的。舉例來說，如果抽屜有死角，那將衣服平放一件件往上疊或橫的擺成兩排，都比垂直放入要來得好。整理好的衣服如果好像隨時會倒，那也可以改成斜放。接著就來看看各種褲子收納法吧。

1 長褲請放成兩排。

tip **在收衣服時為減少死角，衣服摺好後請先試放一次，決定是要直放還是橫放好。**

2 褲子不多的時候，就一次往上疊個3～5件左右。

3 採用斜放的話，在把衣服拿出來或放進去之後，必須要用手整理一下，這樣才能維持整齊。

4 抽屜裡有多餘空間時，就用一個衣擋或書擋固定衣服，讓衣服不要倒下來。

tip **衣擋的做法請參考第163頁。**

1

2

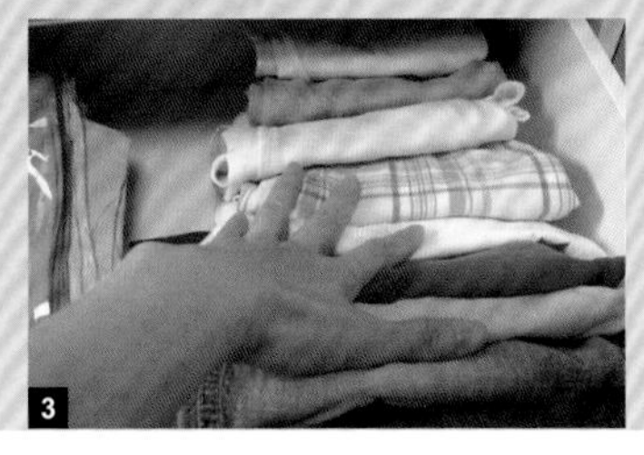
3

4

小孩的衣服

109

洋裝、裙子

洋裝和裙子可以簡單掛在吊桿上，或是摺起來收在抽屜裡。洋裝可以想成是在摺一件上衣，而喇叭裙要收進抽屜時，可以捲起來再放進去，請大家自己選擇適合的方法。

how to 洋裝

1 把正面朝上攤平，然後直分成3等分，接著將其中一邊往中間摺。

2 再把另一邊摺起來。

3 以腰線爲基準，將洋裝對摺。

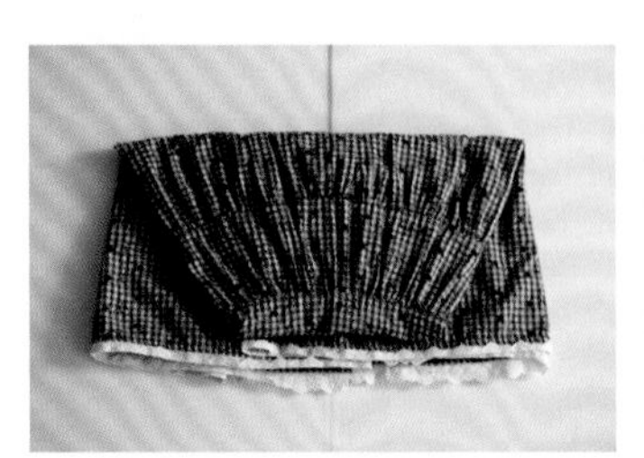

4 然後再橫的對摺一次。

5 接著直的捲起來，然後收起來。

how to　裙子

1 把裙子攤平放好，直分成3等分之後，將其中一邊往中間摺。

2 再把另一邊往中間摺。

3 接著橫的對摺。

4 然後直的對摺。

5 最後讓打摺處朝上，將裙子垂直放進抽屜裡。

110

外出後脫下的衣物

外出回來後脫下的衣服，就用一個大籃子和掛鉤架解決吧。開闢一個空間，讓小朋友可以自己把要洗的衣服放在籃子裡，還要再穿的衣服就掛在掛鉤上。

tool 籃子、掛鉤架

how to

1 在衣櫃和抽屜櫃附近擺一個大籃子，用來收集要洗的衣物。

2 要再穿的衣服就掛在房門後面的掛鉤架上。

3 掛鉤架最好選擇有很多個掛鉤，而且掛鉤長度較長的。

Casamami的收納tip

籃子與掛鉤架

籃子尺寸請買大一點，方便孩子把換洗衣物放進去，並將籃子放在地板或抽屜櫃上面。掛鉤架則選擇有數個長掛鉤的，安裝在小朋友胸部或肩膀的高度。如果掛鉤太短，掛衣服時很容易掉下來，這樣不是很方便，也就無法讓小朋友養成整理的習慣。還有請記得，掛鉤架的高度別太高，要能讓小朋友自己就可以摸到。

111

手套、圍巾

手套是只有冬天才會用的東西，所以放在衣櫃裡面使用次數較少的抽屜。體積太大而無法放進抽屜隔間裡的滑雪手套，就垂直塞在盒子和盒子之間、盒子與抽屜牆面之間。圍巾則是摺成不會勾到抽屜的高度，再收進抽屜裡。

tool 窄盒

how to

1 像照片一樣，把兩隻手套以相反方向疊在一起。

2 把疊在一起的手套放進盒子裡，然後收進抽屜。

3 滑雪手套就垂直放進盒子之間，或抽屜牆面與盒子之間。

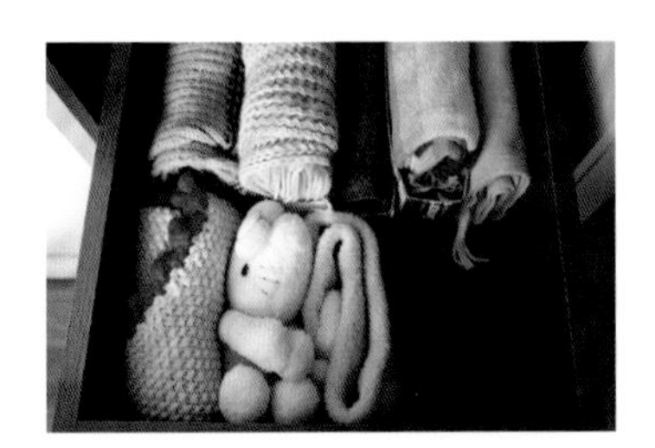

4 圍巾則配合抽屜高度摺好，垂直收進抽屜裡。

tip **盒子數量不多的話，也可以把有盒子的圍巾跟沒有盒子的圍巾交錯放置。這樣就算把圍巾抽出來產生空間，剩下的圍巾也不會因而倒下。**

112

帽子

不同種類的帽子摺法也有點不同。小便帽或針織帽請收在窄盒裡，讓兩者不要混在一起。如果帽子有毛球的話，則要注意別壓到毛球。

tool 窄盒

how to 小便帽

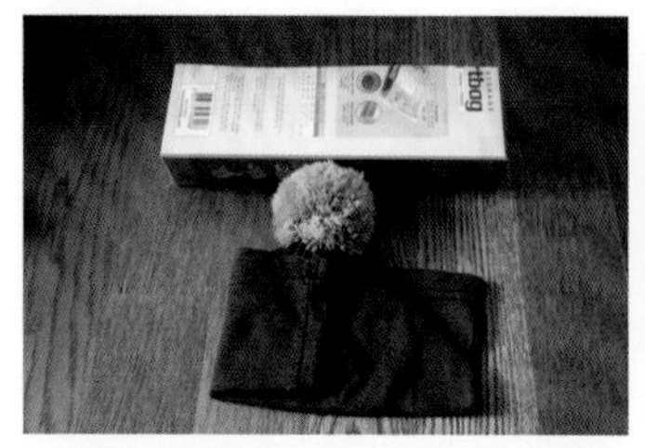

1 像小便帽這種又薄又沒帽簷的帽子，請稍微摺幾折以符合盒子的寬度。

2 把兩頂摺好的帽子重疊放好，並讓毛球交叉放在一起。

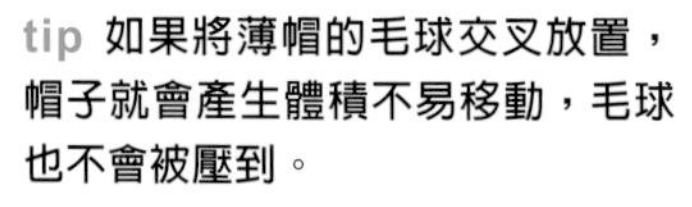

tip **如果將薄帽的毛球交叉放置，帽子就會產生體積不易移動，毛球也不會被壓到。**

3 毛球向上，將帽子垂直放進窄盒裡。

how to 有厚度的便帽

1 把帽子對摺。

2 毛球朝上垂直放進盒子裡。

how to 毛帽

1 把毛球全部拉到上面。

2 跟照片一樣，從帽緣的部份往帽頂摺。

3 最後將摺好的帽子垂直放進盒子裡。

4 最後把盒子垂直收進抽屜。

113

耳罩

耳罩的樣子是不規則形的，要收整齊並不容易。不過形狀越是不規則，就越要想著如何摺成四角形，這樣解決起來就容易多了。爲維持摺好的形狀，請把摺好的耳罩裝在塑膠袋裡放進盒子。

tool 塑膠袋、窄盒

how to

1 請讓兩邊圓圓的耳罩重疊在一起。

2 放進塑膠袋裡固定形狀。

tip **不放進塑膠袋裡而是要用橡皮筋綁的話，那只要綁一次就可以了。**

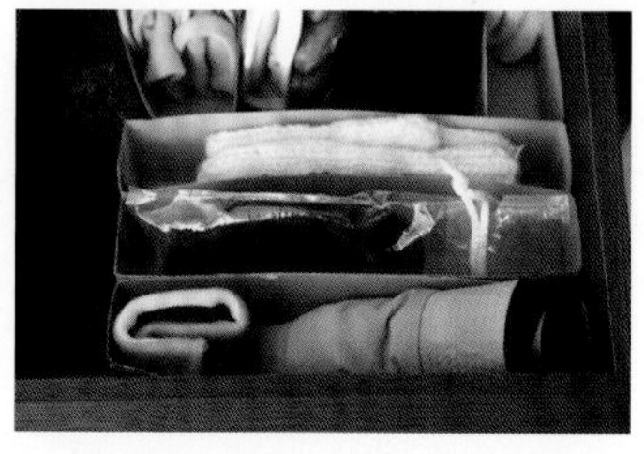

3 把塑膠袋放到盒子裡，最後收進抽屜。

114

孩子房間的寢具

孩子房間的寢具請分別收在衣櫃隔板與抽屜裡。棉被或床罩等物品，摺好放在隔板上。而小的枕頭套和抱枕套，則收在隔板下方的抽屜裡，這樣我們找東西才方便。

how to

寢具請整整齊齊疊在隔板上。枕頭套則摺好，垂直收進最下面的抽屜裡。

tip **寢具的摺法請參考220~222頁，主臥房的寢具。**

只要很會逛街就是收納女王

偶爾逛街購物到一半，自己會產生很奇特的想法。某天我到百貨公司的寢飾區，發現他們展示棉被的方式跟我們家一樣，所以才開始這樣想。起初是覺得我的想法也被用在這啊，聳聳肩就離開了。不過仔細想想，應該是一面逛街一面不自覺把這些方法記在心裡，然後被我拿來用了吧。我把那些專家費盡心思研究的方法，拿來運用在生活中。賣場的擺設是盡最大可能把最多的物品擺出來，並讓大家能一目瞭然，刺激人們的購買慾望。這其中隱藏著跟人類心理層面有關的一些小訣竅。所以，最執著於有用收納要領的空間，應該就是百貨公司賣場了。發現這個事實後，我開始更留意百貨公司以什麼樣的標準，將物品擺設出來。因爲只要一次收集一兩個這種創意，最後就會變成自己的豐富資產。

我們家整理備用洗髮精與潤絲精的方法，跟超市的方法是一樣的。超市不會把同樣的東西橫擺在旁邊，而是會前後陳列成一排，讓消費者能一眼就看清楚各種品牌的產品。原本以爲這是只有我知道的收納要領，沒想到賣場也在使用，這樣就有種收納效果被認可的感覺，心情也變好了呢。雖然不是什麼了不起的事，不過因爲這是企業投資許多時間與費用、人力，努力想出的整理方式，我卻完全沒花一分一毫，讓我非常開心。這些必需要花大錢才知道的秘訣，我卻自己想出來，也令我十分驕傲。

這樣想想，電視裡播出類似藝人家中的鞋櫃，好像也不是什麼天方夜譚。我曾經在電視上看過，以鞋子狂熱者而聞名的歌手，把家中的鞋櫃隔板弄得有點傾斜，再把鞋子收進去。這只要稍微調整一下隔板就好，動一下腦筋就會發現是個簡單的方法，鞋子收納篇裡我也曾介紹過，打開這種整齊的鞋櫃，心情當然會變好，而且只要把拿出來的鞋子放回鞋櫃，不需另外做整理。如果還有我沒在書中或部落格裡介紹如何整理的物品，那就自己到賣場去看看吧。如果是對特定物品的喜好者，那我更是強烈推薦這個方法。因爲花費許多時間與費用研究到最後，獲得的各種收納秘訣，會在逛賣場的一瞬間全都呈現在你面前。而從賣場學到的收納秘訣，更是意外的簡單又有效，無論是誰都能輕鬆應用在家中。只要很會逛街，就可以變成收納女王，你現在知道是什麼意思了吧？

카드
스티커
의상놀이
찻잔세트
바느질놀이
크레파스, 연필
물감
SNOOPY & FRIENDS
GARDENER

part

06

書房

留下自己需要的東西這原則，就連小朋友的房間也不例外。不過，讓小朋友可以自己整理，這也是小朋友房間的收納重點。我想應該不是自我主導學習，而應該說是自我主導整理習慣吧？最先要做的事情，就是決定房間的用途。先決定是要睡覺、換衣服的地方，還是唸書玩耍的地方。Casamami把兩個小孩的寢室和書房分開。書房是可以玩也可以唸書的空間，並分成學習空間和玩樂空間。考慮使用頻率和動線，決定空間的位置，再把必要的家具放進去，並將物品整理好。比起方便性，更重要的是整理物品的標準，能不能兼顧安全性並讓小孩自己整理、會不會限制他們的活動，這三點必須要隨時確認。還有一點，那就是透過對話把物品收在符合孩子視線高度的地方。不過，最重要的還是充分爲孩子思考的心情吧。整理時站在孩子的立場想想，就可以提高孩子的滿足程度囉。

書櫃收納原則

收納時要留下20%的空間，別像大人的物品一樣塞滿櫃子，留一些舒適感

因爲小孩的手並不靈巧，所以如果把東西收得很緊密，那當他們要拿一樣東西出來時，就很容易破壞整齊。無論是想把東西放回原位的媽媽，或是必須要把東西放回原位的小孩，如果不想造成兩者的壓力，那最好是留下一些空間。如果寬鬆的收納有難度，那就再整理一次，把不需要的東西整理出來吧。

備用或重複的東西請收在看不見的地方

小孩並不會等到一個東西用完才去用新的，而是眼前有10個同樣的東西，他們就會10個全部都用一點點。所以正在使用中但卻重複的物品，請另外裝在盒子裡，放在主動線以外的其他地方，這樣空間才會更寬敞。

依照活動內容將空間分區，將適合該活動的用品分類

把空間依照活動內容分成玩樂區、學習區、美術區等，這樣動線就會變短，也方便我們決定各種物品的收納位置。只要一個籃子裝一種物品或相關物品，讓不同的東西不要混在一起，才方便孩子自己整理。

考慮孩子的年紀，好好活用小隔間

想維持整齊，那小隔間就是必須的。還有小朋友的用品，一定要隨小孩的年齡調整細部收納的範圍。如果還是個很小的小孩，但卻只考慮效率而把一個籃子細分，一次收好多物品的話，小朋友使用起來有困難，更不用說物歸原位了。

物以類聚收納法、垂直收納法是不變的原則

書寫類的跟書寫類放在一起、紙類和紙類放在一起，這樣比較容易記起收納的位置。用籃子或盒子做整理，並將東西垂直放置，這樣找起來容易，孩子自己要整理也方便。

幫小孩的物品標籤時要多花點心思

如果幫孩子使用的物品貼標籤，那他們自己把東西拿出來用完之後，就可以確實知道該放回哪裡，這點可以有效幫助他們養成物歸原位的習慣。

美術區

美術區是讓孩子們最開心，而且有時間就會常用的空間，經過動線思考後，我就把這區設置在門旁邊。不過因爲美術用品又小又五花八門，形狀也不固定，整理起來很不簡單。總之就是把美術用品整理得一目瞭然，收在籃子裡，別讓各種材料混在一起。如果另外放一張做美勞的桌子，並另外裝設隔板的話，收納效果就會倍增。

美術區收納

115

小美術用品

要收亮片或珠子一類的小體積美術材料，我們可以使用狹小隔間或較小的抽屜分類，這樣是找起來最方便、最容易取用的方法。這方法不僅適用美術材料，更能活用在收藏鈕釦或藥物。

tool 塑膠整理盒、熱熔膠

how to

1 準備一個有很多小抽屜的塑膠盒，並依照小朋友自己可掌握的分類標準，把物品分類放在抽屜裡。

2 用熱熔膠或膠帶在每個抽屜前面適當的位置，貼上一個抽屜裡的物品，以標示該抽屜放的東西。

3 整理盒放在美術區的隔板上。

tip 只看樣子、顏色、大小，就可以讓孩子自己找到東西，這方法很適合還不太識字的小孩。

Casamami的收納tip

分割活動區域與家具擺設

學習區　因爲是唸書的空間，最好設在可以不受外部干擾的位置。也因爲是使用頻率高的區域，所以我決定設置在開門之後，一眼就能馬上看到的右邊內側，這裡會放置書桌與書櫃。

美術區　美術空間都放體積小、種類多的東西，比起擺在房間的正面，我選擇設置在側面，這樣看起來才不會凌亂。Casamami將老舊的衣櫃和書櫃重新再利用，把較寬的隔板拆下做成美勞桌。我們可以把美術區的材料整理整齊，放在這些隔板與桌子上，甚至可以用來展示完成的作品。

玩樂區　如果玩的時候想拿一些工具或玩具的話，那就必須要確保孩子擁有一定的空間。這是會用到很多地板空間的區域，因此就把房間裡面最寬敞的空間分出來，並放一個書櫃用來整理各種玩具。

其他區　包包或皮夾等跟外出相關的物品，都放在這個地方。與其另外開闢一個空間，乾脆就直接利用最靠近門的地方。

製作有助美術用品收納的書桌與隔板

用衣櫃製作的2人用美勞桌

1 把原本在孩子房間的衣櫃門和抽屜拆下，放倒在旁邊。

2 把衣櫃裡的隔板拆下，黏在桌子的側面讓桌子更堅固。

3 2人用的美勞桌完成的樣子。

用書櫃做的隔板

1 這是原本在孩子房間的書櫃，我把這個拆開並做成隔板。

2 在牆上裝鐵架。

tip 這種鐵架是一種裝在牆面上的鐵條，可用來固定隔板。可以在五金行或是網路商城買到。

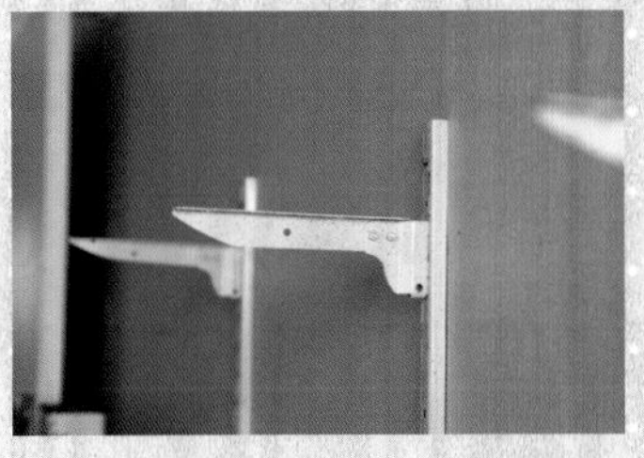

3 接著把支撐用的鐵架插到鐵條上固定。

4 把拆下來的書櫃放在鐵架上，最內側鎖上螺絲以固定隔板。

tip 先把隔板跟支撐鐵架鎖好，再插到鐵條上的話卡榫處會不合，所以請和照片一樣，最後才放上隔板，然後用螺絲鎖緊。

5 把第一個隔板設置在孩子坐下時的眼睛高度，中間的隔板則是要比第一個隔板長，讓孩子們可以在隔板下方掛包包。

6 最上層的隔板寬度要最窄，這樣才能清楚看見下方隔板的物品，可以當作展示孩子作品的空間。

116

粉蠟筆、色鉛筆、簽字筆

粉蠟筆和色鉛筆、簽字筆，可依照不同收納工具用多種方法整理。沒有盒子時可用寶特瓶或塑膠密閉容器，將這些東西垂直放在容器中，非常有用唷。

tool 籃子、木製盤架、寶特瓶、塑膠容器

how to 有盒子的狀況

1 把籃子放倒，並把粉蠟筆、色鉛筆、簽字筆等放進去。

tip **如果是籃子放正並直接把物品收進去，那就在籃子外面標籤。**

2 也可以把物品一格一格收進木頭盤架。

how to 沒有盒子的狀況

1 沒有盒子的時候，就把寶特瓶剪下。

tip **根據數量與長度不同，調整寶特瓶的大小與高度。**

2 也可以垂直放在密閉容器裡。

3 如果色鉛筆經常從容器裡掉出來，那就在容器中間綁橡皮筋固定。

4 也可以在大桶子裡放小桶子，將剪刀和醬糊分開，這樣就就不會混在一起。

tip **用膠帶把小桶子固定起來。**

5 把這些桶子統一收進一個籃子裡，物以類聚收納法！

117

水彩

因為Casamami家的小朋友喜歡水彩，所以就直接買了大容量的水彩顏料來使用。這時只要在籃子裡鋪一層廚房紙巾，並把顏料倒過來放，顏料就不會硬掉，顏料流出來時也比較好清理。此外，袖套、水桶、水彩筆、調色盤等物品，也都一起收在籃子裡，並跟顏料放在同個地方。

tool 籃子、廚房紙巾、大牛奶桶、簽字筆

how to

1 在籃子裡鋪兩層廚房紙巾，並把水彩顏料倒過來垂直放進去，讓顏料不會乾掉。

tip 只要在顏料底部寫上名字，讓孩子可以區分顏色即可。

2 把大牛奶桶剪開，並把水彩筆插在原本把手的位置，這樣就能當作水桶使用了。

tip 剪的時候把手大概留3公分左右。

3 海報顏料、袖套、水桶、水彩筆、調色盤等相關物品，就全部收在一起，垂直放進籃子裡。

4 跟放顏料的籃子一起收在隔板上。

Casamami的收納tip

面對絕對不想丟東西的孩子，該怎麼辦？

常常會有站在媽媽的角度來看是該丟的東西，但孩子卻因爲對自己的物品有強烈佔有慾，所以固執地說絕對不要丟。這種時候，請參考以下三種方法說服孩子。

第一，建立標準

舉例來說，訂下20本日記本中只能選15本留下來的規定。只要經過一定時間之後，就再把數字減少一點。這樣重複幾次之後，孩子就會在不知不覺間接受整理的規則。或許對孩子來說，整理也是需要一點時間吧。

第二，送禮物

讓小朋友知道，只要把清出來的物品送給朋友或弟妹當禮物，這樣就會帶給其他人歡樂。如果再寫一封信一起送過去，這樣更會變成很棒的感性教育。這樣就不會給珍惜自己物品的孩子帶來傷害，也能自然把東西慢慢清掉。這時候，請事先拜託贈禮對象的母親稱讚孩子。被稱讚之後，孩子的心情就會變好，也會獲得整理物品的力量。

第三，利用跳蚤市場

這是把不用的物品一次整理掉的好方法，盈餘金額一部份可以用來儲蓄，或是選擇捐出去，剩下的則用於其他的地方，這樣可以同時讓孩子獲得經濟觀念和整理的樂趣，一石二鳥對吧？

118

膠帶

從緞帶到雙面膠、麻繩、捲筒衛生紙等，我們可以在隔板底部設置各種用途不同的掛架，用來整理各種物品。如果把剪膠帶時使用的剪刀，一起放在旁邊那當然就更方便了。這是一個超級方便的方法，使用完後也不需要另外整理唷。

tool 毛巾架、螺絲、螺絲起子、衣架、鉗子、熱熔膠

how to

1 在隔板底部裝一個毛巾架，並用螺絲固定。

tip 可以先把螺絲鎖到毛巾架上，或是用電鑽鑽個洞之後，再把毛巾架固定上去。

2 用衣架製作好掛架後，就可以分別把各種膠帶放上去，然後再把掛架掛到毛巾架上。

tip 膠帶都用完後，只要把掛架拿下來更換膠帶即可。

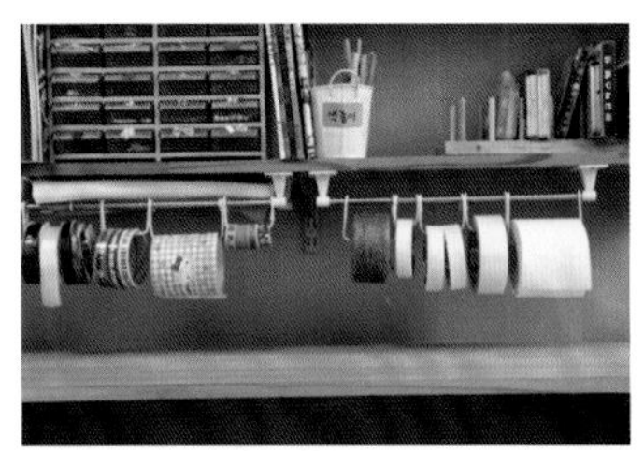

3 膠帶收納完成的樣子。

⊕ 製作膠帶掛架

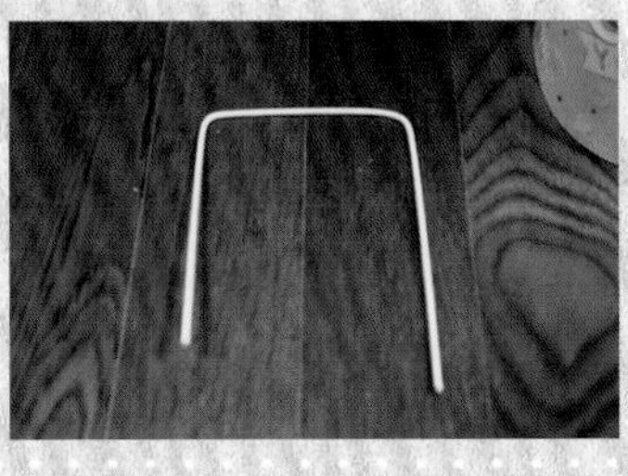

1 剪下約30公分長的衣架，然後折成底部比膠帶寬度寬2公分的ㄈ字形。

tip 如果可以掛在掛架上的膠帶孔不大的話，那就先把剪下的衣架穿過膠帶，然後再做成ㄈ字形的掛架（參考335頁）。

2 把衣架兩端各折2～3公分做掛鉤，可以先做好幾個，最後再一一塗上熱熔膠，防止被刮到。

3 把掛架掛到毛巾架上。

119

紙類

紙類的大小、顏色、種類都很多，而且又很容易皺，收納並不容易。所以必須要使用可依照紙張的種類和大小，分類收納的工具。我們可以運用檔案盒或是毛巾架等工具，或是把小張的紙收在各種桶子裡，請選擇適合自己的方法吧。

tool 檔案盒、毛巾架、衣架、鉗子、回收再利用的盒子、不用的洗衣袋、圖釘

how to

1 把各種顏色的紙垂直放進檔案盒，然後收進隔板。

tip 如果紙很薄的話，那檔案盒的寬度最好窄一點。

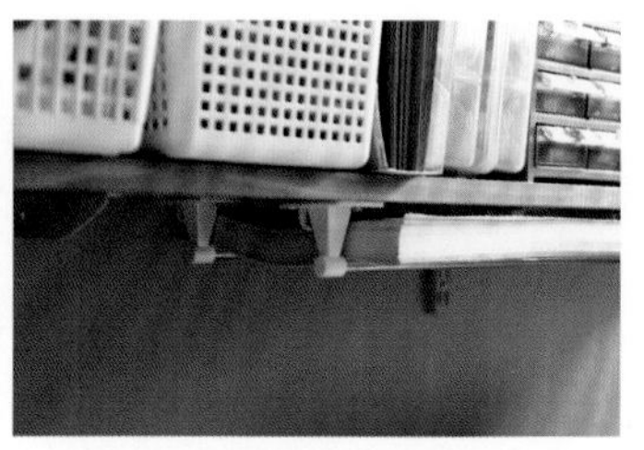

2 在隔板底部設置毛巾架，用來整理B4大小的紙張。

tip 可以參考106頁收納廚房砧板的方法。

3 色紙可以用夾子夾起來，垂直收進各種盒子裡。

tip 小張的紙則放進小盒子，然後再收進大盒子裡面，這樣就不會混在一起了。

4 用圖釘把洗衣袋固定在書桌旁邊，可以把圖畫紙或包裝紙捲一捲收在裡面。

tip 長的放後面，短的放前面，這樣找起來才容易。

5 也可以放在長桶子裡，收在書桌底下。

製作收納紙張用的檔案盒

1 這是原本用來裝棉被套的窄塑膠包裝盒。

2 我在盒子側面貼上一把尺，然後沿著對角線的把盒子剪成檔案盒的形狀。

3 用膠帶把裁切面貼起來，這樣孩子才不會因此被割傷。

4 最後把紙張垂直放入。我做了兩個盒子，分別給兩個小孩用。

用毛巾架做紙張放置架

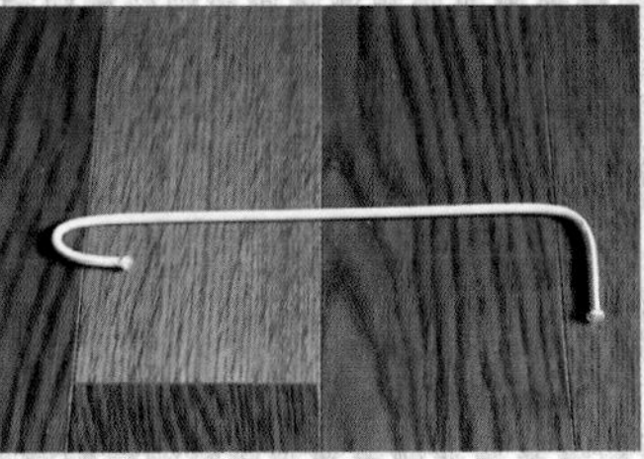

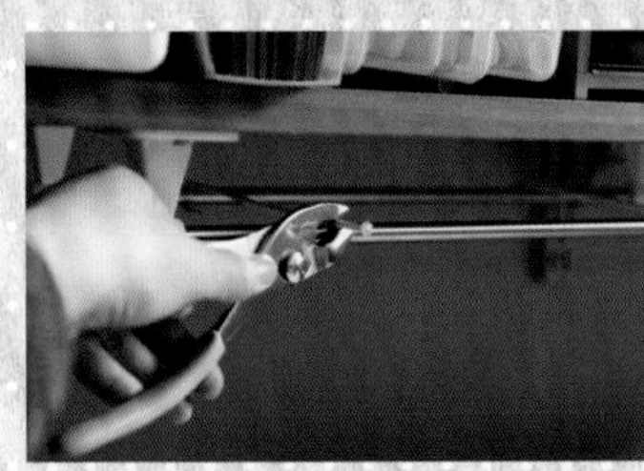

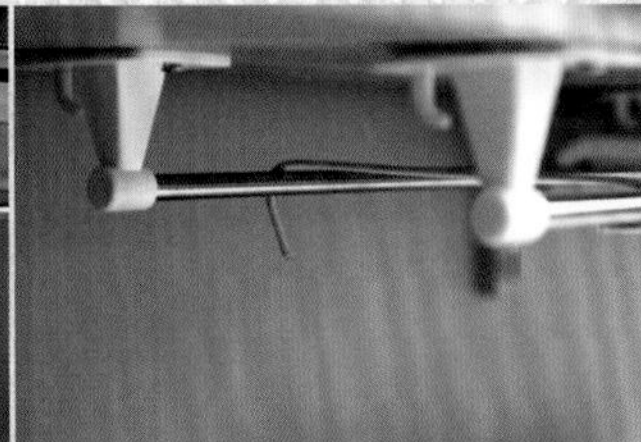

1 在隔板底部裝設2個毛巾架。

tip **如果毛巾架中間的間隔太寬，那紙張中間就會沒有支撐力而下垂，所以兩個毛巾架之間的間隔最好是15公分左右。**

2 接著剪下衣架，摺成跟照片一樣的紙張支撐架。

3 支撐架的長度請配合毛巾架的間隔寬度。

4 把支撐架掛到毛巾架上。

5 然後把紙收到上面，這樣紙張就不會下垂了。

120

黏土組

最近黏土的顏色越來越多，數量增加體積也變大了。每次買來所附的那些模具和各種工具，整理起來也很不容易。請把黏土放在原本的桶子裡，而隨黏土附贈的模具則另外收進工具桶（牛奶桶再利用），然後全部一起放在籃子裡吧。當然，重複的模具請事先清出來，再選擇購買缺少的模具較好。

tool 牛奶桶、剪刀、籃子、標籤、簽字筆

how to

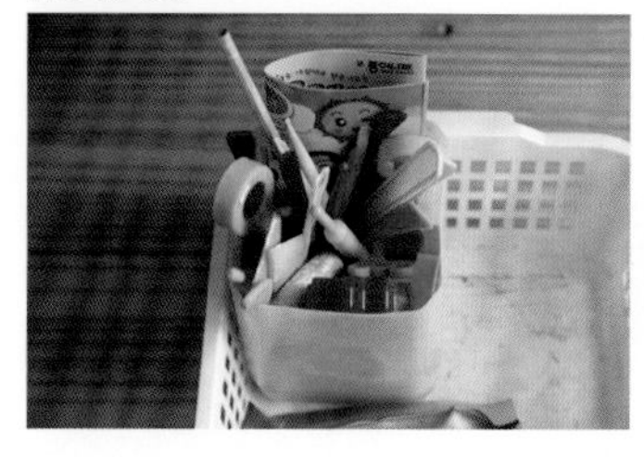

1 把牛奶桶剪成約13公分的高度，然後把模具跟各種工具放進去。

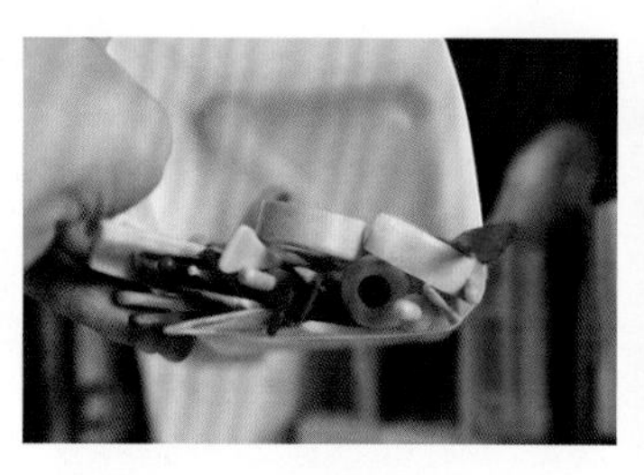

2 在這種傾斜的狀態下放入工具，可以放得很整齊，也能放進更多物品。

3 把黏土和工具桶裝在籃子裡，貼上標籤後再收到隔板上。

4 美勞隔板上面收納物品的樣子。

Casamami的收納tip

收拾孩子的物品時，請一定要知道這些事！

第一，需要媽媽輕鬆的心情

比起收納要領，更重要的是媽媽輕鬆的心情。直到孩子養成整理物品的習慣之前，都必須要帶著這種心情等待。大人也是在養成習慣前，很不喜歡有壓力的感覺吧。更何況是孩子們思考、記憶的能力都還不夠好，也不知道爲什麼一定要整理，所以壓力會比大人更大，請牢記這點並耐心等待。

第二，考慮年齡與性別，決定收納範圍

收納孩子使用的物品時，請考慮他們的年齡。年紀越小的孩子，分類要越粗略，年紀越大的孩子則需要詳細分類。舉例來說，7～8歲的孩子就把鉛筆、色鉛筆、簽字筆等物品，全部裝在一個籃子裡；而年紀在這以上的孩子，則開始在籃子裡細分隔間，將各種不同的筆分開。但是這也會因爲性別而有差異，所以如果孩子可以跟得上，那就細分隔間。但如果孩子覺得有壓力，那就算已經過了小學3年級，還是可以全收在同個籃子裡，保留一點彈性。因爲有點不能吸收，所以請配合孩子的年齡做整理，這樣媽媽和小孩在整理時心情才會輕鬆。

第三，透過「回家遊戲」把整理生活化

與其用命令要求孩子整理，不如訂下一個讓他收拾起來沒有壓力的標準。就像孩子越小越需要跟媽媽一起玩一樣，請試著和孩子一起玩「回家遊戲」吧。在遊戲當中，孩子就有了用眼、用手、用腦袋熟悉物品位置的時間和心力，不僅減少他們的壓力，還可以讓身體更加習慣整齊。該怎麼做？就來介紹一下我用的方法吧。

「我們來玩尋找玩具的家的遊戲吧。」

「這裡（玩具的盒子）是玩具的家，我們一起把3個玩具放在這裡好不好？」

「很好，做得好。」（用稱讚作結！）

「這裡（指放遊戲的隔板）是遊戲之家，我們把遊戲機整理好，放一個在這裡吧」

「很好，做得好。」

「現在你記得這裡是遊戲的家了吧？」

大家都是怎麼要求孩子做整理的呢？「玩完之後就要整理啊，快點把玩具整理好！」、「玩具放這裡，棋盤放那裡，知道吧？」該不會是這樣說的吧？跟回家遊戲相比，哪一個才是不會給孩子壓力，又能把整理生活化的方法，請大家想想看吧。

121

印章遊戲組

要把印章和其他工具，分裝在寶特瓶和四角塑膠容器裡，這樣以後使用起來才方便。還有，請別忘了最後貼上標籤再收起來唷。

tool 四角塑膠密閉容器或寶特瓶、籃子、標籤、簽字筆

how to

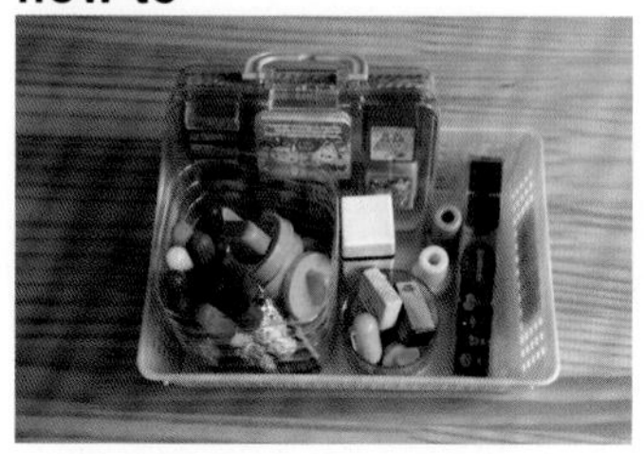

1 把印章遊戲組收在密閉容器中，或是13公分高的寶特瓶裡，然後再裝進籃子。

2 其他工具也垂直放進籃子裡，標籤之後再放到隔板上。

3 美勞隔板上收納物品的樣子。

Casamami的收納tip

複習收納3原則

- 物以類聚收納法！同樣的物品收在一起，這樣找起來才方便，大家還記得吧？相同的物品請一起放在籃子中。
- 小隔間收納！在籃子裡放剪過的寶特瓶，或是不用的密閉容器，再不然就放小盒子來做隔間，區分籃子裡的空間。這樣才能維持整齊。
- 直立收納法！把物品收進籃子、盒子、抽屜裡的時候，需要垂直把東西放進去，這樣拿取、尋找時才方便。如果不是特殊狀況，請遵守直立收納這個原則。

122

針線遊戲組

我用的是可以清楚看見線是什麼顏色的低矮盒子。除了線以外的小工具，就放在小桶子收進籃子中，這樣就不會亂掉了。

tool 小盒子、黏土桶、寶特瓶、籃子、標籤、簽字筆

how to

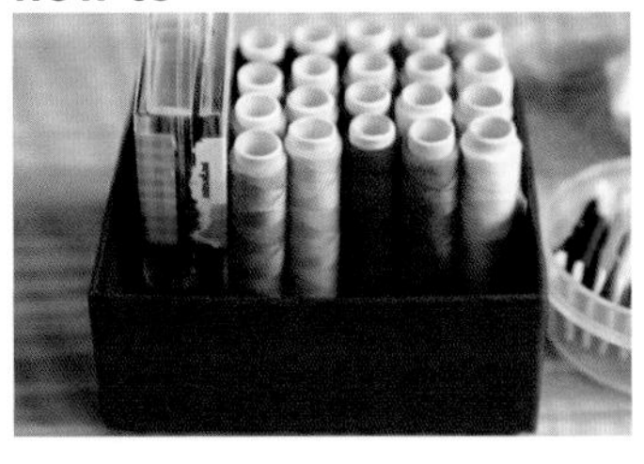

1 把線捲垂直放進高度較低的小盒子裡。

tip 縫衣針則另外裝在其他盒子。

2 小捲線板放在黏土桶裡。

3 線剪刀、巧克、碎布、針等物品，放在剪好的寶特瓶裡，並把整理好的物品都裝進籃子裡。

4 在籃子上貼標籤，然後放到隔板上。

5 收在美勞隔板上的樣子。

6 美術區收納完成的樣子。

123

回收美術遊戲用品

各種盒子或蓋子等進行美勞活動時所需的回收用品，請收在能清楚看到內容物的透明盒子裡，放在書桌底下。盒子旁邊如果能掛個垃圾桶，這樣就可以保持乾淨。

tool 透明盒子、塑膠桶、塑膠袋、衣架、鉗子、掛環、熱熔膠、黏貼掛鉤

how to

1

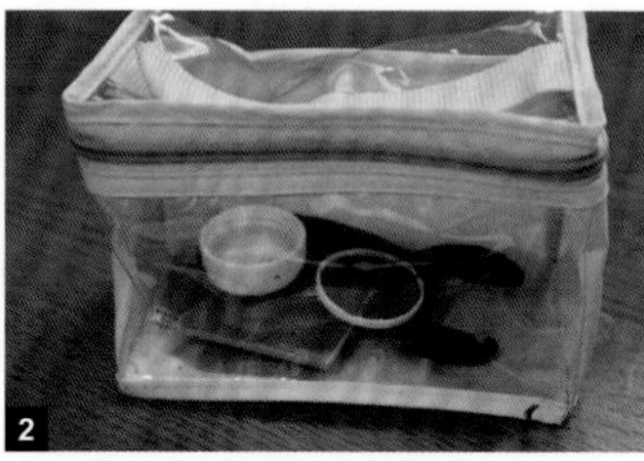

2

3

1 把美勞活動時使用的回收用品，裝在透明的盒子裡，並把當作垃圾筒的塑膠桶黏在盒子旁邊。

2 像蓋子一類的小東西，就放在透明的塑膠袋裡。

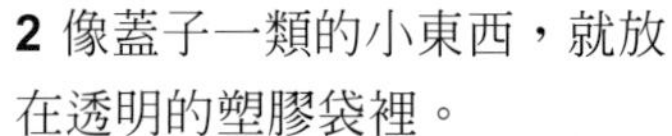

3 在垃圾桶旁邊的桌腳黏一個黏貼掛鉤，再把掃把和畚箕掛上去。

裝上美勞活動用的垃圾桶

1

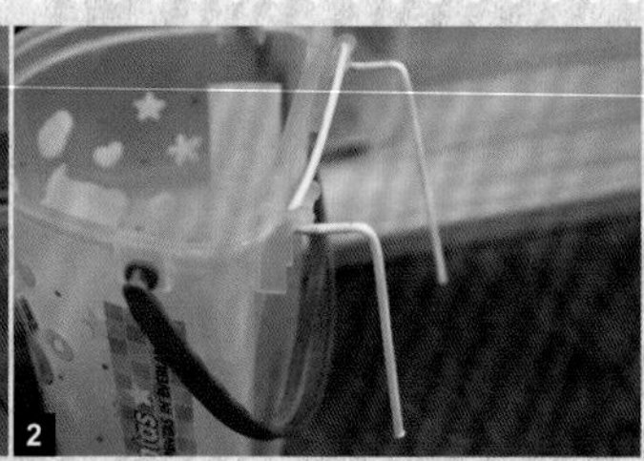

2

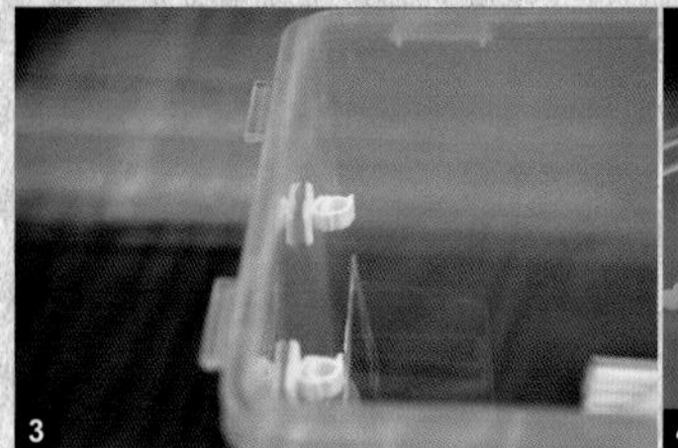

3

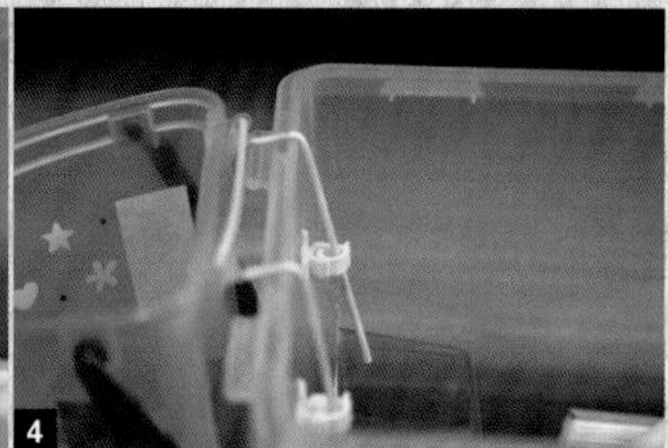

4

1 把衣架彎成ㄈ字形，然後掛到原本裝爆米花的塑膠桶背面的孔上。

2 請把衣架彎成跟照片一樣。

3 請在材料盒裡用熱熔膠黏上兩個掛環，掛環可在大創買到。

4 最後把垃圾桶架掛到掛環上。

tip **打掃時不想讓垃圾掉到地上的話，這個就很有用。**

124

備用美術用品

因爲不是立刻需要，所以可以收在桌子底下，或是不會伸手就摸到的地方。因爲是要保存的用品，所以最好收在有蓋子的盒子裡，這樣才不會堆積灰塵。

tool 收納盒

how to

1 把備用的美術用品裝進收納盒裡。

2 因爲是偶爾要拿來使用的東西，所以就收在書桌上面或下面。

Casamami的收納tip

爲了孩子打造作品畫廊

孩子畫的畫或用方塊拼好的完成品越來越多，要把這些都保存起來眞的很費力。但丟掉或拆掉也很可惜。這種時候，與其收藏這些佔空間的實品，不如替作品拍張照怎麼樣？只要有圖畫紙、木夾、麻繩，就可以簡單解決這個問題。首先用數位相機把完成的作品拍下，彩色列印成立可拍的大小。然後把作品的照片貼在圖畫紙上，再用夾子夾起來掛到繩子上，這樣就變得很像畫廊了。上面那排放樂高作品、下面放圖畫作品，用這種方式陳列出來，不僅整齊又可以展示。當然，如果作品的照片越來越多，就要訂出明確的數量與空間限制，讓孩子自己選出他要的照片。如果沒頭沒腦地就說太多了，把一個拿掉吧，這樣孩子會無法接受，並反問爲什麼非得要這樣。「如果太多的話，就沒辦法一一看到你畫出來的畫啦，我們就掛三張吧」，用這種方式讓他理解之後，選出想要留下的作品照片展示出來。也別忘記，要留下畫好的日子、年紀、畫了什麼，並寫下簡單的評語。用這種方式，每當有了新作品就更換照片，並把沒掛出來的作品照片作成相本，或是收在大盒子裡保管。收在盒子裡的照片數量，也要訂出50張或100張這種標準，超過這個標準，就要和孩子一起挑選，並果決地把挑出來的照片丟掉。到了高年級就不會像小時候一樣畫很多畫，自然作品量就會減少，也能維持一定的水準。

遊戲區

遊戲區是會佔用很多地板空間的一個地方。爲了把各種物品收整齊，我使用了有很多格子的書櫃，這樣很多遊戲用品就可以一目瞭然，非常有效率。遊戲用品中有很多都是組合，可以用籃子或盒子裝好，不過也要注意別讓一些小零件掉出來囉。

遊戲區收納

125
拼圖

拼圖有可以擺在地板上拼的，也有要放在背板上拼的兩種。最重要的事情是，別讓任何一小塊拼圖遺失，也不要跟其他的東西混在一起。爲了達到這些要求，請在拼圖上寫編號吧。在每一塊拼圖的背面，都寫上跟盒子一樣的編號，這樣就算跟其他盒拼圖混在一起，也很容易就能挑出來，整理起來也很方便。如果沒有盒子的話，那就改用夾鏈袋。

tool 夾鏈袋、橡皮筋、簽字筆、大盒子

how to

1 在每一塊拼圖背面和盒子都寫上相同的號碼，讓拼圖不會跟其他盒的混在一起。

2 用橡膠手套手臂部分剪下來作成橡皮筋，把盒子捆起來。

tip **比起一般的橡皮筋，這種橡皮筋的寬度較寬，也比較堅固，才不會發生盒子散開拼圖掉出來的事情。製作的方法請參考第99頁。**

3 把用橡皮筋固定好的拼圖盒，垂直放進書櫃裡。

tip **垂直立起來的盒子，因為有用粗橡皮筋綁住，所以就算抽出其中一兩個，其他的也不會倒下來。**

4 沒有盒子的就把拼圖放進夾鏈袋，寫上拼圖的名字和拼圖號碼以利辨別。

5 裝在夾鏈袋裡的拼圖，就直放在當成抽屜用的大盒子裡。

6 最後在大盒子上貼標籤，再收到隔板上。

126

拼裝玩具

把這些拼裝玩具都收在一起，找起來比較容易。所謂的拼裝玩具，是最適合使用物以類聚收納法的東西唷。把這些小朋友很喜歡、常常拿出來玩的東西，跟說明書收在一起，就可以縮短找的時間，玩起來會更愉快呢。

tool 大塑膠透明盒、分格塑膠整理盒、A4檔案夾、書擋、剪刀

how to

1 沒有說明書的拼裝玩具，就裝在大的塑膠透明盒裡。

2 孩子們經常使用的拼裝零件則收在有分格的塑膠整理盒中，分成武器、輪子、人等。

3 有說明書的拼裝玩具，可以直接使用原本的玩具盒，或是裝在其他盒子裡跟說明書放在一起。

tip **說明書很容易就散掉，所以我們可以用A4檔案夾夾起來收好。**

4 在裝了零件的盒子上，把完成品的照片貼上去，或是貼上標籤以利區別。

5 剩下的零件可以收在整理盒裡。

6 放了零件的盒子就垂直收到隔板上。使用書擋讓盒子可以維持直立不倒下。

tip **用相同的盒子整理東西，才會有一致性，看起來也更整齊。**

7 玩具和積木等教具，也可以裝在大盒子裡，收到書櫃裡面。

127

益智玩具

益智玩具有10個箱子，每個箱子都裝有各式各樣的材料。收納益智玩具的重點，就是拿出箱子的時候，不要一起拖出其他的箱子，並且能讓我們一次就把箱子拿出來。依照內容物的不同，決定盒子是要垂直放，還是要倒臥放。決定了之後，要把箱子拿出、放回就容易多了。

tool 籃子、層架

how to

1 把1、2、7、8、9、10號箱子垂直放進櫃子裡，方便拿取。

tip 益智玩具的木板和說明書，也收在同一個地方，找起來才容易。

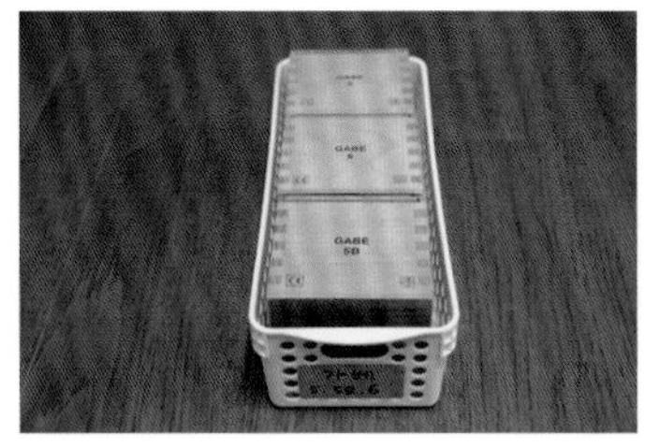

2 把5、5B、6號盒子放進籃子裡。

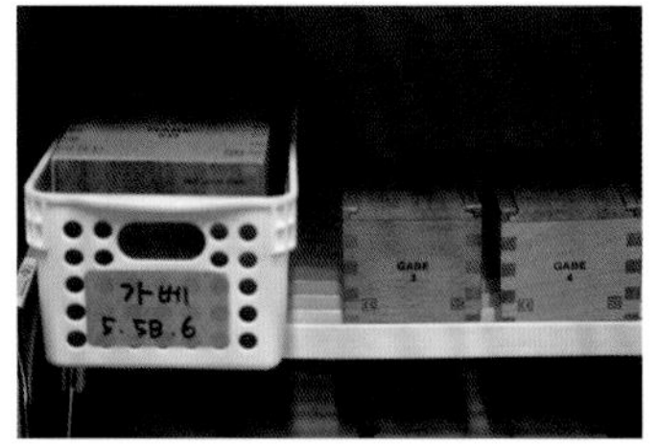

3 剩下的就跟籃子放在一起，利用層架整理好，方便我們一次把東西拿出來。

4 然後可以把Mrod出的磁鐵拼裝組和說明書，一起收在層架下方的空間。

tip 產品和說明書要放在一起，這樣需要時才能馬上找到。

5 10個箱子都整理好的樣子。

書房

128
遊戲卡片

首先在家中巡視一遍，把所有遊戲卡片都收集起來。跟孩子一起把已經不再有興趣、不需要的卡片挑出來。然後不要漏掉任何一張，按照卡片種類用打洞器打洞，再用活頁環把卡片串起來之後，收進籃子或塑膠密閉容器裡。

tool 打洞器、活頁環、籃子、塑膠密閉容器、標籤、簽字筆

how to

1 卡片分類好之後，在特定的位置打洞，再用活頁環把卡片串起來。

tip 把幾張卡片疊在一起，再一次放到打洞器上的話，這樣就可以在同個位置打洞了。如果卡片量多的話，就請購買尺寸較大的活頁環。

2 把卡片垂直收進籃子裡，並在籃子前面標籤，最後再放到隔板上明顯的位置。

3 如果常會把卡片帶到室外，那就裝在塑膠密閉容器中，這樣比較方便。

129

玩具

不知爲何，現在的玩具都是組合式的，所以一些本身體積小的玩具數量就不是那麼多。我會把玩具裡的內容物，裝在透明塑膠箱裡，或是直接用玩具本身的盒子裝好收到櫃子裡。相關的物品也都會裝在一起，這樣找起來比較容易。聯想收納法！

tool 透明塑膠箱

how to

1 把玩具全部放進透明的塑膠盒子裡。

2 寢室裡的玩偶，除了一兩隻以外，其他全部裝到大盒子裡。

3 體積太大的玩具，就原封不動地收進櫃子，請把東西收在盒子裡，然後再把盒子垂直陳列在櫃子上。

⊕ 替玩具盒做提把

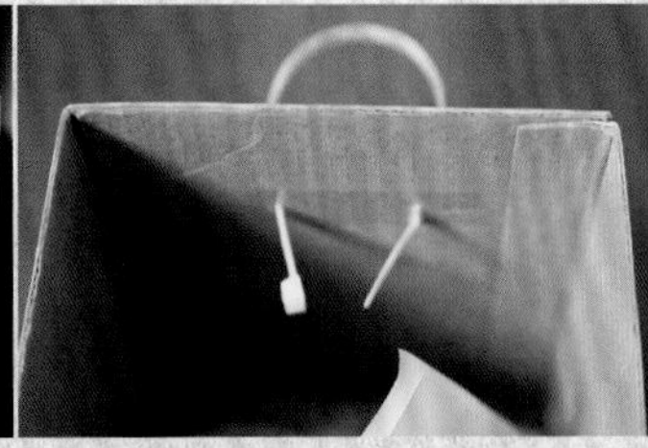

1 把玩具盒的蓋子剪下來，然後在提把的位置貼上膠帶，並用美工刀劃幾痕。

tip **黏上透明膠帶，盒子就不會再被撕扯了。**

2 將紮線帶穿過畫了刀痕的位置，做出一個拉環。

3 把玩具放進盒子裡。

4 把盒子放到櫃子上，要拿出來或是帶著移動時，我們可以把這個拉環當提把一樣使用，非常方便。

130

桌上遊戲

西洋棋或疊疊樂這種遊戲，收法也跟拼圖一樣，就是放到盒子裡再用橡皮筋綁起來，然後垂直收進櫃子裡。不過如果直接就把體積較小的玩具放進去，櫃子上半部會留下很多空間，這時我們可以在書櫃裡掛個鐵網，把空間分成上下兩半，這樣就可以充分把空間用於收納。雖然比起層架，裝設鐵網多了要鎖螺絲這個步驟，但卻可以100%活用空間。

tool 橡皮筋、剪刀、鐵網、螺絲、螺絲起子

how to

1 跟拼圖一樣，拿用橡膠手套做成的橡皮筋，把這些遊戲的盒子都綁起來。

2 圓型的遊戲盤也用橡皮筋綁起來，垂直放在櫃子裡，這樣它就不會滾來滾去，也不會佔用太多空間。

tip 如果倒放的話，就會佔掉很多空間。垂直放的好處是就算旁邊的空間空出來了，遊戲盤也不會倒下，橡皮筋可以扮演支撐的角色，

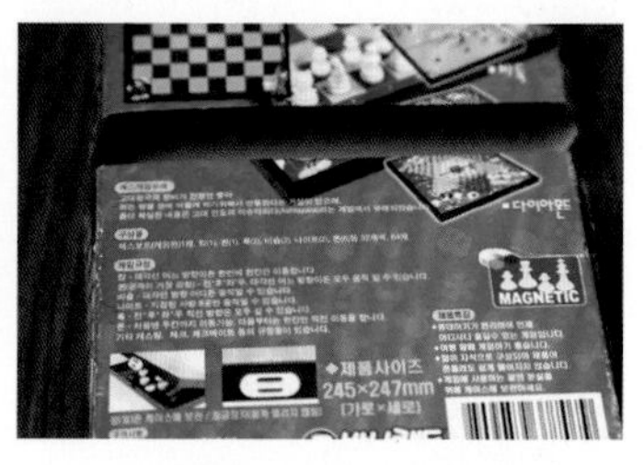

3 如果遊戲說明是印在盒子上，那裁切盒子的時候請把說明書那部分留下。

4 從裁切過的盒子中拿出東西，比裝在原來未裁切的盒子裡要容易多了。

5 有些遊戲的體積比較小，我們可以在櫃子裡掛一個鐵網，這樣就能夠提升空間活用度。

tip 像層架一樣可以充分使用上下空間，下面可以用來放拼圖。

⊕ 利用鐵網做層架

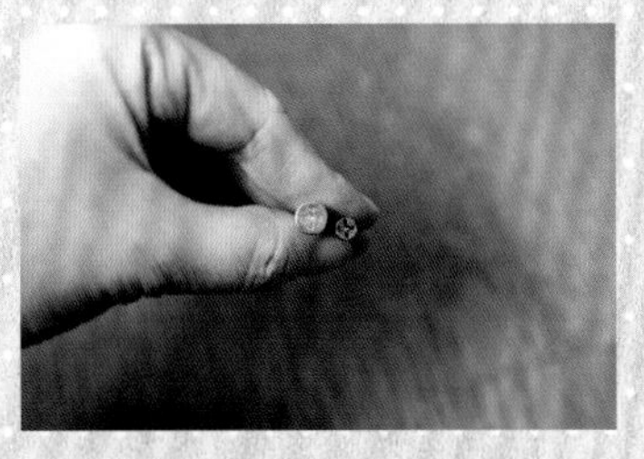

1 準備螺帽比較大的螺絲。

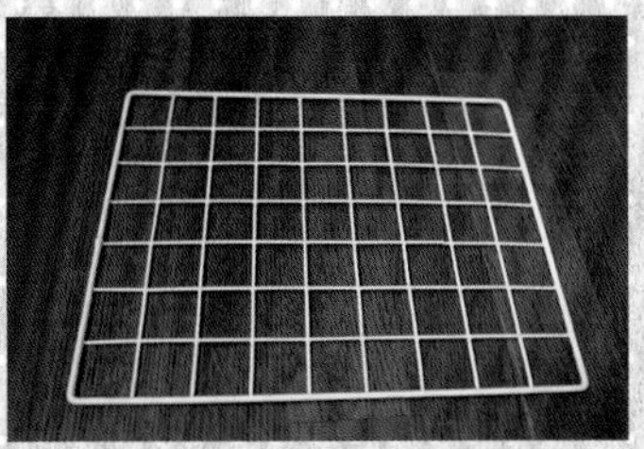

2 準備符合書櫃尺寸的鐵網。

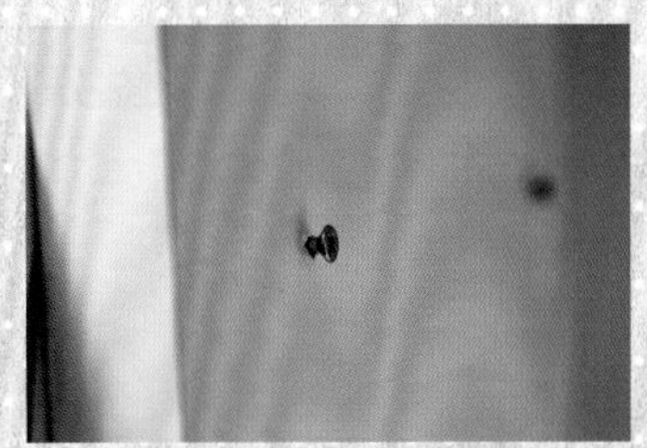

3 在書櫃的牆面鎖上螺絲。

4 把鐵網掛到螺絲上。

tip **如果鐵網的長度不太夠的話，那就螺絲只要鎖一半，再把鐵網掛上去就好。**

5 用橡皮筋把遊戲的盒子綁起來，再垂直收進櫃子裡方便我們尋找。

書房

Casamami的收納tip..........

讓遊戲更好玩的拼裝零件整理秘訣！

在玩拼裝玩具時雖然開心，但一想到要注意別讓小零件不見，最後還要把它們都收好就會覺得很煩。這種時候，只要鋪一張薄毯子或一條大毛巾，把零件都放在上面，就可以盡情玩樂了。玩完之後就可以像包包裹一樣，把零件都包起來，一起倒進盒子裡面，輕輕鬆鬆就能把零件都整理好。

131

玩偶

玩偶要跟它們的衣服放在一起，其他混在一起會很難找的相關物品，就全部裝在另一個包包裡，這樣不只是在家裡，也可以帶到外面去玩，而且玩完後整理起來很方便。

tool 小包包

how to

1 把玩偶跟衣服一起放進包包裡。

2 混在一起找尋不易的相關物品，就裝在另外的包包裡，方便孩子在玩的時候很快就能找到。

3 除了布娃娃以外的玩偶，以及其相關的物品要全部都放在一起，這樣找起來才方便。

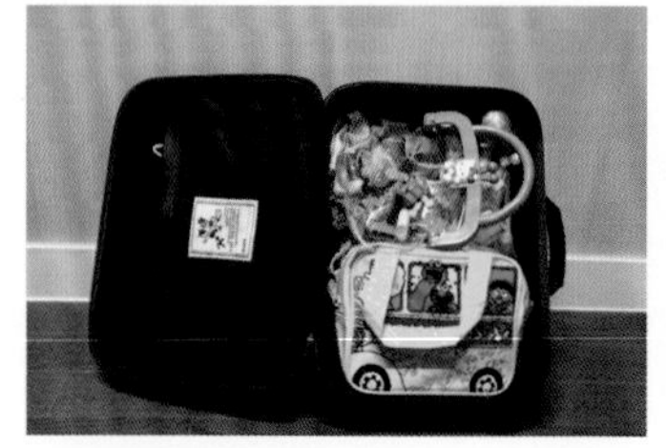

4 把放物品的小包包，一起放進裝了玩偶的包包裡。

5 這樣整理成一個包包就可以方便的帶著走，無論走到哪裡都能玩。

tip 我們家的女兒很喜歡玩這些玩偶，我這樣裝起來，要帶出去的時候就很方便了。

132

氣球

Casamami本身是聚會中負責佈置的人，所以家裡收集了很多氣球。我依照顏色、尺寸分類後收在塑膠整理盒中，也把打氣的工具也放在一起，這樣就可以一次找齊所有東西。物以類聚收納法！

tool 分格塑膠整理盒

how to

1 依照顏色、大小把氣球分類並綁好，然後跟打氣筒一起收在分格整理盒裡面。

tip **把氣球綁起來，可以整齊的放進盒子裡，而且也不會被蓋子夾住，較容易蓋上盒蓋。**

2 如果有長的氣球和打氣筒，那把隔板拆掉再放進去就好。

3 這樣整理起來，不僅移動的時候方便，也可以很快找到想要的顏色。

遊戲區收納完成的樣子。

書房

學習區

學習區必須是最不會受到干擾的地方。所以我就把進門後右邊內側的區塊，定爲學習區，而且書桌上只放學習相關的書籍與工具。書只要遵守物以類聚收納的原則，就能自然按照類別分好。童話書跟童話書、備用的學用品則跟備用的學用品、相本跟相本，這樣分門別類放好，不僅看起來舒適，找起來也容易。

學習區收納

133

書架

按照種類把書分好再放到書櫃上，這樣就能自然區分空間。當然事前也要先想過，每一格要放哪種書，也別忘記確認孩子們喜歡的書是哪些。如果書太多，或是有很多個書櫃，整理起來很辛苦的話，可以把書的種類寫在便利貼上，貼在書櫃的每一格，這樣整理起來就會輕鬆許多。

tool 素描工具、便利貼

how to

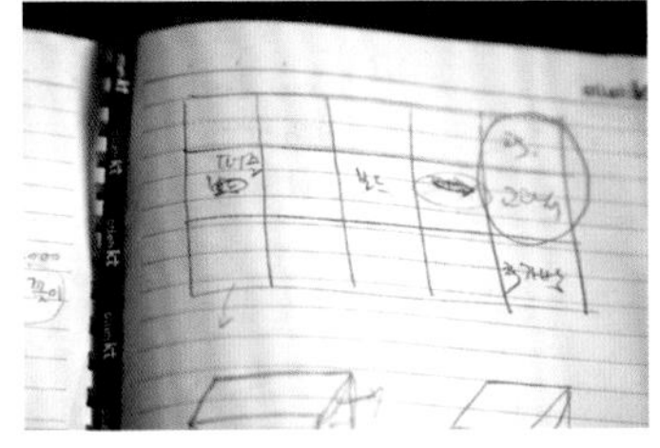

1 先在紙上把每個書櫃要放些什麼畫出來。

2 把書的種類寫在便利貼上，再貼到書櫃上面。

tip **請把便利貼到處移動，找出最讓自己滿意的排列方式。**

3 依照決定好的排列方式，把書放到書架上。

Casamami的收納tip

書變身書擋

如果書櫃並沒有頂到天花板，那書櫃上面也是可以用來放東西的唷。不過因爲沒有分格會讓書倒下，這時只要在兩邊各放一個書擋就行了。如果沒有書擋的話，也可以把好幾本書疊起來，用來當做簡單的書擋。

134

教科書、參考書、筆記本

教科書或參考書、筆記本很容易就混在一起，不過只要使用3格書架，這樣就能輕鬆解決囉。老大跟老二的教科書最好是分開放。物以類聚收納法！

tool 3格書架、檔案夾、標籤、簽字筆

how to

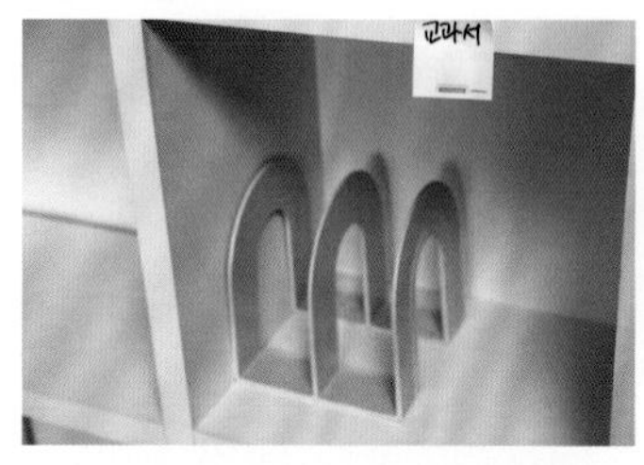

1 把3格書架放在書櫃裡。

tip **這種書架可以防止書混在一起，當書量較少的時候，也可以防止書倒下。**

2 活用書櫃的牆壁，就可以把空間分成5塊了。這裡我是分成教科書、筆記本、參考書、檔案、其他等。

3 備用的筆記本和問題集，就收在一起放在別的地方。

4 媽媽必須要留存一定期間的文件，則另外用檔案夾收好，並貼上「媽媽」的標籤。

tip **如果文件無法整理好，找起來會很麻煩，所以請馬上把拿到手的文件放進資料夾裡。**

135

視聽材料

最近學習用的視聽材料，多半是CD或是DVD，不過也有不少以前買的錄音帶。學習視聽材料請依照字母順序整理，收在籃子裡就能一目瞭然。也可以收在書桌原本就有，比較小、較淺的抽屜裡。

tool 籃子、層架、U形釘、回收盒、標籤、簽字筆

how to 收在籃子裡

1 把膠帶貼在籃子上，並依照字母順序把錄音帶放進去，然後再把字母寫在膠帶上。

2 在書櫃裡放個層架，然後用U形釘固定住。U形釘是固定電線時使用的ㄈ字形釘子，大創或是五金行可以買到。

3 利用層架把裝了錄音帶的籃子收納好，將死角減到最少。

tool 回收盒

how to 收在抽屜裡

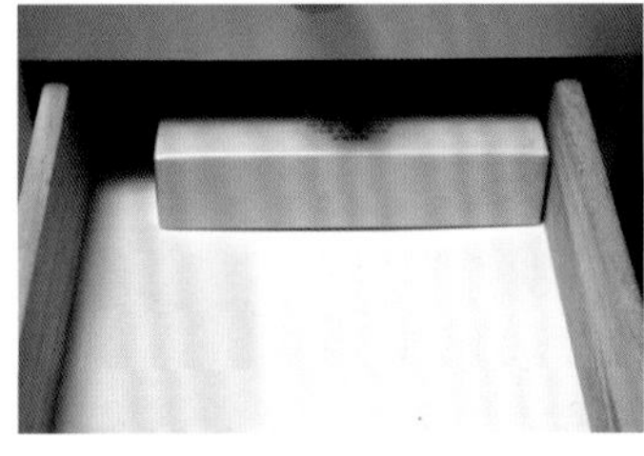

1 在書桌附的抽屜裡，放一個回收紙盒把抽屜最裡面的空間塞滿。

tip 就算在最裡面空間放東西，也不容易看清楚是什麼。但如果直接空著的話，錄音帶可能會因為沒有支撐而倒下，或者是被推到抽屜裡面去。

2 按照字母順序把錄音帶垂直收進抽屜裡，並讓有名字的那一面朝上。

3 請在抽屜前面標示該抽屜收納的錄音帶開頭字母。

136

文具

Casamami擺了一張寬敞的書桌，這樣才能讓兩個孩子一起用。3個抽屜裡，中間那個主要放兩個孩子經常共用的文具，兩邊的抽屜則是一些體積比較小的學用品、特殊用品。多運用小隔板和文具整理架，這樣就可以一直維持整齊囉。還有，小隔板要用膠帶黏住固定，開關抽屜的時候隔板才不會動來動去。

tool 事務用品整理盒、紙盒、塑膠餅乾盒、膠帶

how to 中間抽屜

1 這是左右分成3個抽屜的書桌。

2 在抽屜裡放一個事務用品整理盒，然後分成鉛筆、原子筆、自動鉛筆、橡皮擦等放入。

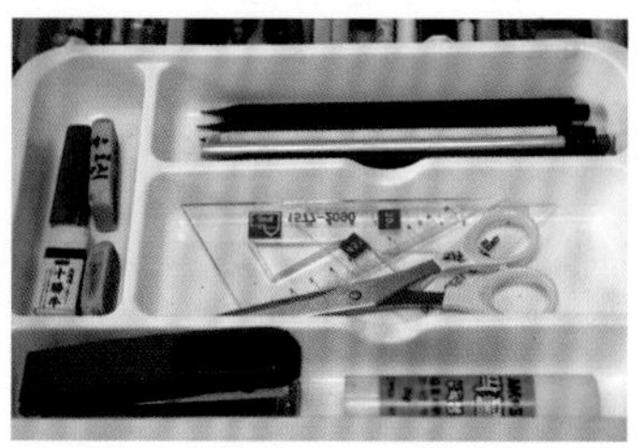

3 把尺、螢光筆、訂書機、口紅膠、剪刀等物品，也放進整理盒中。

4 把分成許多小格的紙盒放到抽屜裡，用來收膠帶、便利貼等物品。

5 貼上膠帶固定，這樣抽屜開關時盒子才不會跟著移動。

6 備用的文具，就放在抽屜的兩側。

how to 左邊抽屜

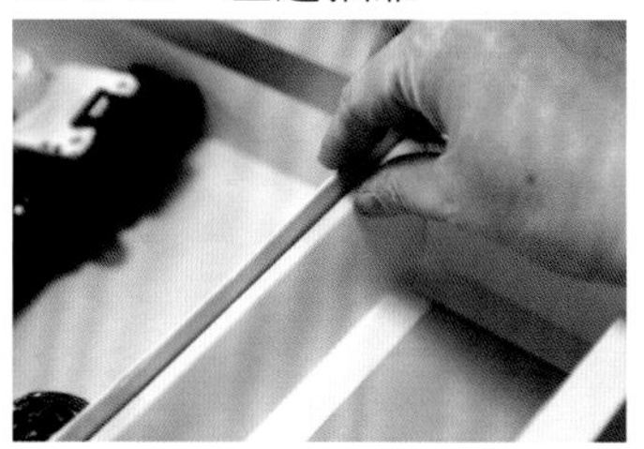

1 利用紙盒做出小隔板，然後再用膠帶把隔板固定，小隔間收納！

2 盒子大小跟抽屜不符的時候，就把盒子剪開來用。

tip 要找到剛好符合抽屜大小的盒子，其實滿困難的。所以如果盒子太大就剪成匚字形，以符合抽屜空間大小。

3 把備用的鉛筆盒和削鉛筆機放進抽屜裡。

tip 兩邊的空位，是留給未來要放進去的物品用的。

how to 右邊抽屜

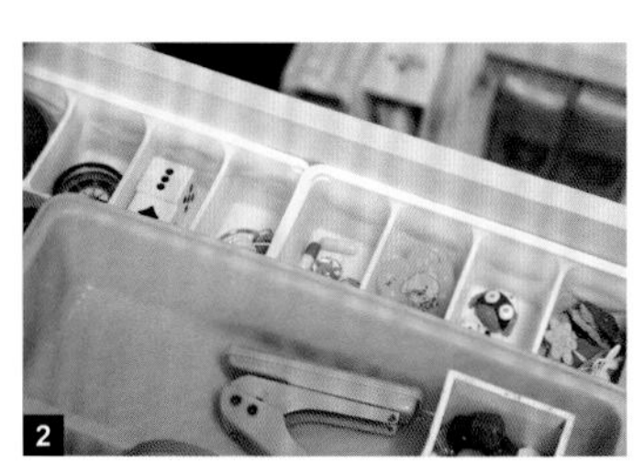

1 在抽屜裡放一個事務用品整理盒，把三角尺、骰子、指南針、圓規等學習工具和特殊用品放進去。

2 利用塑膠糖果盒，做成一個放置特殊用品的小盒子。

tip 因為塑膠糖果盒很堅固，所以很適合一格一格剪開來用。

3 把像小卵石這種要一整組拿出來用的東西，只要另外裝在別的盒子裡，整組拿出來時就會方便不少。

4 抽屜裡面則放使用頻率低的放大鏡、造型尺等物品。

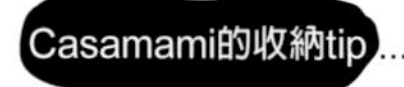

Casamami的收納tip 筆筒收納時的注意事項

如果抽屜沒有多餘空間的話，那我就會把文具插在筆筒裡。不過不要裝太多筆。鉛筆3～4枝、原子筆1～2枝，此外就是幾樣必要的文具，這樣才能維持整齊。如果筆筒有分格，那可以放剪刀或口紅膠一類的物品。如果沒有的話，那就在裡面多放個小筒子，把兩種物品分開來。最好別讓文具在筆筒裡倒下。只要在小筒子上貼膠帶固定，這樣它就不會在筆筒裡跑來跑去了。

137

獎狀、信紙、體驗學習資料

獎狀、信紙、體驗學習資料等物品都是單張的文件，如果沒有馬上整理好，會讓房間變得很亂，最後還可能會不見。最簡單又最確實的方法，就是收在檔案夾裡。做好分類的話找起來容易，只要在每個檔案夾上貼標籤，就算檔案量多也不會很複雜。只要統一檔案夾大小或顏色、標籤方式等，就會更整齊了。

tool A4檔案夾、紙、簽字筆、雙面膠

how to

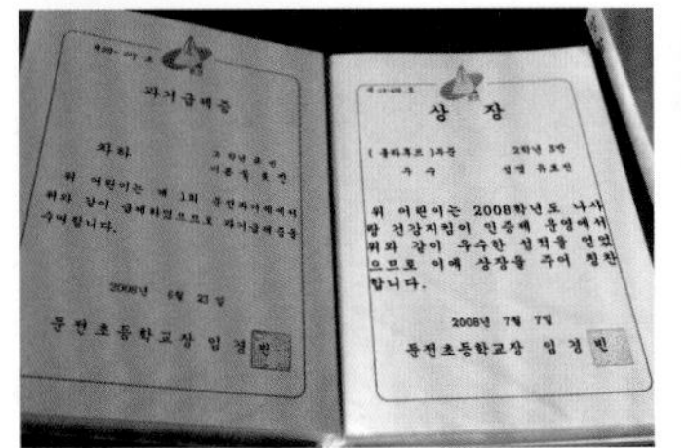

1 把獎狀一張張放進塑膠檔案夾裡。

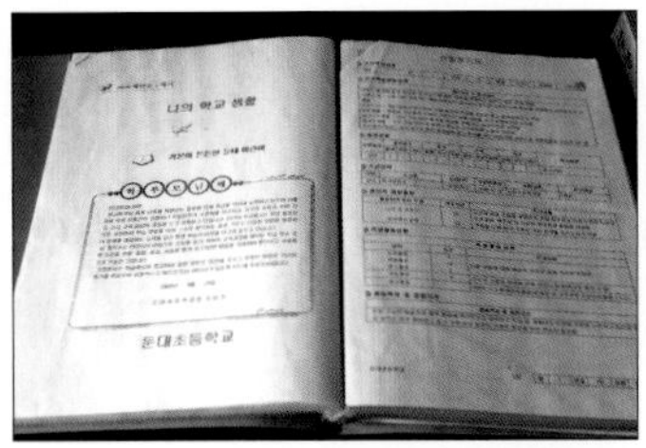

2 成績單、結業證書、證照也都放在一起。

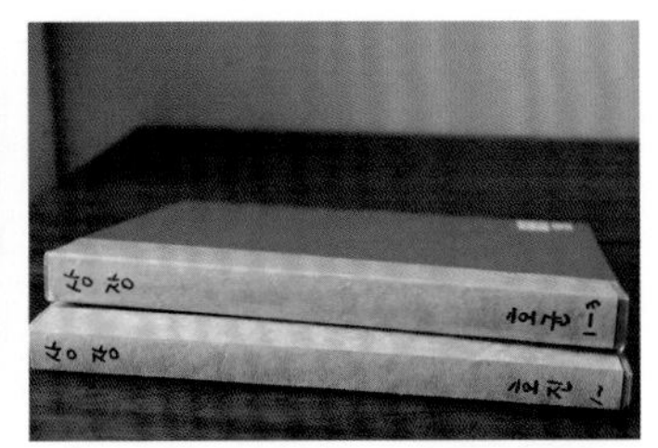

3 寫上孩子的名字和學年做標籤。

tip 檔案夾有各種顏色的時候，只要統一檔案夾背的顏色，這樣收納時就會很整齊。

how to 信紙

1 把信紙一張張放進塑膠檔案夾裡。小紙條或明信片這種小東西，可以貼在檔案夾的內頁紙或A4紙上，這樣翻動時它們就不會亂跑了。

tip 如果能按照日期整理那更好。

2 用固定的顏色替檔案夾做標籤。

3 把每個家人的檔案分開來整理，這樣更方便。

how to 體驗學習資料

1 檔案夾前面的部份，把同樣活動的相關資料都放在同一頁裡面。

2 跟體驗學習相關的物品，也一起放進去。

tip **資料量較多的活動，就獨立用一個資料夾。**

3 替檔案夾標籤，然後跟獎狀、信紙檔案夾，一起整理好放進櫃子裡。

tip **最好能把孩子就讀的學年也寫下來。如果還需要更多的檔案夾，那就請購買顏色和大小相同的，標籤請用同樣的顏色。**

⊕ 替檔案夾標籤的方法

1

2

3

4

1 剪下符合檔案夾厚度與長度的紙，並寫上名字。

2 在跟檔案夾接觸的背面貼上雙面膠。

3 把紙貼到檔案夾上。

4 如果有檔案夾背有可放標籤的塑膠套時，那就不用貼膠帶，只要把標籤紙放進塑膠套即可。

138

樂器

樂器雖然不常使用，不過因為會一直用到高年級，所以要好好做整理，這樣才不用重新買。要帶到學校去的樂器因為使用頻率不高，所以全部收在一起，放在手不太容易摸到的書櫃隔板上，體積較小的樂器則裝在籃子裡。物以類聚收納法！空間不夠的話，就用盒子裝起來貼上標籤，讓孩子隨時都能很快找到樂器。

tool　籃子、書擋、標籤、簽字筆

how to

1 像陶笛這種小樂器，就裝在籃子裡然後貼上標籤。

2 木琴、鈴鼓、節奏樂器組、小鼓等，則裝在原本的盒子裡，垂直放在櫃子裡面。

3 在中間放一個書擋，這樣就算旁邊有空間，樂器也不會倒下來。

139

其他學習工具

比較沒辦法單獨放在書櫃裡的學習工具，可以跟相關用品一起放在收納盒，或是用大小適當的盒子裝起來，然後再收到書櫃裡面。這樣不僅整齊，還能夠把動線縮短。

tool 分格收納盒、大小適中的包裝盒、標籤、簽字筆

how to

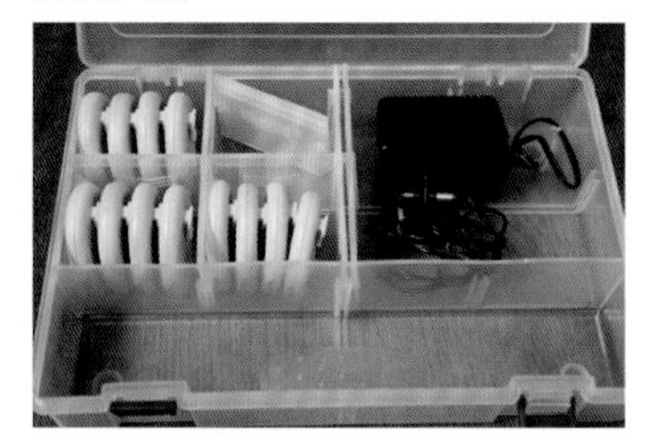

1 把各種貼片和接頭，全部收進收納盒裡面。

tip **拆下來的小隔板也要一起放，別弄丟了。**

2 相關的學習工具也垂直放在盒子裡，然後一一替它們貼上標籤。

3 把相關的用品一起放在櫃子上。

Casamami的收納tip 

輕鬆準備要帶到學校的用品

每天早上要幫孩子們整理學用品，可不是件普通的工作。不管是小孩還是媽媽，如果兩方都想輕鬆一點，那就用個厚塑膠袋吧。我會用把學用品放在裝枕頭或床墊的塑膠套裡，讓它變成一個包裝組合。這種包裝塑膠套不僅透明，上面還有一個小釦子，能夠一眼看到裡面裝了些什麼，也可以裝進稍微有點體積的東西。這樣把學用品打包起來，找起來容易，上課時間要拿出來使用也更爲方便。

書房

其他區

包包等外出時需要的物品，放在離門最近的地方才最方便吧？Casamami把美術區拉長了一點，並把不在前面三個區裡面的包包和皮夾，都收在這裡。配合孩子的視線高度，把美術區中層隔板往門的方向延長，當成收納包包或皮夾的空間。

其他區收納

140 錢包、其他小東西
141 背包
142 相本

140

錢包、其他小東西

和包包相關的用品，只要運用聯想收納法全部都收在包包附近，找起來就容易許多。皮夾也是外出時必備的物品，所以就整齊地放在籃子或小盒子裡，擺在包包附近的隔板上面。

tool 籃子

how to

1 把孩子們的皮夾收在小籃子裡。

2 車票夾和體驗學習活動時會用到的吊繩與原子筆放在一起，這樣一次就能完成外出準備。

3 整理好的皮夾籃子，就擺在包包附近的隔板上。

141

背包

如果直接放在隔板上，那產生空位的時候包包就會往旁邊倒下，或著是散亂開來。所以我就把美術區中，剛好在孩子視線高度的中層隔板往門的方向加長，當作包包的放置架。基本原則和收納方法，跟大人的包包一樣。比較重的書包和補習班背包，可以在地板上放收納盒，另外分類整理。

tool 收納盒、防刮傷海綿、包包收納櫃（組合式）、毛巾架、包包吊環、夾環

how to 書包

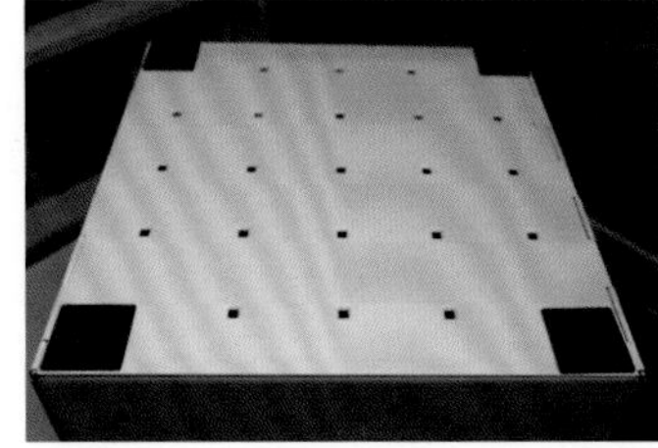

1 在收納盒的四個角落貼上防刮海綿。收納盒是從樂扣購入的。

2 把收納盒放在掛架下面，用來收因為太重而無法掛上去的書包。

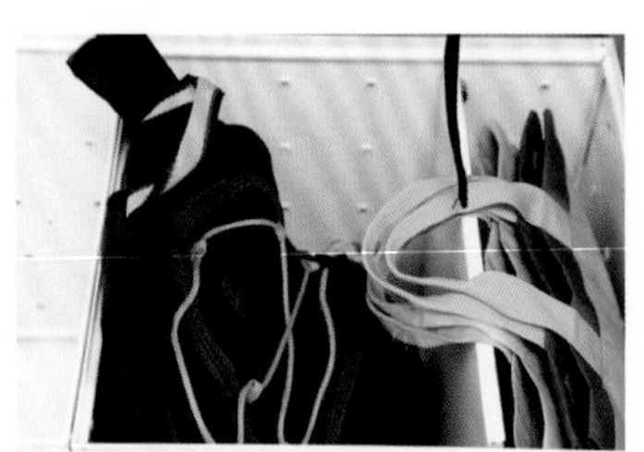

3 在盒子裡分格整理包包。像照片一樣做成可以由上往下垂直取放，這樣才方便。

4 用隔間來代替收納盒整理包包，也可以非常整齊唷。這種也屬於組合式的隔間，我是從網路商城買到的。

how to　一般包包

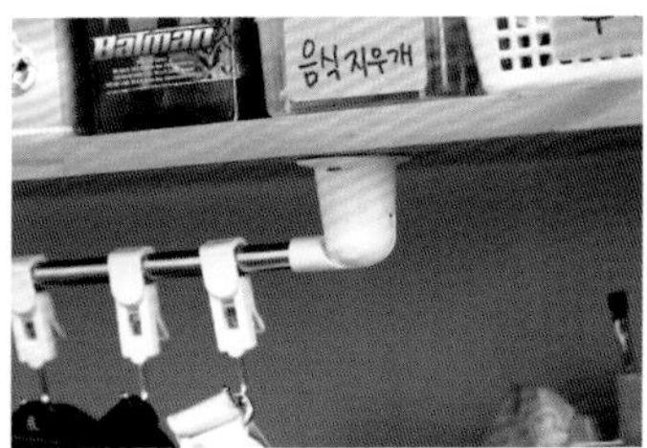

1 把美術區的其中一個隔板延長，當成掛架來使用。

2 在隔板底下裝上適當尺寸的毛巾架。

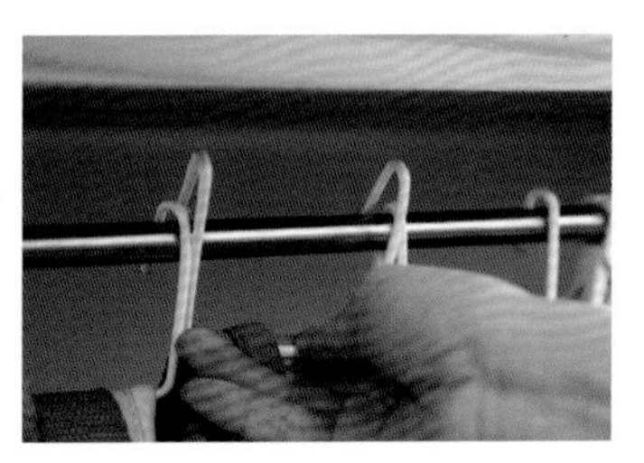

3 用衣架做成吊環，把包包掛上去之後再掛到毛巾架上。

tip **使用方法是把吊環整個掛在毛巾架上，把包包拿下來使用時吊環依舊掛在上面。製作吊環的方法，請參考198頁的大包包收納。**

4 背帶較長的包包，就直接將背帶上面的塑膠扣掛在夾環上。所有的包包都採用同樣的方法收納，這樣看起來就很整齊。

5 小包包也請掛在夾環上。

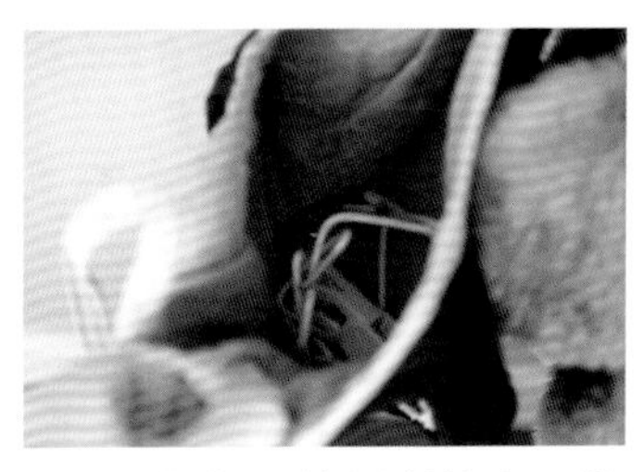

6 可以把備用的吊環放在不常用的小包包裡。

7 薄薄的布袋如果跟體積較大的背包掛在一起，小朋友會比較不容易找到，因此請摺成長條狀，集中放在一個包包裡。

142

相本

Casamami會花4次挑選出不需要的照片來丟掉。第一次先把可以丟掉的照片挑出來，第二次再把重複的照片或臉太小的團體照挑出來。然後再一面依照日期、場所，決定把照片放進相本或丟掉。最後再整理剩下的照片，這樣照片的數量會變少，也能夠整理得很好看，用這種方法來回憶過去的時間，再好也不過了。整理照片很困難對吧？一點一點，分成好幾次來做就好了

how to

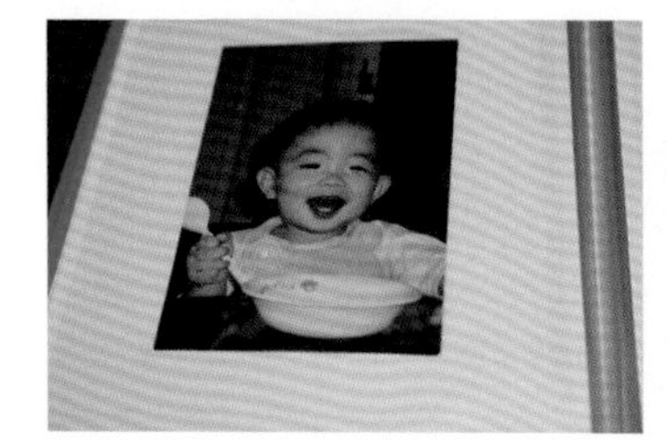

1 把值得紀念的重要照片先整理起來。

2 依照日期、場所選出照片，然後再貼進相本裡面。

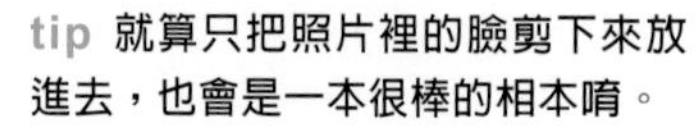

tip **就算只把照片裡的臉剪下來放進去，也會是一本很棒的相本唷。**

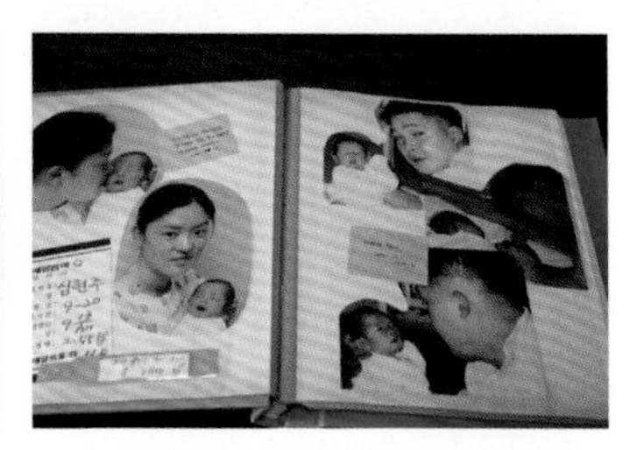

3 如果把短短的事件訊息和紀念品一起放進去，那就更好囉。

Casamami的收納tip

跟孩子一起製作的玻璃瓶相框

跟孩子一起，用記錄他們成長過程的照片製作玻璃瓶相框吧。從還是胎兒的時候，到第一次拿湯匙的時候，把幼稚園畢業、小學入學時拍的照片和相關物品，一起裝在瓶子裡面，就會變成很棒的回憶唷。Casamami的孩子在做這個玻璃瓶相框的時候，也是不停的一邊問問題一邊覺得這超神奇的呢。

1 準備透明的玻璃瓶，最好是可以清楚看見照片，沒有什麼特殊造型的玻璃瓶。
2 把想要的照片放進瓶子裡，並把相關物品都放進去。我把胎兒時期的照片和臍帶、孩子第一雙鞋子、第一次拿湯匙的照片，跟湯匙一起放進去。
3 可以把主要成長時期的照片，做成這種一系列的相框。

1

2

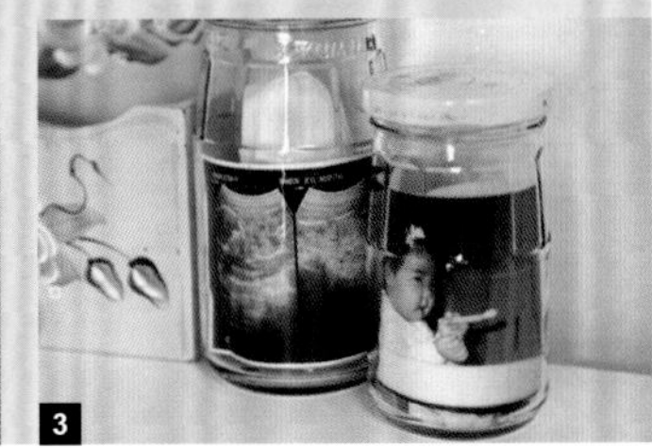
3

書房

照片也需要減肥

照片眞的是整理起來很困難的一樣物品。因爲要把上面印有我和孩子臉的物品丟掉，本身就讓人很猶豫不決。但是物品就只是物品，要狠下心讓自己改變心態，不要對物品投入情感。但也不是要無條件全部丟掉，想成幫照片減肥怎麼樣？過了很長一段時間，想想自己現在看過幾次那段時期的照片，想法應該就會稍微改變了。與其留下很多在同樣時間、同樣場所拍的照片，不如留下幾張値得紀念的照片，記得那段時間與那些人，並且能夠讓觀看者感到幸福，這就夠了吧？

需要替孩子著想，符合視線高度的收納與感性收納的理由

對整理有獨到見解的人，也都會說小孩子的東西很難整理。因爲就算辛苦地把東西整理好，轉個身就又都亂成一團了。所以在整理小孩的東西時，必須要隨時放在心上的一件事，就是符合視線高度的收納、感性收納。

第一優先就是配合「生理的視線高度」。假設小孩的身高大概到了媽媽的肩膀，稍微彎一下膝蓋模擬他們的視線高度。就會知道以大人視線爲主所整理好的東西，眞的放在很高的地方。所以，從小孩的高度看出去，並把東西放在他們伸手能及的地方，就是替孩子著想，符合他們視線高度收納的第一步。把小孩子的水杯放在飲水機下面的櫃子門內側，讓他們可以自己裝水來喝，把孩子使用的足球、安全帽、直排輪、滑板車等物品，收在鞋櫃下面等等，這些都可以說是配合生理視線高度收納的好例子。

接著就是配合他們「心理的視線高度」。意思是說，不在沒跟孩子討論的情況下，就用媽媽的想法任意將他們的物品處理掉。孩子花費心思做出來的作品，媽媽卻覺得很糟糕並任意丟掉的話，以後就會造成孩子連眞的非丟不可的東西都不願意丟。因此，在整理孩子的物品時，一定要問過他們的意見，並且嘗試使用把要丟的物品拍下來，傳到電腦裡保存的方法。這樣孩子才會產生心理上的安全感與收納能力，也可以培養他們自己整理物品的能力。

玩具或學用品也一樣。以前我女兒曾經迷上收集日記本。每次買個一兩本，最後長超過30本，整理起來非常困難。所以我就把日記拿出來放在桌上，跟孩子面對面坐下開始教她。先把人物太幼稚的挑出來，附上一封信一起送給隔壁鄰居的小朋友。也別忘記，要拜託收下禮物日記的鄰居媽媽，大肆稱讚她一番。經過這些過程，孩子就知道如何整理自己的物品，也能體會到分享的喜悅。不過比起要求她一次就要大量削減數量，還是選擇第一次留20本、接下來留10本、5本這種漸進方式比較好。如果不用漸進式，而是勉強她要送給別人的話，孩子心裡會感到難受，長大之後分辨、捨棄自己物品的能力也會不夠。

像這樣，跟媽媽充分溝通之後再做整理，不僅能處理物品，還能夠充分理解孩子們的心情。整理物品的同時也能整理心情與生活。這正是跟孩子一起進行感性收納的重要原因。一面跟孩子一起整理照片，一面跟他分享他自己不記得的幼時故事、一面讀胎教日記或爸爸寫給他的信，一面整理這些重要的物品，在不知不覺間孩子們就會產生整理的習慣。辛苦的把東西整理好，不是要讓自己覺得東西還是會被弄亂而嫌煩，而是要學會如何把想法變成「我們家的孩子也會整理啊」，並且知道爲什麼要這麼想的理由。從不同的視角看待事情，收納就不再是一件煩悶且辛苦的事，而是能和孩子一起共享許多事情的媒介，希望大家都別忘記這點。

part
07

客廳

我們家的客廳就像個書房。有桌子、椅子、書桌、沙發、電腦，還可以把這裡當成看書、喝茶等家人聚會的空間。客廳裡佔掉最大空間的東西就是書櫃，只要用整理孩子書桌的方法，整理書櫃就不會很困難。此外還可以把救急藥品、針線、簡單的文具、CD和DVD等物品，分別用箱子裝好，這樣就非常整齊了。還有，在每一家都會佔掉幾個位置的花盆，與其花費精力整理，不如使用回收物品做裝飾。這樣做出來的擺設物品，不僅能讓室內自然變乾淨，還可以使收納效果倍增。

客廳

書櫃

一想到書，就會想起電影《新娘百分百》裡修葛蘭經營的藍色書店。電影中的書店，就算把書隨便亂放，也還是非常有品味，是個充分滿足人對書店幻想的場景。而外國雜誌上看到的書店，就是一般很有品味的地方。但是突然想到自己家的話，就會覺得：我們家的書櫃爲什麼會變成負擔，好像搞砸整個裝潢呢？仔細看看電影或雜誌裡的書店，會發現雖然放滿了跟手一樣大的書，還有一些尺寸相似的書，不過放到現實中卻變得很沒品味。特別是童書花花綠綠，大小也五花八門。尺寸超大的書會讓人不知道要怎麼放進書櫃，一下子橫放、一下直放，四處搬來搬去無所適從。

但就算有這種現實上的問題，最近還是有越來越多人把客廳變成書房。在這股潮流當中這變成一種文化，逐漸佔有一席之地。但就在想把電視搬走，將客廳打造成書房的時候，卻又開始要擔心一些事情。「把書桌放在客廳的話，看起來不會很亂或是很悶嗎？」如果這樣的話，就仔細看看這章吧。就算不像雜誌或電影裡那樣，但不管是要整理乾淨、還是要找東西，或著想把書放回去時都非常方便。接著就來公開Casamami的書籍整理法吧。

143

一般書

書籍收納的目的，是打造一個可以時常親近書籍，並愉快、輕鬆讀書的環境。雖然出發點是一樣的，但要依照號碼順序把書一本本放好，其實也不簡單。這種時候，要把書放回原位就會讓人覺得麻煩。基本上只要依照書的大小、外型、顏色分類，然後再把書一本本放好。

how to

1 比起依照號碼順序，還是按照大小排列，把書一本本放好。

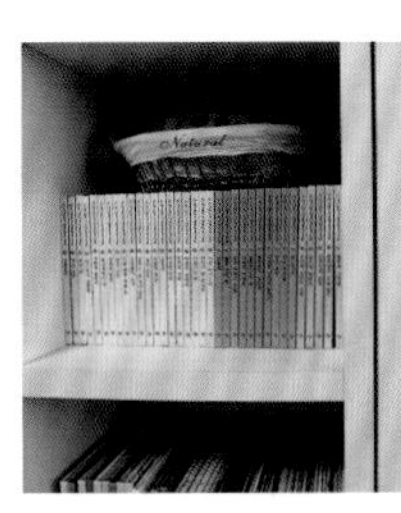

2 大小一樣的時候，就依照能看到書名的書背顏色做分類。

3 大小一樣、封面顏色也一樣的時候，就依照書名發音順序把書放好，方便我們找書。

tip 每次都把看完的書放在書架左邊的話，沒看過的書就會自然聚集在右邊。這樣媽媽要讀書給小朋友聽時，就只要從右邊開始選來讀。

Casamami的收納tip

書收納原則

- 比視線高度更高的地方，用來放大小一樣、尺寸較小的書，看起來更整齊。
- 尺寸五花八門的書，請放在視線高度以下的地方。
- 相同尺寸的書，放在旁邊的格子比放在下面好，這樣才有連貫的感覺，也會產生安定感。
- 請用不同書櫃做書的區塊分類。舉例來說，把書分成科學、歷史、創作、文學等，放在不同書櫃裡。
- 常看的書放在跟視線同高的格子，偶爾才看的書則放在最高的格子。
- 把書跟錄音帶收在一起，可以提升活用度。

144

口袋書

孩子越小家裡的口袋書就越多。這種書如果直接放在書櫃上，就會有多出很多剩餘空間。但如果橫的一本本往上疊的話，要拿書的時候又很容易倒下來。不過，只要把這種書裝在籃子裡，放在一般尺寸的書上面，這樣取用就變得非常方便。

tool　小籃子

how to

1 把書裝在小籃子裡。

2 把籃子放在書櫃裡已經整理好的書上面。

3 要把籃子下面的書拿出來時，要用手把籃子拿起，再用另一隻手把書抽出來，所以籃子最好選用輕一點的。籃子裡書不能裝太多，這樣使用起來才方便。

Casamami的裝飾tip

生機盎然的書櫃擺設

如果從收納的角度看所有事物的話，那我想擺設也算是收納的一部分。就這層意義來說，收納是同時滿足裝飾與整理的一件事。裝飾與整理這兩件事，如果在書櫃裡結合會怎樣呢？把小相框或漂亮的碗和書、花盆類的東西擺在一起。比起在書櫃裡塞滿了書，這樣會讓人心情變好，視線也變得很清爽。不過，如果有很多像童書這種大小不一、花花綠綠的書，裝飾的物品就請以白色爲主。還有，在放花盆的時候，就會需要使用書擋。只要記得太誇張的裝飾反而會妨礙收納，這樣就能有一個既有品味又好看的書櫃了。

145

小書

雖然比手掌稍大一些，不過卻比一般尺寸還小的書，就用層架分成上下兩層來放吧。這樣整理起來可以節省空間，非常有效率。

tool 層架

how to

1 這是層架。

tip 書櫃用的層架，必須要是一體成形的，這樣拿書時才不會造成不便。非一體成形的層架使用法，請參考廚房碗盤收納篇。這種層架IKEA有在賣。

2 把層架放到書櫃的格子裡，然後再把書一本本放好。

3 把一格書櫃分成上下兩塊的時候，收在下層的書要稍微拉出來一些，這樣取放的時候才方便。

Casamami的收納tip 

複合式書架使用法

這是Casamami家裡被叫作複合式書架的東西。報攤或書店擺出新書和暢銷書的時候，常常會使用這種形式的書架。只要把從圖書館或是別人家裡借來的書，放在這裡並訂下一個閱讀期限，就會經常拿起來閱讀了。因爲可以清楚看見書封面的圖畫和書名，自然就會經常伸手拿取。也可以把非精裝版的一般書籍放在這裡。孩子們的英文書當中有些很薄，書名又要靠很近才能看得到，如果把這種書放在一般書架，想要只靠書背上寫的書名來找書，眞的是難上加難。這種時候，只要從一般書架上抽出幾本，放在可以看見封面的複合式書架上就好。在有小孩的家庭這特別有用，請一定要試看看。在客廳一角放一個複合式書架和小茶桌、一張椅子，就可以營造出很不錯的書房氛圍唷。

146

學習用素材

隨書附贈的學習錄音帶和CD等，要收在一起用起來才方便。只要利用籃子或層架、抽屜櫃等收納工具，就可以減少死角，用起來也方便許多。請從這裡介紹的方法中，挑選最適合自己的來使用。

tool 層架、籃子、螺絲、螺絲起子

how to 運用一體成形的層架

1 使用層架，並把書放在層架上面的話，就可以把錄音帶裝在籃子裡，收在層架下面，這樣就可以100%活用所有空間。

tip **層架請選擇方便取放書籍的一體成形層架。**

2 跟照片一樣，只要把裝有錄音帶的籃子拉出來就可以使用，因此可以長期維持整齊。

how to 把層架反過來用

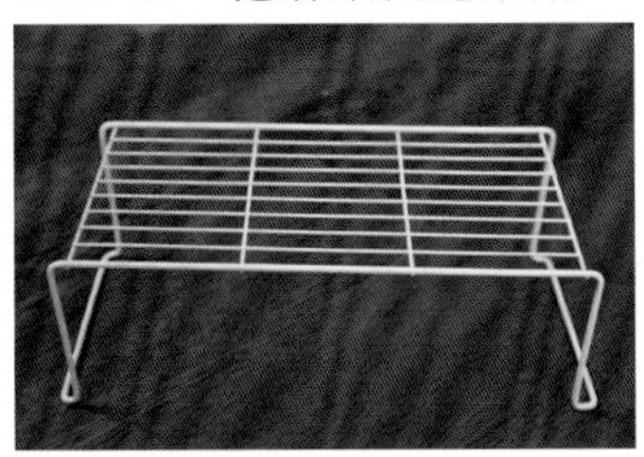

1 照片裡的層架因爲較窄，所以無法用來放書。這是在要利用書籍上方的死角時使用的層架。

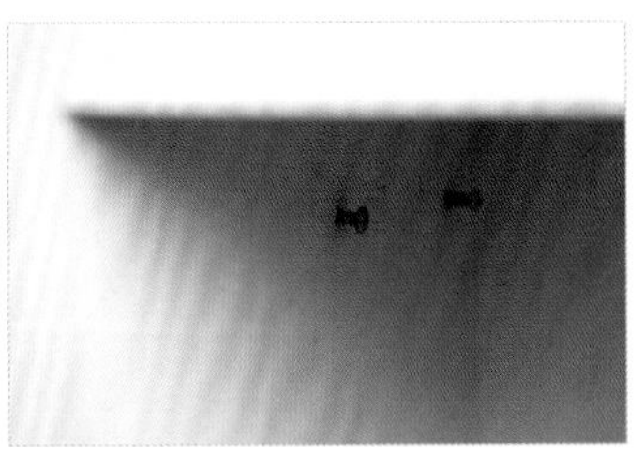

2 請在櫃子內側鎖上用來掛層架的螺絲，在螺絲與牆面之間留下層架鐵架的寬度。

3 把準備好的層架倒過來，然後掛到鎖在牆面的螺絲上。

4 把隨書附贈的錄音帶裝在籃子裡，在把籃子放到層架上面。

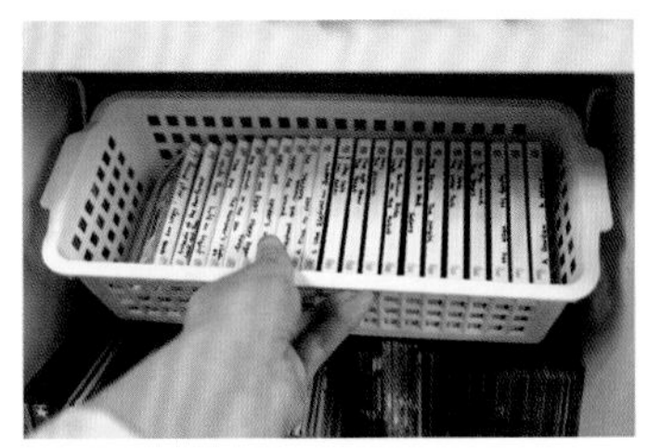

5 沒有外殼的錄音帶，也可以直接裝在籃子裡，這樣比較整齊。

6 CD可以不必裝進籃子，直接跟照片一樣整理在層架上就行了。這是錄音帶與CD收納完成的樣子。

Casamami的收納tip……

學習素材收納原則

在使用學習素材的同時，我也產生了一些想法。希望可以把錄音帶放在書旁邊，讓孩子們能自己找來聽。而要讓孩子們能自己操作，當然取放都要更方便，錄音帶最好跟書一起收在書櫃裡，這樣會更整齊。因爲我需要可以減少死角，充分利用空間的收納好點子，所以當時就一邊想辦法，一邊試著建立幾種錄音帶／學習素材的收納原則。

第一，書跟錄音帶要收在一起，才能提升活用度。

舉例來說，錄音帶要在看英文書時一起聽，但如果書放在一個地方、錄音帶放在一個地方，這樣就可能會找不到錄音帶，或是花很多時間找錄音帶。因此，書跟錄音帶要放在一起，這樣才會更有效率。

第二，把錄音帶裝在籃子裡，以抽屜的形式放在書附近，這樣想找需要的東西才方便。

第三，使用籃子與層架，可以減少上方的死角。

開始整理錄音帶之後，會遇到幾種問題。首先是尺寸比書小上許多的錄音帶，如果以前後兩排的方式放在書櫃裡，要找後排的錄音帶會很困難，上方會變成死角。但如果放成上下兩排的話，要拿出下排的錄音帶也很麻煩，而且錄音帶還會常常東倒西歪，前面也會變成死角。就算裝在籃子裡，如果只用一個籃子的話，那上面就會留下很多多餘的空間。但如果依照種類把錄音帶分好，裝在不同的籃子裡，然後把一個書櫃的格子分成3層，把籃子放進去的話，找錄音帶時就要不停反覆把籃子拿出放回，非常麻煩。爲了一次解決這些問題，我就同時使用層架和籃子。把層架放進去，然後再把書和錄音帶分擺在上下兩邊，這樣不僅能減少死角，整理、尋找錄音帶也都方便多了。

第四，籃子請選擇輕巧且色系與書櫃相同的。

用抽屜式收納時，請選擇輕巧的籃子。還有，如果籃子跟書櫃的色系一樣，這樣在放了花花綠綠童書的書櫃裡，感覺起來會比較整齊。

其他

客廳是家人聚會的空間，所以只要把大家都會用的小物品收在這裡，可以帶來很大的方便。像醫藥箱、針線盒、一般CD或DVD之類的就很適合。整理這種物品時，最重要的是如何可以讓它們都「隱形」。還有，客廳是決定房子印象的重要場所，也可以說是主婦要花最多心思打理擺設的地方。因此，如何能夠適當地使用可見與隱形收納，就是這裡的重點。藥品、針線盒、文具等，把相同的東西收在一起，並做出小隔間把這些東西收好，這樣最能達到收納效果。如果再搭配環保概念，那原本讓人傷透腦筋的花盆，也可以脫胎換骨完全不一樣唷。

其他收納

147

針線盒

在洗衣間摺衣服的時候，偶爾會發現釦子掉了，或是衣服有脫線的情況。把要縫補的衣服另外放在籃子裡，再一起帶到客廳去縫補，這樣比較方便，因而針線盒就放在客廳。而針線盒裡不只要放針和線，還要放一些縫補的小材料，所以最好用有兩層的塑膠箱。上層放常用的針線、下層放偶爾才會用到的東西，這樣需要時找起來才方便。

tool 雙層塑膠箱、紙盒、別針、透明盒

how to

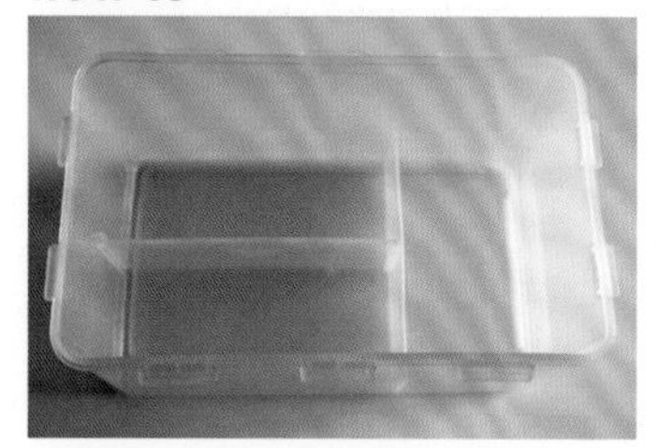

1 準備一個上下兩層都能收納的雙層塑膠箱。這是在樂扣買的。

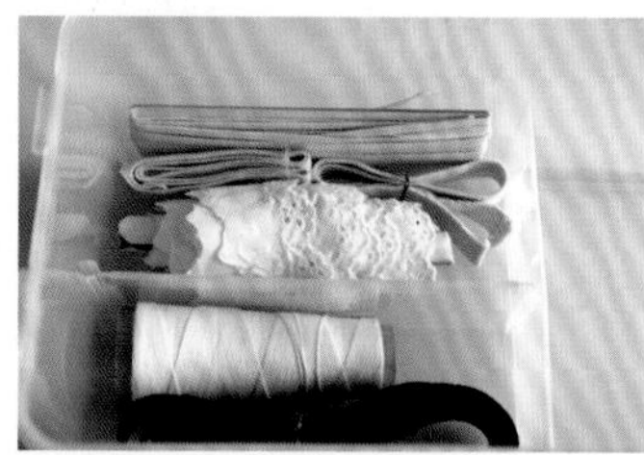

2 下層放不常用的蕾絲、鬆緊帶、拉鏈備品等。

3 右邊的空間則放鈕釦桶、大頭針、別針、剪刀、碎布、打火機等物品。

4 上層放常用的線和針，備用的鈕釦等物品，則垂直收在隔間裡。

tip 可以把小紙盒剪開，用來塞滿沒放東西的空間，這樣繞線板才不會倒下來。也可以當成收集線頭的小空間。

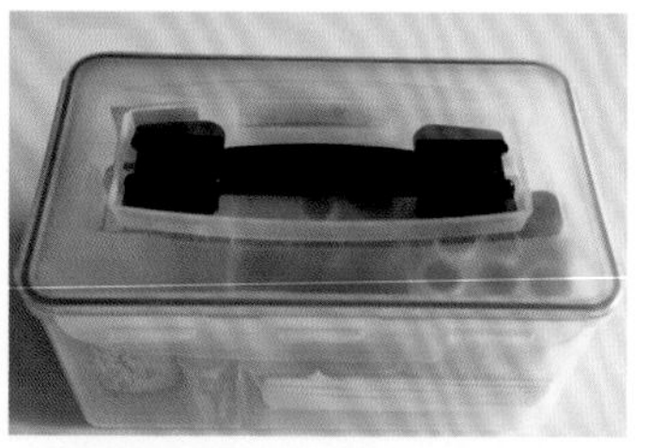

5 把蓋子蓋上，跟救急藥箱收在一起。

⊕ 幫助針線盒收納的小點子

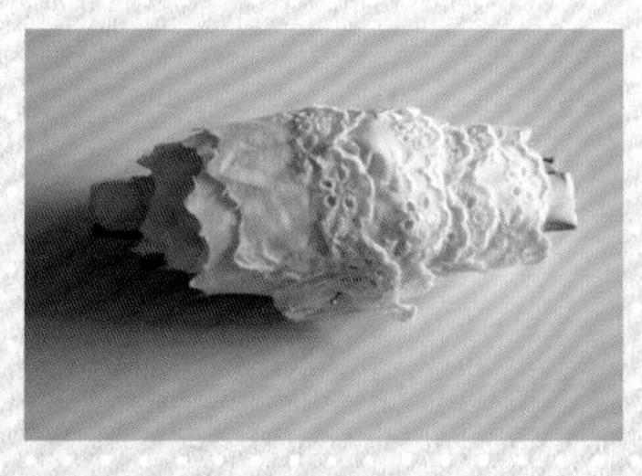

1 不要只把蕾絲捲在厚紙板上，可用別針固定。

2 把備用的拉鍊摺起來，用別針固定。

3 把從要丟的衣服上拆下的鬆緊帶摺好，最後用別針固定。

tip 難以用別針固定的寬鬆緊帶，就直接裝在小夾鏈袋裡。

4 大頭針、別針等物品，全部裝在透明的小罐子裡。

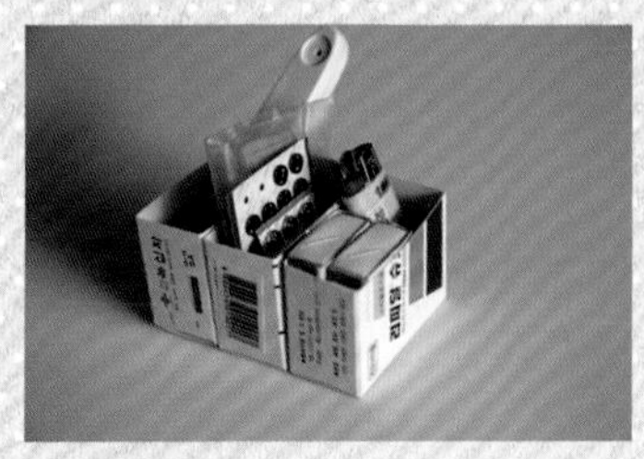

5 把數個剪成一半的藥盒用膠帶黏在一起，再把剪刀或鉤子等物品放進去。

tip 用膠帶把盒子固定在針線盒裡面。

6 把釦子收集起來，裝在小罐子裡再利用。

tip 從要丟的衣服上拆下釦子和鬆緊帶，這樣在孩子的腰變粗，要改衣服時就能派上用場。

148

文具

因爲Casamami的客廳也兼作書房，還放了書櫃和桌子。所以讀書或做筆記時需要用到的文具，我就收在桌子的抽屜裡。跟孩子唸書的書房一樣，善用文具整理架就可以很整齊。

tool 文具整理架、包裝盒、薄海綿

how to

1 把文具整理架放在抽屜裡，再把筆類、刀子、尺等物品整理好。

2 剩下的空間就用多的包裝盒做隔間，用來放便條紙、便利貼、收據等物品。

tip 把盒子放緊密一點，讓盒子不會因抽屜開關而移動，收據等紙類就用迴紋針夾起來。

3 名片則照類型分好，同類型的全部綁成一捆。

小隔間運用法

1 在盒子底部鋪一層薄薄的海綿，這樣就算是一張薄薄的紙也能留在原地不亂動。

2 收納物品種類多的話，就在隔間裡面再做一個隔間。

3 根據隔間的位置不同，盒子可以分成2格或3格。

tip 像步驟2這樣靠牆放的話就會有2格，像步驟3這樣放在中間的話，就會有3格。不管是哪種空間，只要根據收納物品調整隔間數量，這樣就會更方便。

149

醫藥箱

急救藥是要在緊急狀況下使用的，所以請收在可以立刻找到東西的客廳裡。把原本裝藥的盒子剪開，用來當作小隔間使用，這樣藥就不會混在一起，可以一下子就看到要找的東西。每天要吃的維他命，則另外裝起來放在廚房，這樣比較方便。在整理之前，要先把過期的藥挑出來丟掉。

tool 塑膠整理箱、藥品盒

how to

1 把原本裝藥的紙盒剪成一半，然後把藥和說明書一起放在裡面。

tip **剪下的藥盒，我通常會留寫有有效期限的那一部分。**

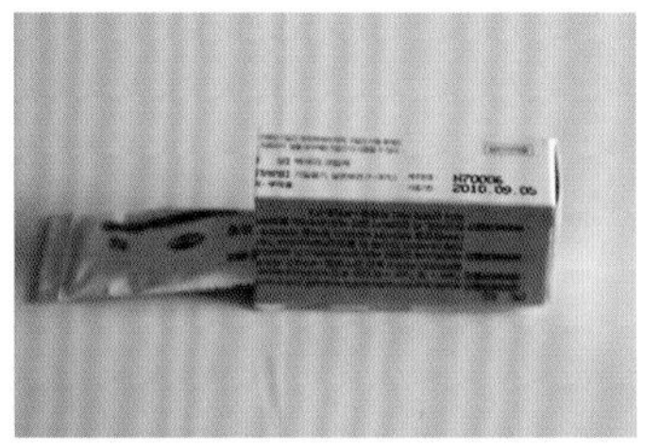

2 軟膏、藥水、消毒劑等，我會把盒子剪成2/3大小，然後把說明書一起放進去。

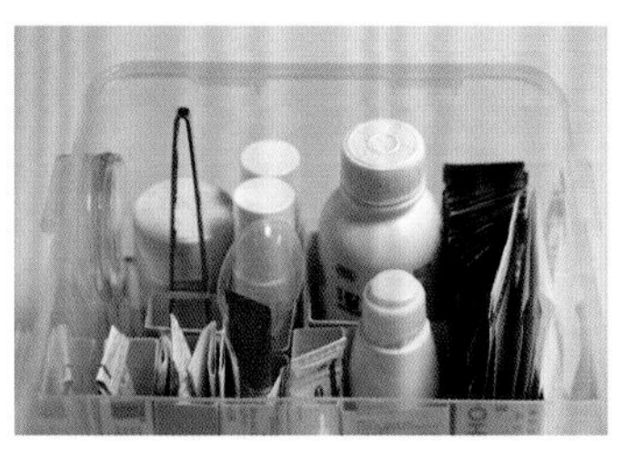

3 OK繃也是把盒子剪成一半之後，再依照大小種類分別放入。夾子、放大鏡、藥水匙也放在一起。

4 把棉棒放在用完剩下的盒子裡。

5 把同種類的藥收在一起放進醫藥箱裡，也請空出放雜物的位置。

6 整理好的醫藥箱請放在客廳的櫃子裡，並把冰敷袋等相關用品收在一起。物以類聚收納法！

tip **夏天除蟲的相關用品則另外裝進籃子。每天要吃的維他命用寶特瓶裝10顆左右，然後拿到廚房去放。**

150

DVD、CD

DVD或CD比書小，如果收在書櫃裡面會產生很多死角。所以最好是收在市售的盒子，或是直接收在抽屜裡面。影音光碟則跟DVD播放器收在一起，這樣才方便。

tool 市售DVD收納櫃、CD收納盒、標籤、簽字筆

how to

1 把DVD或CD整理在市售的收納櫃裡。

2 也可以裝在別的盒子裡，並依照名字順序貼上標籤，然後放在抽屜裡面。

tip 為應付數量逐漸增加的光碟片，每個盒子請留下6片左右的空間。最好把擦拭CD和DVD的軟布也放在一起。

⊕ 改造收納盒

1 準備要改造的盒子。

2 外面貼上白色的紙，然後用針或美工刀戳個小洞，讓空氣跑出來之後使白紙和盒子緊密貼合。

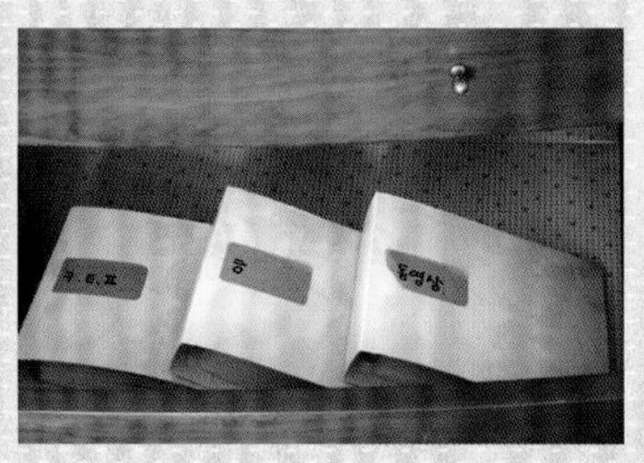

3 依照標籤的順序，把盒子放到抽屜裡。

151

花盆

每一家的客廳都會放幾個盆栽，但如果沒好好照顧的話，盆栽很容易會變雜亂，而且盆栽的大小、外貌也都不同，就像完全不同的物品一樣，很難有一個統一的形態。這種時候，就利用要丟棄的物品來裝飾花盆吧。這樣盆栽就能變成漂亮的裝飾物了呢。

tool 麵包紙袋、裂開的杯墊、破損或造型獨特的容器、洗滌容器、水性塗料、圓形燭臺、膠帶、紅酒杯、圓形蠟燭、杯子、麵包袋封口夾

how to 麵包紙袋再利用

1 把麵包紙袋底部密合的部分剪掉，然後上下兩端各往內摺2公分。

2 凹成圓形之後請自然把袋子弄縐。

3 然後再拉平套在花盆上，接著再用裂開的杯墊當成接水盤使用。

how to 容器再利用

1 把裂開或有破損的容器拿去裝水，並把水生植物放進去。照片裡的植物是羽蝶蘭。

2 試著把植物放在造型獨特的容器或糖罐裡，放置在家裡各個角落吧。

how to 用清潔劑容器做花瓶

1 把廚房清潔劑的容器洗乾淨晾乾後，用水性塗料漆兩遍。

2 將用了一段時間，失去新鮮感的燭臺中間部分剪下，裝在容器的入口。

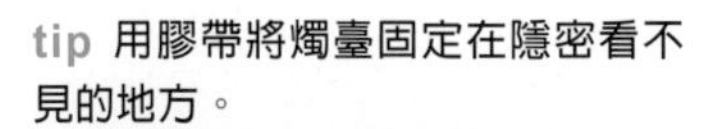

tip 用膠帶將燭臺固定在隱密看不見的地方。

3 跟杯盤放在一起當裝飾，就會變成很有品味的花瓶，或是一個主要的裝飾品。

4 可以把燭臺套在紅酒杯上代替清潔劑容器，用來當作主要裝飾品。

5 把蠟燭放在紅酒杯裡面，這樣就會變成一個很棒的燭臺。

how to　用杯子做花瓶

1 用杯子裝水裝到9分滿，最好使用有缺口的杯子。

2 把長春藤橫放進去，呈現出浮在水上的感覺。

3 如果擺出來的樣子不好看，可以用麵包封口夾，夾在長春藤的莖上。

tip **要把下半部的莖浸在水裡，然後將葉子夾在看得到的地方。**

4 然後再把夾在長春藤莖上的麵包封口夾，夾在杯緣。

5 這樣就完成了，花草裝飾的效果滿分。我把花瓶並排放在廚房的窗台上。

tip **如果插在玻璃瓶裡，就會看見所有草綠色的葉子，這樣看起來非常綠意盎然。**

6 在家中每個小角落都放一盆，就可以讓整個房子的氣氛變活絡。

不方便是我的力量！Casamami獲得靈感的方法

只要看看我使用的收納工具或方法應該就會知道，收納其實也不是什麼偉大的事。我會用對家事毫無興趣、手藝相當笨拙的初學者們，都可以能輕鬆理解的話來說，部落格裡也會詳細說明每個細節，所以會有很多人認同。或許是因爲這樣，詢問「Casamami這些想法都是從哪裡來的呢」的人非常多。每次遇到這個問題，我的回答都是這樣：「一直看著那些自己需要，必須要收起來的物品，自然就有想法了。」雖然可能很好笑，但卻是眞的。我比各位更會收納，絕對不是因爲我能力好，而是因爲我很看重這件事，常常思考的緣故。舉例來說，下定決心要整理抽屜的話，那我就會先把抽屜裡的東西都拿出來，持續盯著這些東西看20、30分鐘。不是毫無想法傻傻地看，而是在腦袋裡思考要如何整理的方法。整理好想法之後，接著就會直接著手進行，但通常也不會一次就結束。如果跟想像中不同，最後無法整理乾淨的話，那我會試著把東西反過來放、用45度角放，直到出現我想要的排列方式之前，會不斷反覆組合跟拆解。這樣子做過之後，自然就會產生這個用膠帶貼起來比較好、那個用熱熔膠比較好的判斷。

把吸塵器收在玄關也是一樣的。「吸塵器要放在玄關的櫃子裡→這樣就要把會亂動的延長管固定起來→希望能用柔軟但卻堅固的塑膠做出固定裝置」，是以這樣的順序在思考。在這種思考邏輯中一面分類清理，同看到被拆下的洗衣粉桶提把，那一瞬間就想到「啊，就是這個」。當然會喊出「尤里卡！（Eureka）*註」。然後就用洗衣粉桶的提把製作固定裝置，用了之後發現剛剛好，那時候所感受到的暢快瞬間，是我持續投入開發新收納創意的力量。

用塑膠牛奶瓶做成水彩筆桶，也是因爲孩子把沾了水彩顏料的水彩筆到處亂放，看到水彩顏料塗得到處都是的同時，就想出這個點子了。如果水桶跟筆桶合而爲一的話。孩子們就可以毫無困難地使用，但很可惜市面上並沒有這種產品。在要丟掉牛奶瓶時，無意之間思考這可以用來幹嘛，一瞬間跟水彩筆重疊在一起，然後就想到把握柄的部分剪掉，這樣就能一次解決水桶和筆桶的問題了。像這樣研究各種收納方法，就會知道讓人們感覺不便的事情，其實都大同小異。爲了解決這些問題，經過努力不斷的思考，就能意外從身邊許多小地方獲得靈感。這是我獲得收納點子的方法。這樣做，就會產生把一個個小創意累積起來的趣味，也可以讓收納更有彈性，並找出最適合自己生活模式的收納要領。收納專家的靈感發想其實很簡單吧？

註：是希臘文「我找到了！」的意思。

part

08

洗衣間&輔助廚房

許多家庭廚房旁邊的陽台，都會拿來當作輔助廚房和洗衣間。不過因為會有從換洗衣物中跑出的灰塵，還有一些清潔劑的粉末，最好還是盡量把空間分開。Casamami從廚房裡看出去的時候，右邊是洗衣空間，左邊則是輔助廚房。當然該空間的物品也要分開整理。特別是清洗時需要的物品，要以洗衣機為中心，放在不用做太多移動，就可以伸手拿到的地方。

請分成洗衣空間與輔助廚房空間

先把兩個空間分開，然後再做整理。

洗衣空間請先考慮動線，再決定收納位置

讓人以洗衣機為中心，呈站或坐姿可以洗衣服又可以晾、摺衣服。

同種類的東西放在一起，依照使用頻率決定位置

把廚房收納時發現使用頻率較低的東西中，體積較大的物品拿到輔助廚房，收在流理台裡面。而使用頻度高的則拿出來，放在容易拿取的隔板或廚房附近。

洗衣間

聚集換洗衣物洗淨、晾乾，並把晾好的衣服摺起來整理等等工作，全都要在這個空間完成。所以從洗衣精到摺衣板、裝乾淨衣物的籃子，收在這空間裡的東西五花八門。總之，先在洗衣機上面裝一個移動式隔板，再把洗衣服時會用到的東西放上去。其他的東西就利用洗衣機旁邊的水龍頭周圍的空間收納，以將動線縮到最短。

洗衣間收納

152

洗衣機上的隔板

先在洗衣機上方裝一個移動式隔板，以確保有多的收納空間。裝好之後再依照使用頻率高低，由下而上把東西放進去。

tool 塑膠密閉容器、籃子、洗髮精防壓夾、膠帶或紮線帶、檔案盒、洗衣店防塵袋

how to 洗衣精、肥皂

1 把洗衣粉和蘇打粉裝在塑膠密閉容器中，放在洗衣機正上方。

2 把洗衣粉開封時所需的切割器，黏在洗衣機旁邊，要用時很方便。

3 備用的再生肥皂，則裝在大的塑膠密閉容器中，放在最上層的隔板。

tip 如果肥皂受潮會不容易起泡，所以請放在密閉容器中。

how to 籃子

1 請在洗衣機上面放2個籃子。

2 一個用來裝洗好的衣物，並方便我們把衣服掛到曬衣架上。

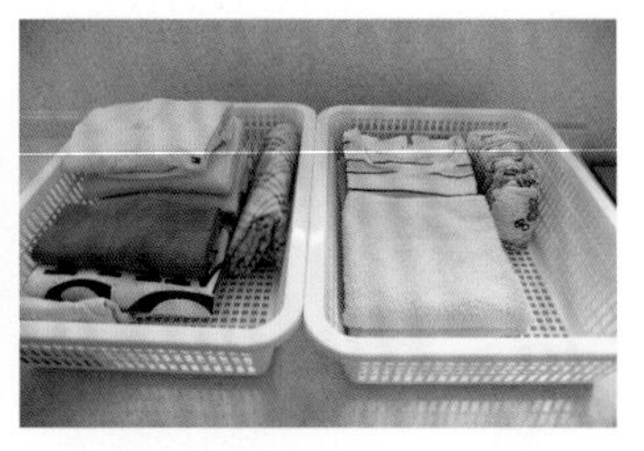

3 另外一個則用來分放每個家人摺好的衣物。

tip 這樣只要把籃子整個拿走放在抽屜裡就可以了，可以減少時間跟動線。大推！

how to 衣架

1 依照種類把衣架掛在桿子上。

2 褲架的夾子要向上，這樣掛在桿子上的時候，才可以減少夾子糾纏在一起的情況。

衣架糾纏在一起的話怎麼辦？

使用洗髮精防壓夾！

1 請準備要防止洗髮精被壓時，會夾在洗髮精瓶口的夾子。並把這個夾子夾在衣架中間。

2 如果夾子比桿子大，就用膠帶將其固定。

3 固定時也可以用紮線帶代替膠帶，這樣更堅固。

how to 抹布、摺衣板、洗衣袋

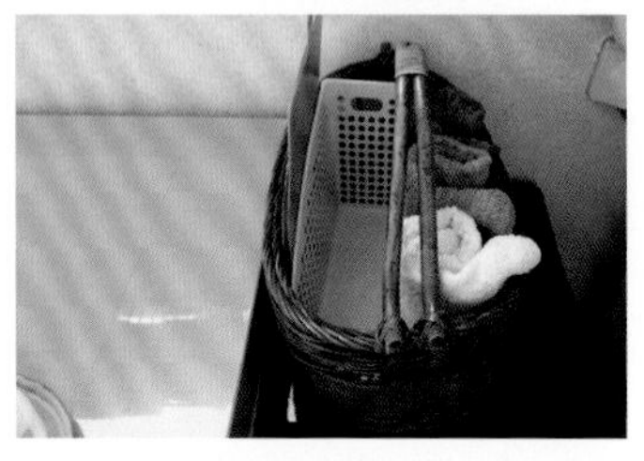

洗衣袋和輔助廚房用的抹布，還有摺衣板等物品，都裝在籃子裡並收在洗衣機旁邊。

tip 請在籃子裡放一個檔案盒用來裝洗衣袋。Casamami都在洗衣機旁邊的泡菜冰箱上摺衣服，所以會把這些東西放在泡菜冰箱旁邊。

how to 煮衣桶

煮衣服的時候使用的木筷放在煮衣桶裡，並放在第二層隔板上。

how to 其他

1 從換洗衣物的口袋裡掏出來的東西，收集起來放在盒子裡，並把盒子放在最上層的隔板。

2 特定季節使用的加溼器等家電製品，就用洗衣店的防塵袋裝起來，然後放在最上層隔板上。

tip 容易堆積灰塵的頂部，只要再多包一層保鮮膜就可以了。

3 洗衣機上面的隔板收納完成的樣子。

Casamami的打掃tip

洗衣機清潔方法

洗衣機很容易有水垢或長黴菌。有時候換洗衣物會發出臭味，也是因為這些東西。如果想防止這問題發生，最好的方法就是先把洗衣機洗乾淨。那來了解一下乾淨洗衣機的清潔法和保養法吧？

1 洗完衣服之後，馬上把衣服晾乾，並沒有要再使用洗衣機的時候，請把洗衣機的門打開。

2 如果是滾筒洗衣機，就在洗完衣服後，把照片中標示的部份壓下去，並裝洗潔劑的抽屜拆下來晾乾。

3 把位於洗衣機下方的排水孔蓋和塞子打開，把水甩乾之後將其晾乾。也可以每隔一段特定時間，就用蘇打粉或市售的洗衣機清潔劑洗一下。

1

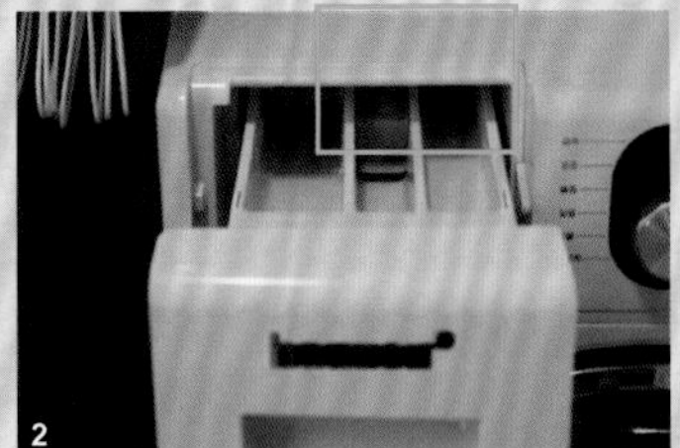
2

3

Casamami的收納tip

洗衣間，請先考慮動線

根據動線的不同，身體的疲勞度也會不同，這大家都知道吧？所以請大家思考一下，怎樣的動線能以洗衣機為中心，幾乎不用做任何移動，呈站姿或坐姿就可以做完所有事情。參考一下洗衣店的動線，這樣對決定洗衣間收納位置有很大的幫助。

- 把籃子放在洗衣間的右邊，用來放換洗衣物。
- 把椅子和洗衣板拿出來，坐在洗衣間的中央，先把衣服洗一遍之後，就立刻丟進洗衣機裡。
- 從洗衣機上方把洗衣粉放進去，然後啓動洗衣機。
- 洗衣機運轉期間，把曬衣架上的衣物收下來，並拿到左邊的泡菜冰箱上面摺好。
- 摺好的衣服裝在每個人的籃子裡，然後一次拿到室內收好。

153

手洗衣服的空間

手洗衣物時使用的刷子、菜瓜布、橡膠手套等物品，要放在洗衣間的水龍頭附近才方便。特別是刷子和菜瓜布，使用過後要放在可以完全晾乾，而且不會積水的籃子裡面。手洗衣物使用的洗潔劑和工具，一起裝在籃子裡之後，再掛在水龍頭上，這樣就可以把動線縮到最短。至於椅子、洗衣板、臉盆、洗衣肥皂、垃圾桶等物品，則放在坐著就可以拿到的後方隔板上。

tool 籃子、紮線帶、夾環

how to

1 用紮線帶在籃子裡做隔間，然後放入洗潔劑、刷子、菜瓜布等物品，再掛到水龍頭上。

tip 襯衫領子專用的清潔劑也請一起放進去。這樣就可以坐著把襯衫拿出來，並抹上領子清潔劑，然後直接放進洗衣機裡面。

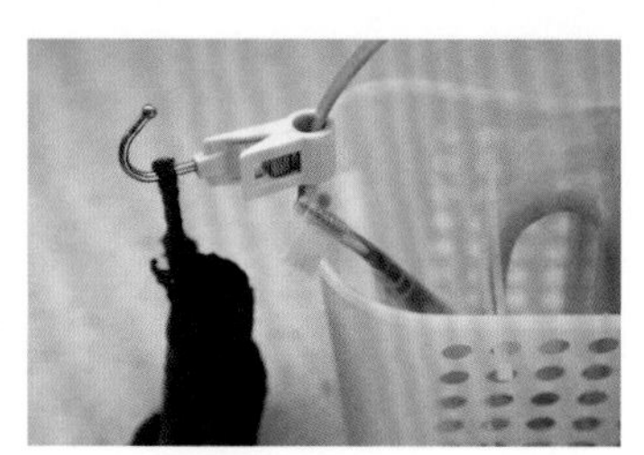

2 菜瓜布掛在吊環上，或是掛在籃子上把菜瓜布晾乾。

3 橡膠手套則用夾環夾住，然後掛在水龍頭上。

4 洗衣籃請放在水龍頭旁邊。

tip 在籃子上裝一個小掛籃，用來裝內衣或要手洗的衣物，這樣就不會被誤丟進洗衣機裡了。

用紮線帶做內部隔間

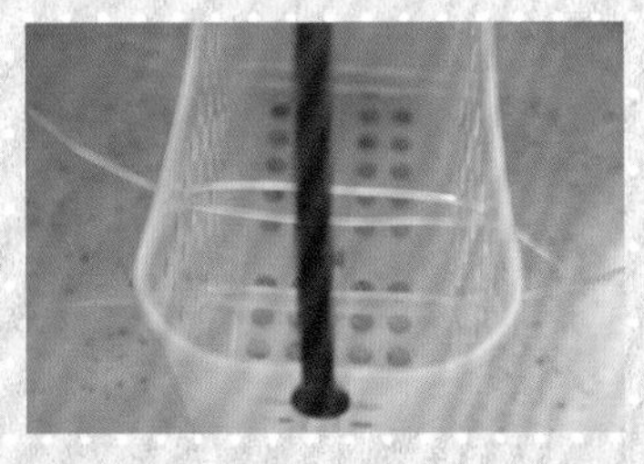

1 把紮線帶綁在籃子上，將籃子分區。

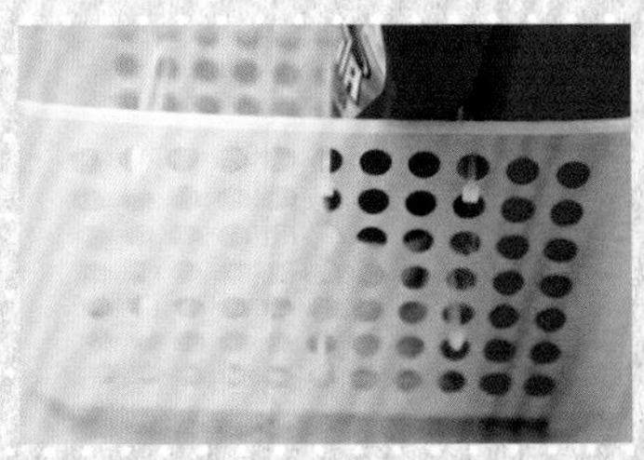

2 把洗潔劑放進不同的隔間中。

3 把菜瓜布掛在夾環上，以晾乾菜瓜布的水分。

4 收納完成的樣子。

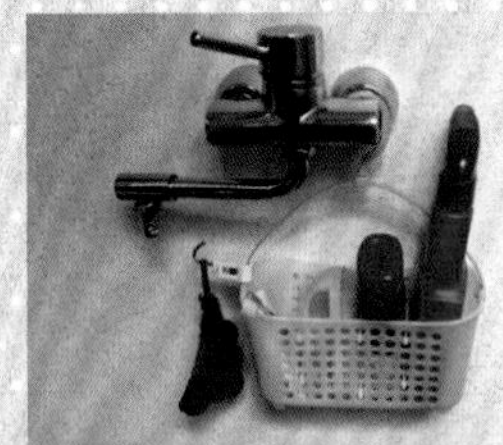

5 把收納完成的籃子掛在水龍頭上。

Casamami的收納tip 

洗衣籃

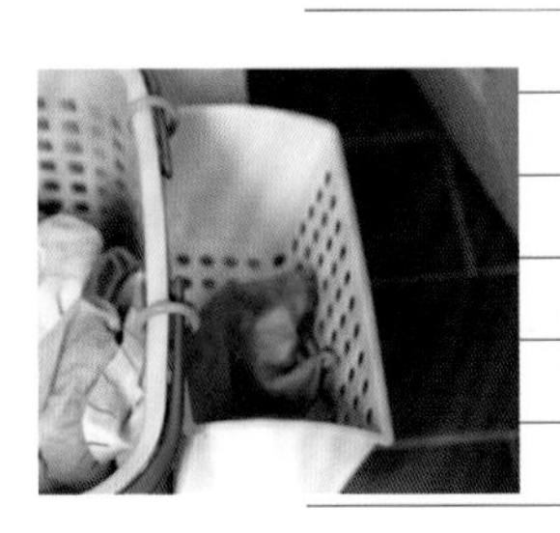

洗衣籃最好也依照用途分類，這樣才方便，Casamami用了3個洗衣籃。我拿了2個活動時獲贈的超大籃子，分別裝淺色衣物與深色衣物。這籃子底部有小輪子，所以不是完全貼在地面上，這樣就算開水龍頭，衣物也不會濕掉。我也在籃子旁邊裝了一個小掛籃，用來裝內衣和要手洗的衣物。這樣在洗衣服的時候，就不用一直翻籃子還找不到內衣，也不用擔心手洗衣物誤入洗衣機，非常方便。

155

洗衣間窗邊的鐵架

我家洗衣間的泡菜冰箱上面，是與室外相連的窗戶。我在這個窗戶旁邊裝了一個鐵架，用途非常多元化。只要把鐵架夾在窗框上，然後再用鎚子把掛環敲進去就可以了，裝設方法超簡單。根據需求可以暫時放一些物品，也可以用來晾乾物品，用途非常多元。

tool 鐵架

how to 泡菜冰箱上方隔板

1 把鐵架夾在窗框上。鐵架可以在大創買到。

2 衣物摺好後可以暫時放在這裡。

tip 只要把動線想成從曬衣架上把衣物收下來，轉身就在泡菜冰箱上把衣服摺好，然後再把摺好的衣服放在鐵架上即可。這樣打開泡菜冰箱的蓋子時，衣服或其他物品也不會跟著移動，超好用。

3 把窗戶打開，再把鞋子放上去，這樣就可以把鞋子晾乾。

4 裝過泡菜湯汁的密閉容器或砧板要殺菌的時候，也可以放在這裡。

how to 靠近廚房的鐵架

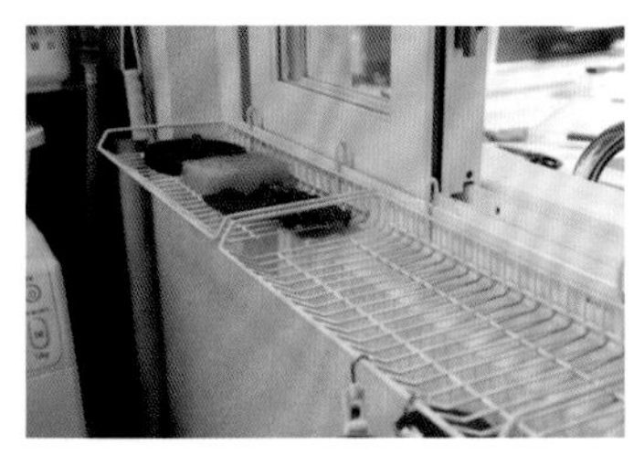

1 跟廚房相連的窗戶，也可以裝2個鐵架。

tip **廚房和洗衣間兩邊都可以裝。**

2 我把這裡用來當做濕菜瓜布和排水口蓋的乾燥架。

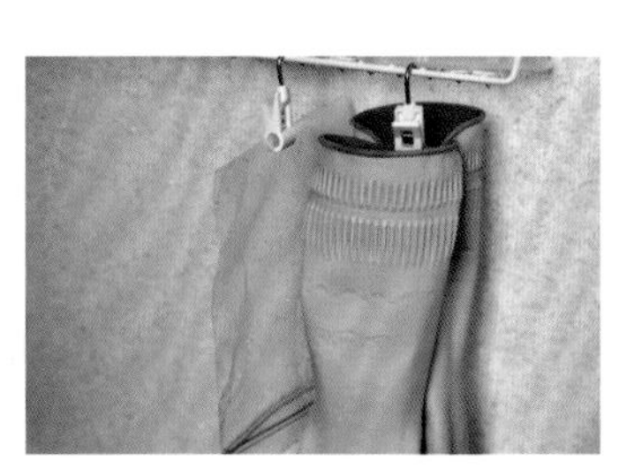

3 用過的洗衣袋、橡膠手套等，也可以用夾環夾起來掛在這裡。

4 洗過後還未乾的回收物品，也能放在這裡晾乾。

5 廚餘桶也可以先洗乾淨，然後放在這晾乾。這是從廚房看出去的樣子。

155

曬衣架

攤平後幅度很寬的衣物請掛在裝在天花板上的曬衣架上，而幅度較窄的兒童衣物，則使用摺疊式的直立曬衣架。如果前面的陽台與後面的洗衣間，都在天花板上裝設曬衣架，就能夠帶來更多便利。還有如果有很多衣服要晾，或者有衣服要立刻晾乾的話，只要改變晾衣服的方式，這樣就可以更有效率。

tool 衣架

how to

1 請在洗衣間與前陽台的天花板，都裝上曬衣架。如果想要快點把衣物晾乾，就把衣服橫掛在曬衣架上。

tip 一般的衣物都晾在洗衣間，而棉被或冬天的外套等衣物，則晾在前面的陽台。

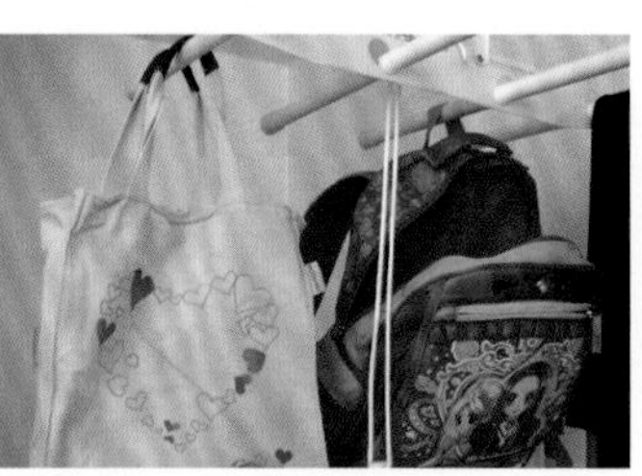

2 在曬衣架兩端晾背包、內衣褲、手套，還有掛在衣架上的衣服等。

tip 每一件衣物之間要留一些間隔，以利空氣流通，這樣才乾得快。

3 把衣架彎曲，在要晾背包或鞋子的時候可以派上用場。

Casamami的生活tip 

用衣物來調節室內溼氣

如果把衣服晾在摺疊式直立曬衣架上，然後放在房間裡面，就可以調節乾燥室內的溼度。Casamami會使用兩種寬度不同的曬衣架。冬天大概傍晚時洗衣服，然後分別掛在兩個架子上，並擺在自己的臥室跟孩子房間，這樣就足以替代加溼器的功能，加溼器清潔起來很麻煩嘛。寬度較窄的衣架，就用來掛孩子的衣服，並放在他們房間，這樣就可以直接在他們房間摺好、收進抽屜裡，動線很短很方便。同樣地，大人的衣服則掛在寬度較寬的衣架上，在臥室晾乾之後，摺好再收進抽屜櫃即可。

輔助廚房

輔助廚房大致可分輔助水槽與隔板、泡菜冰箱等結構。輔助水槽用來放廚房收納後，剩下的備用容器、泡菜桶、不常用的肉類烤盤，還有可攜式瓦斯爐等物品。輔助置物櫃，則是只要把原本當書櫃的盒子背板拆下，再直接拿來組裝就好了。

156

輔助流理台

ㄱ 字型的角櫃，體積大的物品要放裡面、體積小的物品則放在外面，這樣找東西才容易。相同種類的物品則前後陳列，並垂直將物品一樣樣收進去，跟廚房使用一樣的方式。物以類聚收納法！

tool 籃子、便條紙、筆、鐵網、螺絲、螺絲起子、衣架、鉗子

how to

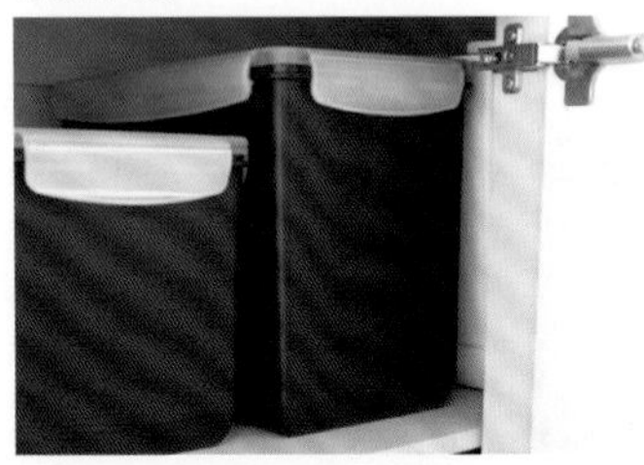

1 備用的泡菜桶和可攜式瓦斯爐，請收在角櫃的內側。

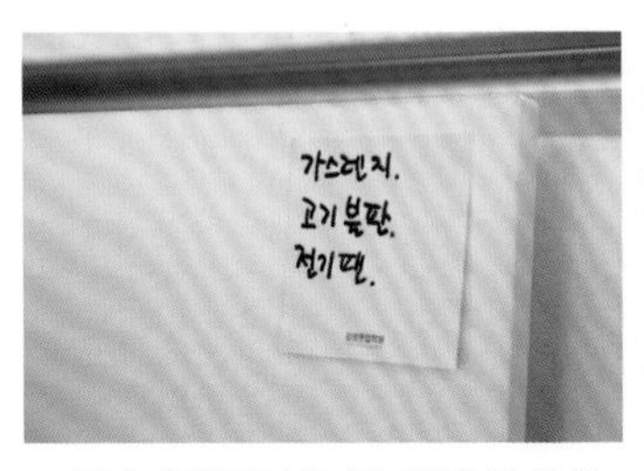

2 把角櫃裡不容易看清楚的物品名稱，寫在便利貼上貼在門的內側。

3 備用的容器就依照種類裝在籃子裡收好。

4 備用的瓶子，也依照種類和高度，整理好前後排成一排。

5 把備用的廚房用品一樣樣垂直放在櫃子裡。

6 分類回收用的籃子，也是放在櫃子裡面。

7 購物袋依照大小分好，放在櫃子門內側的籃子裡。

8 務必要確認籃子與鉸鏈的尺寸，以確保門可以順利關上。

分類回收籃放不進去的話？

「請調整隔板高度」

1 移動螺絲，把中間的隔板往上移動。上面則用來放環保袋或大塑膠袋等物品。

2 下面放分類回收籃。

tip **籃子和籃子之間、籃子和鉸鏈之間，要留下1.5公分以上的縫隙，這樣才容易移動籃子。**

3 在流理台的櫃子門內側掛鐵網，並將鐵網固定好，用來掛剪刀和繩子等物品。

tip **繩子在綁紙盒時就能派上用場。**

製作繩捲固定環

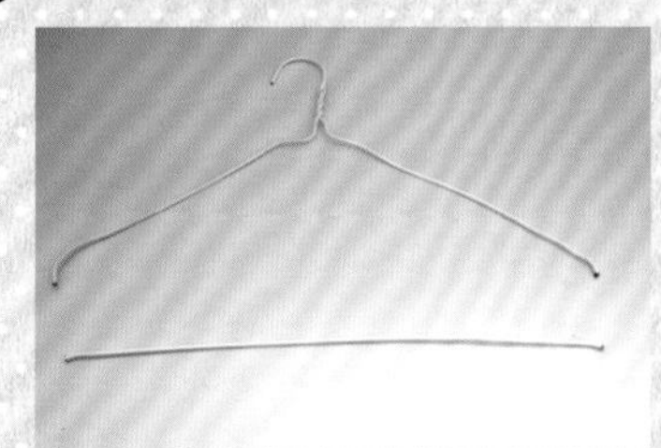

1 像照片一樣，把衣架剪開。

2 把衣架穿過繩捲中間的洞，然後在距離洞口2公分處將衣架彎曲，衣架的尾端也要再彎一次。

tip **靠著堅硬物品的角比較好折。**

3 把繩捲掛到鐵網上，再把繩頭夾在鐵網跟牆面之間，這樣繩子就不會散得亂七八糟了。

tip **就算繩捲是塑膠材質，也可以用這個方法來收納，很方便。**

157

輔助置物櫃

把原本當書櫃使用的收納箱背板拆下，用來當成輔助置物櫃。如果沒有背板的話，空間看起來就不會很擁擠了。我通常會把雜糧罐，和要拿到別人家的容器收在這裡。

how to

1 把雜糧罐放在輔助流理台內建米桶的正上方。

tip 要放瓶口小的瓶子，這樣才不會長蟲。也可以把牛奶瓶洗乾淨以後拿來用。

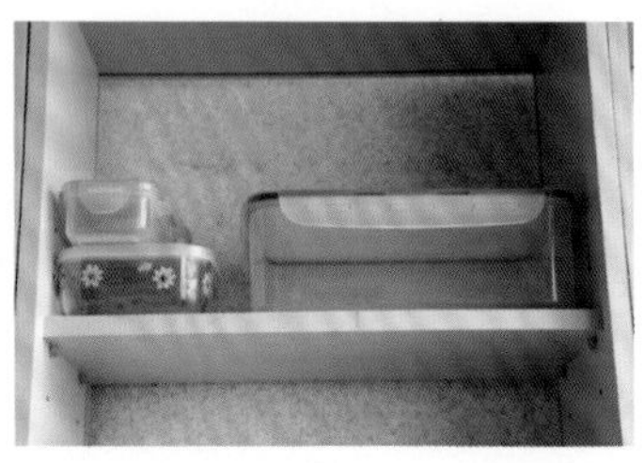

2 借來的容器也放在容易看到的位置。

tip 如果有很多要歸還的容器，通常會有一兩個被遺忘的漏網之魚。所以這種容器一定要另闢一個地方放置，這樣才能全部歸還，自己家的容器也才能放回原位。

3 夏天時，可以利用這個輔助置物櫃，來放菜瓜布、針線盒、洗好的腳踏墊等物品。

tip 夏天時可以在這裡一次解決洗衣、摺衣、縫補等工作。

⊕ 用箱子製作置物櫃

1 先用一字起子把盒子背板跟本體之間撬出一條縫再動手拆，這樣就能輕鬆把背板拆下。

2 在每個櫃子的板子之間鋪一層防滑墊，這樣就不會滑動，可以把櫃子一個個疊上去。

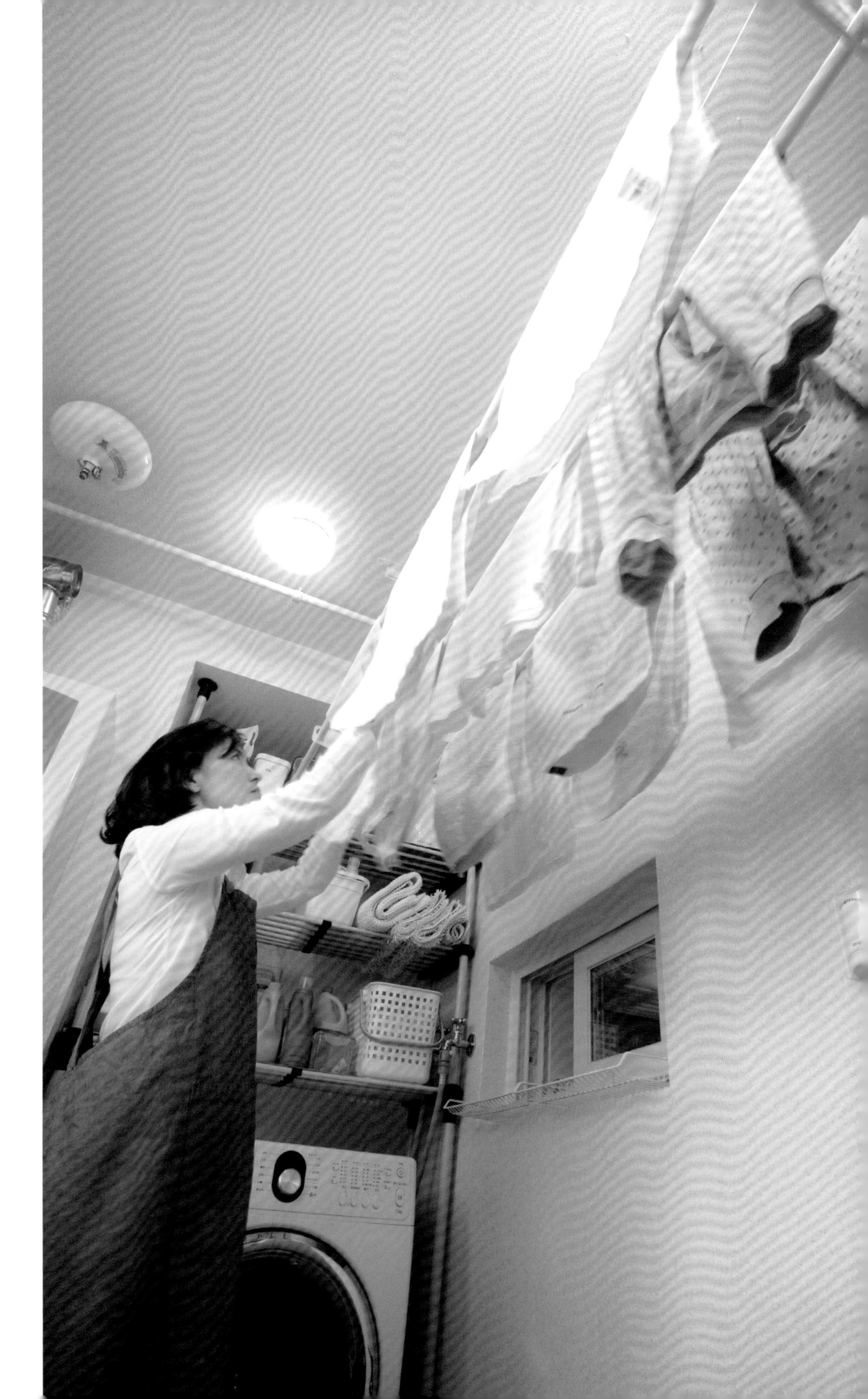

沒有既時尚
又安穩
打掃起來
還很容易的空間！

每次在部落格上傳新的收納項目時，大家都會留下加油和鼓勵的留言。在這當中，也會有人問說：「這樣打掃不會很煩嗎？」當然，是要費點心力來管理啦。我想，無論是誰都想要個很有品味的空間，同時又舒適、又容易打掃，簡單說就是不需要花費心力就可以維持整齊的空間吧？在這個只追求方便的世界，雖然會有這種期待，不過那也只是幻想而已。我小時候曾聽過這樣的話：「即使要撿一個不起眼的小石頭，都還是得彎下腰。」意思就是說，想要獲得什麼就要付出同樣的辛苦。我所提供的各種收納方法，或許不是世界上最簡單方便的方法，但只要了解自己的生活模式，並稍微動動身體，這樣就可以照自己想要的方式，讓家裡變得很乾淨，這是我可以跟大家保證的。如果想吃到漂亮的水果，那就要花費力氣把好看的容器擦乾淨不是嗎？如果說跟這辛苦相比，吃到擺盤好看的水果更讓人滿足的話，那擦碗盤的辛苦就很有價值了。

乾浴室也是一樣。在孩子還小的時候，我曾經看到他差點在浴室滑倒，一想到那種束手無策的感覺，現在還是讓我慌張失措。所以我覺得需要使用顧慮孩子安全的裝置，思考到最後發現不需要花大錢的方法，就是用我自己的方式打造一個乾浴室。當然，每次使用吸塵器清掃的時候，就要把鋪在浴室地板上的地墊拿起來再放回去。可能會有些人認為這很繁瑣，但我把孩子的安全擺在第一位，所以這點程度還不構成問題，我希望用這一點小小的努力，來營造一個不用擔心會滑倒的浴室。我們家的浴室，就連在玩扮家家酒的時候，也都會被劃入孩子們遊戲的範圍。如果他們的朋友來家裡玩，甚至會空著寬敞的房間不用，穿著衣服跑到鋪有地墊的浴室裡，玩上2小時甚至是3小時。看到坐在馬桶旁邊玩的他們，會一面笑一面理解他們的心情。光是這樣，不就值得我們10多年來都讓這個空間維持原樣嗎？

稍微讓步一點，不要只想著生活便利吧。還有，請慢慢檢視一下，現在自己為什麼需要收納、要優先考慮的事情又是什麼。不要馬上就認為為了維持整齊所要付出的努力很麻煩，先想想因此而獲得的滿足感再來決定吧。沒有做任何努力，就想要打造出時尚又方便，同時也乾淨整齊的空間，那是不可能的。

搬家前的行李整理

如果要搬家，新家就可以買新的漂亮家具來裝飾，整理起來也比較方便，不過很多時候情況並不是這麼簡單。打包行李固然辛苦，但搬家後要整理東西才會讓人更感覺到疲憊。所以，爲了讓搬家後的整理輕鬆一點，來了解一下準備搬家的方法吧。「只留下我需要的東西時，就可以120%活用剩下的時間，並將時間運用在我的人生裡」。這是我多次強調的收納基本原則，在搬家打包時當然也不例外。因此，搬家前必須先把要丟的東西清出去，或是贈送給其他人。最重要的事情，是要在搬家前就先想好搬家後東西會怎麼擺，並照那樣子把東西收好。只要從搬家前開始，一天花一個小時一點一點慢慢準備，搬家的同時就可以讓家裡保持整齊。行李的整理並不是搬家後才開始進行，而是要從搬家前就開始，請務必記得。

❗ Casamami的搬家行李整理原則

1 只留下自己需要的東西。

2 將留下來的東西同類型放在一起，以包裹形式收在收納盒裡。

3 先決定好這些包裹要放在新家的哪些地方。

① 搬家前處理家具和家電製品

先決定好哪些家具或家電製品，要跟著一起搬到新家，不要到了搬家當天才在猶豫不決。因爲所有東西的體積都很大，所以一定要事先整理好，這樣才能降低廢棄物處理費。

② 畫好各房間的家具配置圖

很少有人新家跟舊家的格局是一樣的。

但，也無法每個房間跑來跑去，一一指示搬家公司的員工要把東西放在哪裡。所以，就算是整家打包搬過去，最短要花1～2週、最長要花幾個月的時間，費神地重新做一次整理。爲了減少這種痛苦，請事先畫好每個房間的配置圖，交給搬家公司的員工，這樣整理起來就會變輕鬆了。

● 請先把每個房間的名字（臥房、小房間1、小房間2……）貼在房門上。

● 只要把家具配置圖交給各房間的負責員工，這樣整理變輕鬆，也可以縮短很多時間。

● 如果不擅長畫配置圖的話，可以先把決定好位置的家具名稱寫下來，用便利貼或標籤貼上去。就跟在整理書櫃時，先用便利貼把分好的類別貼在書櫃上是一樣的道理。

③ 衣櫃

很久沒穿太小的衣服、不舒適的衣服、過

時的衣服，在搬家前都要處理掉，只留下需要的衣服和常穿的衣服。然後把衣櫃內部的配置圖畫出來，或是用照片拍下來，再把哪些衣服擺在哪裏寫下，這樣不光是搬家公司的員工整理方便，主人自己做整理時也會有幫助。

④ 抽屜櫃

抽屜櫃整個移動時　搬家的同時可能會沾上灰塵或受到汙染，所以每個抽屜的衣服上面，最好用報紙或方巾蓋起來再關上抽屜。這樣搬家之後就不需要再洗一遍或另外做整理。

抽屜一個個拆開移動時　如果櫃子本身和抽屜分開搬的話，就在抽屜上面蓋上東西，並在2個小標籤上寫下號碼，分別貼在抽屜和櫃子上面。這樣搬家公司的人就可以把抽屜放回正確的位置，搬家後整理起來也方便許多。

⑤ 裝飾櫃

裝飾櫃裡面的裝飾品雖然小，但卻大多是容易碎掉的東西，通常需要另外包裝。如果整理時想要輕鬆一點，那可以在搬家前，先把裝飾櫃裡的擺設情況拍下，再把照片交給搬家公司，這樣就不用煩惱哪個東西應該放在哪裡，可以正確放回原本的位置。

⑥ 廚房用品

請把裝了廚房用品的盒子，和要放這些廚房用品的流理台，貼上寫有一樣編號的標籤。然後再拜託負責整理廚房的搬家公司員工，把東西放在編號相同的位置，這樣之後就可以減少需要自己動手的繁瑣工作了。照以下的順序來做就很簡單。

1 在2張標籤上寫下一樣的號碼，一張貼在要搬過去的新家，另一張則貼在現在家中的流理台上。

2 把貼在舊家流理台上的標籤撕下來，貼在裝了廚房用品的行李箱上。

3 到了新家時，只要把貼有相同編號的箱子打開，並把物品放進適當的空間。只要用便利貼當標籤就不容易脫落，或是直接用標籤貼紙，不然就是把號碼寫在紙上，再用膠帶貼上去。

⑦ 家電製品

客廳或房間這些平坦的地方雖然沒什麼大問題，但像洗衣間或陽台倉庫、輔助廚房這種地板高度有落差的地方，就要實際測量過放至家電製品的空間大小，再跟家電產品本身的大小做比較。如果因爲家電產品太大，超過原本可放置的空間大小的話，那要事先準備好可以調整地板高度的底座。

⑧ 貴重物品

貴重物品在搬家前一天，主人要自己親自包裝，並自己帶到新家去。像是存摺、印章、貴金屬、證券、現金、鑰匙這類的東西。過時或變色的飾品，或是不符年齡的東西，請果斷處理掉，只留下好看又會拿來用的東西，這點請大家務必記得。這部份請參考飾品整理篇，整理好蓋上蓋子之後就可以一次把這些飾品帶走。

⑨ 替要搬過來的人著想！留下便條

搬家那天通常會叫外賣。但是如果是搬到陌生的社區，要馬上叫外賣應該很難吧？爲應付這種情況，可以事先把好吃的中餐館和小吃店的電話號碼、可外送的超市電話號碼等留下，發揮一下自己的同理心，這樣就可以順利完成搬家工作囉。

一天一點無壓力收納：
600萬網友推薦的實用整理聖經

作　　者　沈賢珠
譯　　者　陳品芳

發 行 人　黃鎮隆
協　　理　王怡翔
副　　理　田僅華
總 編 輯　潘玫均
編　　輯　張景威
美術總監　周煜國
封面設計　李開蓉
內頁排版　果實文化設計

國家圖書館出版品預行編目資料

一天一點無壓力收納：600萬網友推薦的實用整理聖經 / 沈賢珠作；陳品芳譯. -- 初版. -- 臺北市：尖端, 2011.12
　面；　公分
ISBN 978-957-10-4725-6(平裝)

1.家庭佈置

422.5　　　　100022610

印　　製　明越彩色製版印刷有限公司
出　　版　城邦文化事業股份有限公司 尖端出版
　　　　　台北市民生東路二段141號10樓
　　　　　電話 /（02）2500-7600 傳真 /（02）2500-1971
　　　　　讀者服務信箱：Momoko_Chang@mail2.spp.com.tw
發　　行　英屬蓋曼群島商家庭傳媒股份有限公司
　　　　　城邦分公司 尖端出版行銷業務部
　　　　　台北市民生東路二段141號10樓
　　　　　電話 / (02)2500-7600 傳真 / (02)2500-1979 劃撥專線 /（03）312-4212
　　　　　劃撥帳號 / 50003021英屬蓋曼群島商家庭傳媒(股)公司城邦分公司
　　　　　※劃撥金額未滿500元，請加附掛號郵資50元
法律顧問　通律機構 台北市重慶南路二段59號11樓

台灣地區總經銷
　　　　　◎ 中彰投以北（含宜花東）高見文化行銷股份有限公司
　　　　　　電話 / 0800-055-365　傳真 /（02）2668-6220
　　　　　◎ 雲嘉以南　威信圖書有限公司
　　　　　　（嘉義公司）電話 / 0800-028-028　傳真 /（05）233-3863
　　　　　　（高雄公司）電話 / 0800-028-028　傳真 /（07）373-0087
馬新地區總經銷 / 城邦（馬新）出版集團
　　　　　Cite(M) Sdn.Bhd.(458372U)
　　　　　電話：603-9056-3833　傳真：603-9056-2833 E-mail：citeckm@pd.jaring.my
香港地區總經銷 / 城邦(香港)出版集團
　　　　　Cite(H.K.)Publishing Group Limited
　　　　　電話：2508-6231 傳真：2578-9337
　　　　　E-mail：hkcite@biznetvigator.com
版　　次　2011年12月1版2刷　Printed in Taiwan